Müller
Thermische Solarenergie

Friedrich Udo Müller

Thermische Solarenergie erfolgreich nutzen

Aktive thermische Solartechnik in Mitteleuropa

Mit 180 Abbildungen und 10 Tabellen

Die Deutsche Bibliothek – CIP-Einheitsaufnahme

© 1997 Franzis-Verlag GmbH, 85622 Feldkirchen

Alle Rechte vorbehalten, auch die der fotomechanischen Wiedergabe und der Speicherung in elektronischen Medien.

Die meisten Produktbezeichnungen von Hard- und Software sowie Firmennamen und Firmenlogos, die in diesem Werk genannt werden, sind in der Regel gleichzeitig auch eingetragene Warenzeichen und sollten als solche betrachtet werden. Der Verlag folgt bei den Produktbezeichnungen im wesentlichen den Schreibweisen der Hersteller.

Satz: Die Top Partner, Jörg Kalies, Wiedenzhausen
Druck: Offsetdruck Heinzelmann, München
Printed in Germany - Imprimé en Allemagne.

ISBN 3-7723-4622-7

Vorwort

Dieses Buch behandelt umfassend die aktive thermische Solarenergienutzung, ihre volkswirtschaftliche Bedeutung, ihre Komponenten und deren Auswahlkriterien, über zwanzig Anwendungsbeispiele mit detaillierter Beschreibung auch der Armaturen sowie der Montage von Solaranlagen.

Ferner wurde, über den Rahmen der Solartechnik hinausgehend, ein Kapitel der Umwelt und ihrer Gefährdung gewidmet, denn jeder ist heute aufgerufen, das in seinen Kräften stehende zu tun, der Verschmutzung und Zerstörung der Umwelt entgegenzuwirken.

Der Verfasser hat seine Möglichkeit genutzt, im Rahmen dieses Buches, zu diesem Thema Stellung zu nehmen.

So ist dieses Buch mehr als lediglich ein Fachbuch und Nachschlagewerk zur Solartechnik. Es gibt darüber hinaus einen Überblick über die Energiesituation, das Ausmaß der Umweltverschmutzung und es informiert über Hintergründe.

Es ist sowohl für den bereits gut informierten Fachmann als auch für den Hausbesitzer, der die Möglichkeit des Einsatzes der Solarenergie selbst prüfen möchte, ein wertvoller Ratgeber.

Mein Dank gilt allen, die mich bei der Verfassung dieses Buches unterstützt haben.

Auch Herrn Dr. Thommes vom deutschen Wetteramt in Frankfurt, der wichtige meteorologische Daten zur Verfügung stellte und Herrn Dipl.-Ing. Heinz-J. Fromm, gilt mein Dank.

Inhalt

Zum Nachdenken 11
Menschliches Verhalten 11
Gewöhnung an allmähliche Umweltverschmutzung 14
Energie - Nutzen, Gefahren, Neue Wege 16
Solaranlagen für Entwicklungsländer 22

Sonnenenergie, was leistet sie 25
Energieangebot der Sonne 25
Daten über die Solareinstrahlung 26

Gleichberechtigung gefordert 30
Unfairer Wettbewerb 30
Starke Gegner 31

Für Architekten und Planer 33
Sonnenkollektoren als gestalterisches Element 33
Die strapazierte Frage nach der Wirtschaftlichkeit 35
Solaranlagen, Bestandteil eines jeden Hauses 36

Definition von Solaranlagen 38
Die verschiedenen Solartechniken 38
Anwendungsgebiete der Solartechnik 44
Raumkühlung mit thermischer Solarenergie 49
Komponenten einer Solaranlage, Übersicht 52

Die verschiedenen Sonnenkollektoren 57
Beurteilungsmerkmale von Sonnenkollektoren 63
Leistungsfähigere Kollektoren oder größere Kollektorfläche 75
Lebensdauer, Aussehen und Montagefreundlichkeit 77

Wärmeabnahmestelle 79
Nutzwasserspeicher 79
Warmwasser-Zirkulation 90
Wärmespeicher für die Raumheizung/Latentspeicher 94
Wärmebedarfsstellen dezentralisieren 99
Wenig empfehlenswerte Konstruktionen 101

Legionellen Bakterien 111
Legionellen-Desinfektion für Großspeicher 112

Solarsteuerung 116
Temperatur-Differenz-Steuerung 116
Ost-West-Dach 120

Low-Flow-System 124

Wichtige Details 125
Solarfühler 125
Entlüftung 127
Pumpen oder Ventile 131
Wichtige Armaturen 132
Betriebsdruck 136
Sicherheitsvorschriften 137
Schutz vor Überhitzung 140

Verteilerleitungen/Steigleitungen 146
Tichelmann-Anschluß 146
Verrohrung unregelmäßiger Kollektorflächen 147
Rohre so dünn wie möglich 148
Verteilerleitungen innerhalb oder außerhalb der Kollektoren 151
Permanent- oder taktbetriebene Solaranlagen 151
Befüllen von Solaranlagen 154

Neue Erkenntnisse zum Fluidkreislauf 159
Strömungsrichtung von oben nach unten 159

Berechnung der Größe von Solaranlagen 165
Einfluß des Neigungswinkels auf den Wirkungsgrad 165
Berechnung von Solaranlagen 172
Berechnungsbeispiele - Auslegungsvorschläge 176
Wirtschaftlichkeitsberechnung 183

Bauliche Voraussetzungen 185
Prüfung der Möglichkeiten zum Einsatz einer Solaranlage 185
Maßnahmen für den späteren Einbau einer Solaranlage 189
Checkliste für Komponenten und Fehler 191
Fehlerhafte Solaranlagen 199
Fehler-Analyse 199

25 Anwendungsbeispiele 206
Tabelle Sonneneinstrahlung auf den Kollektor 234

Sonnenscheindauer und Energieeinstrahlung 256
Sonnenscheinstunden in Deutschland 256
Einstrahlungswerte verschiedener Städte (D, A, CH) 257

Montage von Solaranlagen 270
In-Dach-Montage 272
Auf-Dach-Montage 275
Flach-Dach-Montage 278
Bausatz-Kollektor 279
Einkreis-Solarsteuerung 290

Mehrkreis-Solarsteuerung 292
Solaranlagentests, Grenzen der Aussagefähigkeit 295

Sachverzeichnis 301

Zwei außergewöhnliche Solarhäuser

Zum Nachdenken

Menschliches Verhalten

Die Natur ist für uns selbstverständlich. Natur ist reichlich vorhanden. Sie ist für uns täglich greifbar und in ihrer Schönheit sichtbar. Aber weil sie in so reichem Maße vorhanden ist, ist sie für uns selbstverständlich und nicht kostbar. Ihre augenfällige Schönheit wird zwar zur Kenntnis genommen und als schön empfunden, aber als selbstvertändlich abgehakt, denn seit Jahrtausenden ist sie, als unser Lebensraum, für uns da.

Eine Autofahrt durch eine schöne Landschaft, vorbei an blühenden Blumen am Straßenrand, oder den Spaziergang durch den nahegelegenen Wald, wissen viele zu genießen. Nur wertvoll und kostbar erscheint dieser Genuß nicht, denn die Natur ist ja jederzeit da.

Der eigene Garten hingegen, auch Natur, ist für seinen Besitzer wertvoll. Die gekauften Blumen, Sträucher, Bäume, Zeit und Arbeit die in Gestaltung und Pflege aufgewendet werden, machen ihn für den Besitzer wertvoll. Wird ein schönes Blumenbeet zerstört, wird dies nicht nur wegen der verlorengegangenen Schönheit bedauert, sondern auch, weil seine Neuanlage Zeit und Geld kostet.

Dies ist der große Unterschied zur freien Natur, die einfach da ist.

Aber nehmen wir an, das Waldsterben hielte weiter an und die Ozonschicht würde, ausgehend von den Polen, immer dünner, was eine Zerstörung nicht nur der Bäume, sondern aller Pflanzen zur Folge hätte. Nehmen wir weiter an, das Treibhausklima würde stetig zunehmen. Das Abschmelzen der Pole, Überschwemmung vieler Küstenländer durch den ansteigenden Meeresspiegel, die Ausdehnung der Verwüstung, unerträglich hohe Temperaturen auch im Süden Europas, verbunden mit einer Einwanderungsschwemme aus all diesen besonders belasteten Ländern in die gemäßigten Zonen, wie z. B. Mitteleuropa, wären die dramatischen Folgen. Die Natur als unser Lebensraum, würde plötzlich, weil kaum noch vorhanden, für uns sehr kostbar werden. Und wir wären bereit, für ihre Wiederherstellung viel Geld aufzubringen, wenn dies noch möglich wäre. Weshalb ändern wir nicht schneller unsere Handlungsweise?

Zum Nachdenken

Das Erdklima ist in Gefahr

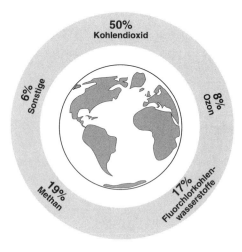

Der Mensch zerstört seinen Lebensraum nicht vorsätzlich und bewußt. Seine für die Natur schädliche Handlungsweise macht sich selten sofort bemerkbar. Erst nach Jahren oder Jahrzehnten zeigt sich, daß die Natur das umweltschädigende Verhalten der Menschen nicht verkraftet, indem sie sich verändert, Pflanzen absterben und Tiere verenden. Selbst ein sofortiges Einstellen der Ursachen wird oft erst nach langer Zeit zu ihrer Regenerierung führen. Nicht immer jedoch wird sich unser Lebensraum völlig regenerieren können, wie z. B. die Versteppung oder Verwüstung einstiger fruchtbarer Landstriche in Südeuropa und Nordafrika zeigt.

Da die Natur erst mit großem zeitlichen Abstand zum Beginn des umweltschädigenden Verhaltens Krankheitssymptome zeigt, wird sich der Mensch über die Tragweite zunächst nicht bewußt. Zeigen sich hingegen die ersten Schäden, so ist es wiederum schwer, den Normalbürger davon zu überzeugen, seine Verhaltensweise zu ändern. Er hat ja jahrelang mit Zustimmung von Nachbarn, Behörden, Politikern, Vereinen seiner Meinung nach so Rechtens gehandelt. Und was jahrzehntelang als richtig erachtet wurde, kann in seinen Augen doch nicht plötzlich falsch sein. Seine Fähigkeit, belastende Probleme aus dem Bewußtsein zu verdrängen, verhindert außerdem ein schnelles Wahrnehmen der Umweltgefährdung.

Extremsituationen, wie sie in Kriegen zum Beispiel auftreten, wären ohne die Fähigkeit der Verdrängung kaum zu ertragen. Im Falle der Umweltzerstörung ist diese Verdrängungsfähigkeit natürlich auch gegeben. Es gelingt, die immer deutlicher werdenden Probleme einfach nicht wahrzunehmen oder aber beruhigende Ausreden für sich zu finden. So sind für viele Menschen die Borkenkäfer am Waldsterben schuld und die beginnende Erwärmung der Erde wird nicht dem Treibhausklima durch hohe CO_2-Konzentration zugeschrieben, sondern der Tatsache, daß es bereits mehrfach Eiszeiten und ein Wiedererwärmen der Erde gab. Erst wenn die Schäden sichtbar, begreifbar gemacht und uns ständig vor Augen geführt werden, können wir nach einer längeren

Kohlendioxid (CO_2)-Emission in Tonnen je Einwohner und Jahr.
Hauptverursacher des Treibhauseffekts.
CO_2 entsteht beim Kochen, Heizen, Autofahren und bei der Stromerzeugung.

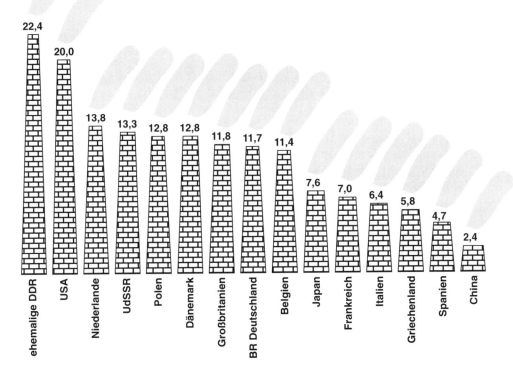

ehemalige DDR	22,4
USA	20,0
Niederlande	13,8
UdSSR	13,3
Polen	12,8
Dänemark	12,8
Großbritannien	11,8
BR Deutschland	11,7
Belgien	11,4
Japan	7,6
Frankreich	7,0
Italien	6,4
Griechenland	5,8
Spanien	4,7
China	2,4

Erkenntnisphase akzeptieren, daß wir unser Verhalten ändern sollten. Aber auch dann noch wird der jedem Menschen mehr oder weniger gegebene Egoismus eine sofortige Verhaltensänderung verhindern.

Dies betrifft den Handwerker ebenso wie den Akademiker und den Politiker.

Fühlen wir keine Verantwortung für unsere Umwelt, für die heute lebenden Menschen und für die nachfolgenden Generationen, werden wir unser Verhalten erst ändern, wenn wir deutliche persönliche Nachteile in Kauf nehmen müssen.

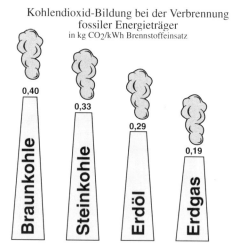

Kohlendioxid-Bildung bei der Verbrennung fossiler Energieträger
in kg CO_2/kWh Brennstoffeinsatz

Der Beginn des Umdenkens wird deshalb stets von nur wenigen weitsichtigen, geistig flexiblen und verantwortungsbewußten Bürgern eingeleitet, die anfangs nur allzu oft belächelt, ja sogar angefeindet werden. Ihr Durchsetzungs- und Durchhaltevermögen jedoch überzeugt irgendwann die nächste Gruppe bewußter Bürger, die dann ihrerseits als Multiplikatoren wirken.

Erst dann beginnt eine für die Natur merkliche Entlastung.

Gewöhnung an allmähliche Umweltverschmutzung

Hätte man vor 50 Jahren der Bevölkerung mitgeteilt, sie solle auf das Trinken von "Leitungswasser" verzichten, da es zu viele Rückstände enthalte, so wäre das Entsetzen darüber sicherlich sehr groß gewesen. Trinkwasser, dieses kostbare Grundnahrungsmittel plötzlich nur noch in kleinen Mengen zum Kochen und ansonsten nur noch für Körperpflege und Wäschewaschen zu verwenden, wäre für die Bevölkerung erschreckend gewesen.

Das Ausmaß einer Umweltbelastung ist am Anfang meist nur gering und betrifft zudem häufig nur entfernte Regionen, so daß die ersten Meldungen vom Empfänger als nicht bedrohlich abgehakt werden.

Vergrößert sich nun das Problem, so beginnt mit jeder neuen Information hierzu auch die Gewöhnung daran zuzunehmen.

Neben der Einstellung des Einzelnen "Ich alleine kann sowieso nichts ändern", ist dieser Gewöhnungsprozeß ebenfalls ein Grund dafür, daß wir bereit sind, ein hohes Maß an Umweltproblemen gelassen hinzunehmen.

Die allmähliche Umweltverschmutzung läßt zwar zeitlichen Spielraum, Gegenmaßnahmen vor der wirklichen Katastrophe zu ergreifen, diese werden jedoch leider wiederum zu spät in Angriff genommen, denn der Gewöhnungsprozeß läßt die Gefahr nicht mehr so groß erscheinen. Das Ausmaß einer Umweltverschmutzung wird darüberhinaus umso weniger akzeptiert, je weniger der Betrachter für sich selbst einen Nachteil darin sieht.

So wird z. B. die allmähliche Erwärmung der Erde von vielen durchaus positiv gesehen. Man denkt an mildere und damit angenehmere Winter, weniger Kosten für die Raumheizung usw. Die Bereitschaft, dem Treibhausklima und der Erwärmung der Erde entgegenzuwirken, ist deshalb oft nicht vorhanden.

Erst wenn wir die bereits beschriebenen negativen Folgen und damit die eigene Gefährdung erkennen, sind wir bereit, unser Verhalten zu ändern.

Die Verschmutzung der Ost- und Nordsee, die dadurch auftretenden Krankheiten bei Meerestieren und das Fischsterben berührt uns, wenn wir nicht ausgerechnet unseren Urlaub an diesen Meeren verbringen möchten, zunächst nur wenig. Wenn wir jedoch erkennen, daß wir über die Nahrungskette Fisch, Fischmehl, Tiermast (Hühner, Kälber, Schweine) selbst von den Nachteilen dieser Verschmutzung betroffen sind, werden wir unseren Unwillen darüber spüren.

Nachschub für das Treibhausklima

Jahr	Wachsende Weltbevölkerung	...braucht mehr Energie	Folge: immer mehr CO_2-Ausstoß
1990	5,0 Mrd.	9,0 Mrd. t Öleinheiten	6,5 Mrd. t
2005 (Prognose)	6,6 Mrd.	13,0 Mrd. t Öleinheiten	10,00 Mrd. t

So belächeln z. B. viele Menschen den Aufwand der Tier- und Naturschützer zum Schutz der Kröten bei ihren jährlichen Wanderungen über stark befahrene Straßen. Die Bereitschaft, etwas zum Schutz dieser "häßlichen Kröten" zu tun, nimmt jedoch sofort zu, wenn wir uns vor Augen halten, daß sich die Kröten von Mückenlarven ernähren und dadurch in hohem Maße an der Eindämmung der Stechmückenplage teilhaben.

Meldungen über die Umweltverschmutzung und -gefährdung sollten deshalb auch ihre Auswirkungen auf den Menschen, vor allen Dingen wenn dies nicht für jedermann sofort nachvollziehbar ist, beinhalten.

Zum Nachdenken

Energie - Nutzen, Gefahren, Neue Wege

Täglich verbrauchen wir in vielfältiger Weise Energie, ohne daß sich die meisten von uns darüber im Klaren sind, daß wir es nur der Sonne verdanken, daß uns diese Energie zur Verfügung steht. Ob Erdöl und Erdgas zum Heizen, Benzin und Diesel zum Antrieb unserer Kraftfahrzeuge, Flugzeuge und Schiffe, elektrische Energie die noch zu einem beachtlichen Teil in Kohle- und Ölkraftwerken erzeugt wird, nur der Sonne verdanken wir es, daß diese Rohstoffe -noch- in so reichem Maße vorhanden sind.

Gezeitenkraftwerke und Flußkraftwerke sind ebenso wie die Windenergie ausschließlich auf die Kraft der Sonne zurückzuführen.

Natürlich kann die Energie der Sonne bei den zuvor geschilderten Rohstoffen und Energiequellen nur über viele Umwege genutzt werden. So mußten erst vor Jahrmillionen tropische Urwälder entstehen, die bei Erdverschiebungen von gewaltigen Erdmassen überlagert und unter dem gewaltigen Druck dieser Erdmassen zu Öl und Kohle wurden. Flußkraftwerke funktionieren nur deshalb, weil die Kraft der Sonne Meerwasser verdunsten läßt und als Wolken viele tausend Kilometer ins Landesinnere transportiert.

Dort speist der Regen Gebirgsbäche und Flüsse, die dann Flußkraftwerke betreiben.

Was liegt also näher, als einen Teil der unerschöpflichen Kraft der Sonne nicht erst über die vielen Umwege, sondern direkt nutzbar zu machen.

Obwohl die Solartechnik bei richtiger Planung und dem richtigen Einsatzzweck bereits heute wirtschaftlich ist, dürfen kurzfristige, wirtschaftliche Überlegungen nicht im Vordergrund stehen.

Das Waldsterben, der Treibhauseffekt mit der Gefahr der Überhitzung der Erde, dem Abschmelzen der Eismassen von Nord- und Südpol sowie andere Umweltbelastungen zwingen uns zu umweltfreundlichen Energieträgern. Fossile Energieträger wie Kohle und Erdöl, aus denen unentbehrliche und preiswerte Produkte hergestellt werden können, sind zum Verbrennen zu schade.

Die gewaltige Zentralisierung der Energieversorgung durch Kraftwerke für Strom und Wärme sowie die zentrale Gas-Versorgung kann im Katastrophenfall erhebliche Probleme aufwerfen.

Es ist deshalb zu verstehen, daß der nachdenkliche Verbraucher einen Teil seines Energiebedarfes unabhängig und in eigener Regie über Sonnenenergie abdecken möchte.

Und wer noch immer der Ansicht ist, die direkte Nutzbarmachung der Sonnenenergie sei zu teuer, der betrachte sich unsere großen Denkmäler einmal näher.

Ob das antike Rom, die griechischen Tempel oder der Kölner Dom, die Umweltbelastung durch Schadstoffe läßt selbst den Stein dieser Denkmäler zerbröckeln.

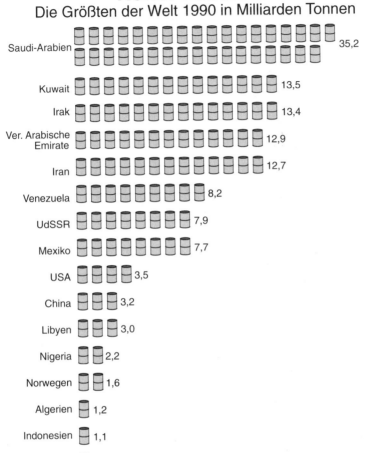

Würde man die Kosten für die Beseitigung der Umweltschäden, angefangen von den Waldschäden bis hin zur Sanierung der Baudenkmäler, den verursachenden Energieträgern anlasten, dann würde Solarenergie als besonders wirtschaftlich gelten.

Die begrenzten Vorräte fossiler Energieträger und die Schadstoffbelastung bei der Umwandlung in Energie erfordern neue Formen der Energienutzung.

Wer in der Lage ist, über das nächste Jahrzehnt hinauszudenken und sich auch für die Zeit danach verantwortlich fühlt, wird zwangsläufig zu der Erkenntnis kommen, daß wir energisch an der Entwicklung regenerativer Energieformen arbeiten müssen.

Keinesfalls geht es dabei darum, den Lebensstandard zu reduzieren. Die Solartechnik bedeutet vielmehr, den Lebensstandard zu erhöhen. Wenn bereits im Spätsommer etwas kühlere Räume temperiert werden können und ihre Bewohner sich dadurch wesentlich wohler fühlen oder wenn das Schwimmbecken auf höhere Temperaturen

Zum Nachdenken

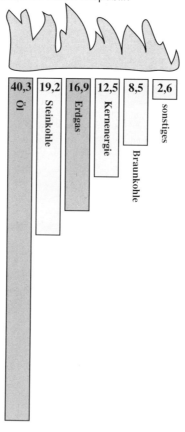

aufgeheizt werden kann, als dies sich sein Besitzer bisher mit Brennstoffen erlauben konnte, stellt dies zweifellos eine Steigerung des Lebensstandards dar, ohne jedoch die Umwelt zu belasten.

Auf jeden Fall aber hilft der verstärkte Einsatz der Solarenergie mit, uns vor einer plötzlichen und empfindlichen Reduzierung unseres Lebensstandardes zu bewahren, weil die fossilen Energieträger zur Neige gehen, die Kernkraft endgültig reduziert werden muß, da die Endlagerung nicht lösbar ist oder ganz einfach, weil politische Unruhen den Energieimport lahmlegen.

Die direkte Umwandlung der Sonnenenergie in Wärme ist nur eine Möglichkeit. Sie bietet sich an, weil sie dezentral genutzt werden kann. Der Verbraucher selbst hat seine eigene, solare Energiegewinnungsanlage. Transport und Leitungsverluste entfallen.

Neben der direkten Umwandlung der Sonnenenergie in Wärme oder Strom, deren Techniken weitgehend entwickelt sind, befindet sich die Erzeugung von Wasserstoff mit Sonnenenergie noch im Anfangsstadium. Wird mit Nachdruck an der Gewinnung und Nutzung von Solar-Wasserstoff geforscht und entwickelt, wird man auch für Wasserstoff-Techniken Einsatzmöglichkeiten finden, die zu einer weiteren, deutlichen Entlastung der fossilen Energieträger (Öl, Kohle) führen.

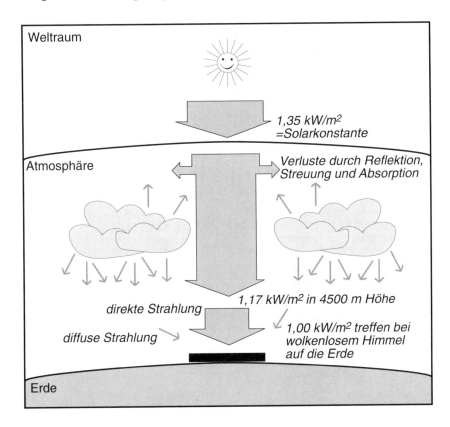

Denn die fossilen Energieträger gehen mit einer solchen Geschwindigkeit zu Ende, daß bereits die Kinder unserer Kinder deren Mangel qualvoll spüren werden.

So wie jedoch der Vorrat fossilier Energieträger unwiederbringlich zu Ende geht, so nimmt die Belastung der Umwelt durch die Schadstoffentwicklung bei der Verbrennung dieser fossilen Energieträger zu. Durch verbesserte Techniken bei der Energieumwandlung wird zwar der Nutzungsgrad permanent verbessert und der Schadstoffausstoß pro Einheit deutlich reduziert. Bedenkt man jedoch, wie schnell die Weltbevölkerung wächst, die Industrialisierung und der Lebensstandard in den Schwellenländern wie z. B., China, Indien, Korea, Brasilien und anderen Staaten zunimmt, wird man schnell erkennen, daß der Weltenergieverbrauch ständig ansteigt und der Schadstoffausstoß weiter zunimmt.

Zum Nachdenken

Die Industrieländer mit ihrem hohen technischen Know How müssen deshalb nicht nur für ihre eigenen Zwecke unerschöpfliche, erneuerbare und schadstoffreie Energieträger einsetzen, sondern auch für die Schwellen- und Entwicklungsländer Entwicklungshilfe leisten, um dort den Einsatz der Solartechnik in größerem Umfang zu ermöglichen. Denn gerade diese Länder verfügen zum großen Teil über sehr hohe Solar-Einstrahlung.

Natürlich müssen neben der Solartechnik auch andere umweltfreundliche Techniken der Energiegewinnung eingesetzt werden. Neben anderen regenerativen Energiearten wie Windenergie müssen auch die fossilen Energieträger wie Öl und Gas für die Stromgewinnung besser genutzt werden.

Auch der richtige Einsatz der jeweiligen Energie ist für den sparsamen Umgang mit Energie außerordentlich wichtig.

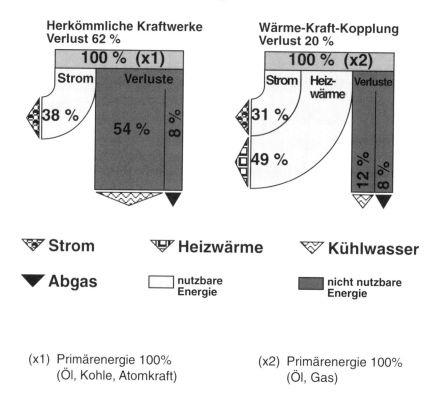

So ist z. B. elektrischer Strom für Licht, elektrische Küchenmaschinen, Radio und Fernsehen unersetzlich.

Elektrischer Strom jedoch für Warmwasser und Raumheizung zu verwenden stellt eine erhebliche Verschwendung dar, vorallem wenn man bedenkt, daß mehr als 60% der Primärenergie bei Umwandlung in Strom vernichtet werden.

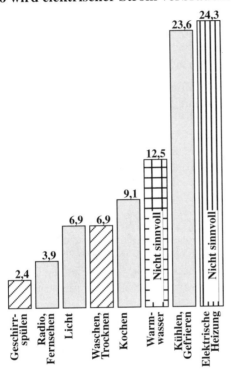

Aufgrund der hohen Verluste bei der Umwandlung von Primärenergie in Strom, bedeuten 38 % Stromeinsparung eine Einsparung an Primärenergie, die so hoch ist wie der Energiebedarf für diese Anwendung.

38 kWh Stromeinsparung bedeuten 100 kWh Primärenergie-Einsparung.

Und gerade bei der Erwärmung des Nutzwarmwassers und auch der Raumheizung kann die unerschöpfliche Sonnenenergie einen beachtlichen Beitrag leisten.

Dieses Buch soll die direkte Nutzung der Sonnenenergie fördern und dem Installateur und Benutzer Anregungen und Hinweise zum einfachen, problemlosen und störungsfreien Betrieb einer Solaranlage geben.

Zum Nachdenken

Solaranlagen für Entwicklungsländer

Länder der dritten Welt liegen zum größten Teil in äquatornahen Regionen oder aber in Regionen mit guter bis hoher solarer Strahlungsintensität.

Hinzu kommt, daß diese Staaten sehr häufig über eine nur geringe Vegetation und Baumbestand verfügen, der dazu noch Jahr für Jahr spärlicher wird, weil die Bewohner das von ihnen zur Zeit noch dringend benötigte Brennholz schlagen. Die Sahel-Zone sei nur als ein Beispiel hier erwähnt.

Solaranlagen für die thermische und photovoltaische Solarenergienutzung bieten sich hier geradezu an. Mit einem technisch deutlich geringeren Aufwand ließe sich in diesen Ländern die Sonnenenergie ebenso wie in Mitteleuropa nutzen.

Diese Staaten würden bei einem verstärkten Einsatz der Solarenergie nicht nur erhebliche Devisen für Energie-Importe sparen, ihre Wälder vor weiterem Kahlschlag schützen, die Umwelt durch Reduzierung schädlicher Abgase schonen, sondern sie würden darüber hinaus ihren Bewohnern ein höheres Maß an Komfort ermöglichen. Die Brunnenpumpe könnte mit Solarzellen betrieben, das Kochfeuer durch einen kleinen Parabolspiegel ersetzt und vielleicht zum ersten mal über Sonnenkollektoren warmes Wasser für Körperpflege und Wäsche erzeugt werden, ohne daß zuvor die Bewohner stundenlang Brennholz sammeln müssen.

Was für diese wenig industrialisierten Länder jedoch bedeutsam wäre, ist die Tatsache, daß fast alle Komponenten, die zu einer Solaranlage für thermische Solarenergienutzung gehören, dort selbst hergestellt werden könnten. Wie oben bereits erwähnt, verfügen diese Länder ja in der Regel über eine sehr hohe solare Einstrahlung. Deshalb könnten dort wesentlich einfachere Solaranlagen als in mitteleuropäischen Breiten mit großem Erfolg eingesetzt werden.

In Mitteleuropa basteln viele Hausbesitzer, ohne spezielle Ausbildung Solaranlagen, die auch in diesen Breiten gut funktionieren.

Warum sollte es also in den äquatornahen Ländern der Dritten Welt nicht möglich sein, handwerklich begabte Bewohner für die Herstellung einfacher Solaranlagen zu schulen, so daß sie diese im eigenen Land herstellen können.

Mit dem Aufbau einer Solarproduktion würde der betreffende Staat auch allmählich von der jetzigen, meist dominierenden aber ertragsschwachen Agrarwirtschaft unabhängiger werden.

Einfache Produkte für thermische Solarenergiegewinnung wären für jeden Arbeiter im Produktionsprozeß verständlich. Auch die Maschinen zur Herstellung solcher Produkte sind vergleichsweise einfach und für den Maschinenbediener würden diese Maschinen deshalb verständlich werden.

Die Solarprodukte für die thermische Energiegewinnung und die Maschinen zu ihrer Herstellung wären für die Arbeiter in diesen Betrieben keine "black box". Sie wären "durchschaubar" ihre Funktion erkennbar und nachvollziehbar.

Darüber hinaus würden gleichzeitig Belegschaft und Angehörige solcher Solarbetriebe für die Umweltprobleme ihrer Heimatländer sensibilisiert.

Die Herstellung von Solaranlagen auf einem begreifbaren Niveau, auch für Menschen, die noch nicht permanent mit technischen Produkten zu tun und diese zu verstehen gelernt haben, würde wiederum den nächsten Schritt in Richtung Industrialisierung auch für andere technische Produkte erleichtern. Und wenn es noch gelänge, solche Solar-Betriebe nicht an einer Stelle zentral sondern allmählich an möglichst vielen Stellen eines Landes aufzubauen, würde ein breiter und im ganzen Land beginnender Fortschritt einsetzen, der sich nicht nur auf die Ausbildung und das technische Verständnis beschränkt, sondern die Infrastruktur, den Handel und schließlich auch den Wettbewerb der einzelnen Betriebe untereinander einschließen würde.

Der Export von Solaranlagen aus Mitteleuropa oder anderen Industrienationen in die Länder der Dritten Welt kann deshalb keine gut gemeinte Entwicklungshilfe sein. Dagegen wäre das zur Verfügung stellen des "Know How", die Ausbildung der örtlichen Fachleute, die Lieferung von geeigneten Produktionsmaschinen und dort nicht herstellbaren Materialien eine langfristig wesentlich klügere Politik der Entwicklungshilfe.

Allerdings würde ein "aus dem Boden stampfen" großer Solar-Fabriken sicherlich nicht erfolgversprechend sein. Hand in Hand mit der Produktion von Solaranlagen muß deren Installation erfolgen können, und dies ist weit schwieriger, als deren Herstellung. Die Montage von Solaranlagen erfolgt dezentral von einer nur kleinen Montagegruppe, so daß eine permanente Betreuung und Anwesenheit eines z. B. europäischen Spezialisten hier nicht möglich ist.

Vielversprechender wird es sein, mit einer relativ bescheidenen Produktionskapazität zu beginnen, die von den dortigen noch auszubildenden Handwerkern aufgenommen und verarbeitet werden kann. Auf dieser Basis aufbauend, würde sich dann die Solarindustrie kontinuierlich vergrößern lassen.

Neben der Produktion und der Installation muß in den Ländern der Dritten Welt auch die regelmäßige Betreuung installierter Solaranlagen eine besondere Beachtung finden. Denn auch die Besitzer von Gebäuden, in denen Solaranlagen installiert sind, besitzen ja häufig nur eine geringe technische Ausbildung. Kleine Störungen, die in Europa der Fachbetrieb am Nachmittag erledigt, könnten in Ländern der Dritten Welt eine Solaranlage oft für Monate außer Betrieb setzen.

Das bedeutet wiederum, daß sie dadurch so großen Schaden nehmen kann, daß sie nicht mehr zu reparieren ist.

Eine Schulung der Besitzer von Solaranlagen kann nicht alle denkbaren Störfälle beinhalten, ganz zu schweigen davon, daß, wenn ein solcher Störungsfall erst nach mehreren Jahren auftritt, dies längst vergessen wäre.

Deshalb erscheint es von großer Bedeutung, parallel mit dem Aufbau einer Solarindustrie und eines Solar-handwerks auch eine entsprechende Betreuung von installierten Solaranlagen aufzubauen.

Dies alles ist eine Aufgabe, die kein allzu hohes technisches Verständnis voraussetzt, die gleichsam den sanften Beginn der Industriealisierung positiv beeinflussen und die hohe Arbeitslosigkeit in diesen Ländern merklich reduzieren würde.

Auch hätte dies den Vorteil, daß die qualifizierten Einwohner, die für den Fortschritt im eigenen Land von so großer Bedeutung sind, in ihrer Heimat bleiben, weil sie eine Chance im eigenen Land bekommen.

Sonnenenergie, was leistet sie?

Energieangebot der Sonne

Daß auch in Mitteleuropa Solaranlagen leistungsfähig und wirtschaftlich sind, ist in vielen Anwendungen längst unter Beweis gestellt. Denn die solare Einstrahlung ist auch im deutschsprachigen Raum so groß, daß ein beachtlicher Teil des Energiebedarfes dieser Region mit Sonnenenergie gedeckt werden könnte. Immerhin erreicht die solare Einstrahlung im deutschsprachigen Raum durchschnittlich 40 % der gewaltigen Solareinstrahlung der Wüste Sahara je m^2 Bodenfläche.

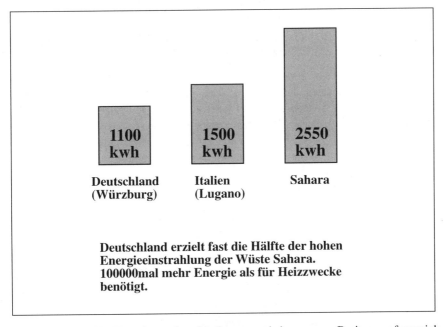

Deutschland erzielt fast die Hälfte der hohen Energieeinstrahlung der Wüste Sahara. 100000mal mehr Energie als für Heizzwecke benötigt.

Damit dieses große Energieangebot der Sonne auch in unseren Breiten umfangreich genutzt werden kann, sind jedoch beachtliche Voraussetzungen an die Solartechnik zu stellen. Im Gegensatz zu südlichen Regionen müssen Solaranlagen in Mitteleuropa flexibel und schnell auf stündlich ändernde Witterungsbedingungen reagieren, diffuse Solarstrahlung weitgehend nutzen, kühlen Außentemperaturen trotzen und eine zeitliche Überbrückung zwischen Solarenergieangebot und Wärmebedarf ermöglichen.

Sonnenenergie, was leistet sie?

Daten über die Solareinstrahlung

Die Stärke der Sonneneinstrahlung ist von mehreren Faktoren abhängig. Die zeitlichen Schwankungen des Sonnenangebotes im Tages- und Jahres- ablauf, die wetterbedingten Einflüsse und die regionalen Unterschiede sind die entscheidensten.

Die Sonne scheint im Süden von Deutschland intensiver als im Norden. Dies liegt daran, daß z. B. in München die Sonne ca. 8 Grad "höher steht" als in Flensburg.

Dafür ist jedoch der Sommertag in Norddeutschland bis zu einer Stunde länger als in Süddeutschland.

Durch die im Jahresdurchschnitt unterschiedlich starke Bewölkung in Mitteleuropa ist auch der Anteil der direkten Sonnenstrahlen an der Gesamtstrahlung und damit die eingestrahlte Solarenergie unterschiedlich stark.

Trotz etwas ungünstigerem Sonnenstandswinkel ist deshalb die eingestrahlte Sonnenenergie in Flensburg höher als in vielen Gebieten Mitteldeutschlands.

Die jährlich eingestrahlte Energie in KWh/m^2 weicht deshalb in verschiedenen Regionen bis zu 20 % vom Durchschnitt ab.

Von direkter Sonnenstrahlung spricht man bei unbewölktem Wetter. Die Sonnenstrahlen kommen mit hoher Strahlungsdichte aus der Richtung des Sonnenstandes.

Diffuse Strahlen sind die Sonnenstrahlen, die bei bewölktem Wetter nach Durchdringung der Wolkendecke auf der Erdoberfläche auftreffen. Beim Auftreffen auf die Wolkenfelder werden die Sonnenstrahlen teilweise absorbiert, reflektiert oder von ihrer ursprünglichen Bahn abgelenkt. Die Sonnenstrahlen kommen mit verminderter Intensität und können sogar aus nördlicher Richtung die Erdoberfläche erreichen. Diffuse Strahlen und direkte Strahlung zusammen ergeben die Globalstrahlung.

Der Anteil der diffusen Strahlen erreicht in Mitteleuropa einen beachtlichen Teil der Globalstrahlung.

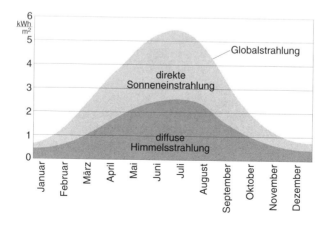

Sonnenenergie, was leistet sie?

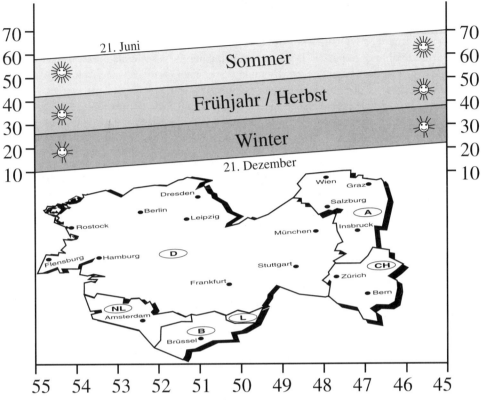

Sonnenstand (Einstrahlungswinkel) in Mitteleuropa im Jahresablauf

Sonnenauf- und Untergangszeiten (Tagesstunden)		
Datum Norddeutschland SA SU Std.	Mitteldeutschland SA SU Std.	Süddeutschland SA SU Std.
Hamburg	Frankfurt/M	München
21.06 03.49 - 20.52 (17,03)	04.16 - 20.39 (16,23)	04.13 - 20.17 (16,04)
22.12 08.35 - 16.00 (7,25)	08.22 - 16.26 (8,04)	08.01 - 16.23 (8,22)

Im Sommer ist der "Tag" in Norddeutschland "länger" als in Süddeutschland. Zwar ist der Wintertag im Norden kürzer als im Süden, aber die Hauptanwendung der Solartechnik ist im Sommerhalbjahr.

Die längere Sonnenscheindauer im Sommerhalbjahr wirkt sich besonders positiv aus, wenn die Kollektorflächen nicht exakt nach Süden ausgerichtet sind.

Sonnenenergie, was leistet sie?

Der Anteil der diffusen Strahlen erreicht in Mitteleuropa einen beachtlichen Teil der Globalstrahlung.

Eine Solaranlage für mitteleuropäische Breiten muß deshalb in der Lage sein, diese diffuse Strahlung zu nutzen. Der Energiegewinn bei diffuser Strahlung ist jedoch wesentlich niedriger als bei direkter Strahlung. Statt einer Energieleistung von 1000 Watt je m^2/h bei wolkenlosem Himmel, kommen bei mittlerer Bewölkung nur ca. 600 Watt und bei starker Bewölkung nur ca. 300 Watt zur Erde. Darüber hinaus reduziert sich der Wirkungsgrad der Sonnenkollektoren bei zunehmender Bewölkung. Dieser Wirkungsgradverlust ist bei Vakuumkollektoren ebenso gegeben wie bei Flachkollektoren.

Bei einer Temperaturdifferenz zwischen Sonnenkollektor und der Umgebungstemperatur von 50K wird bei einer Einstrahlung von 800 Watt je m^2/h eine Energieausbeute von 480 Watt erreicht, während bei einer Einstrahlung von 300 Watt je m^2/h nur eine Energieausbeute von 35 Watt erreicht wird.

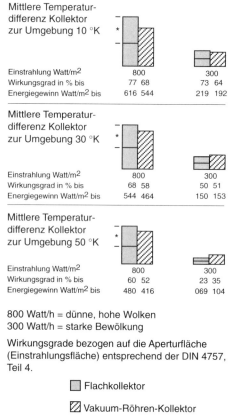

Mittlere Temperaturdifferenz Kollektor zur Umgebung 10 °K				
Einstrahlung Watt/m²	800		300	
Wirkungsgrad in % bis	77	68	73	64
Energiegewinn Watt/m² bis	616	544	219	192

Mittlere Temperaturdifferenz Kollektor zur Umgebung 30 °K				
Einstrahlung Watt/m²	800		300	
Wirkungsgrad in % bis	68	58	50	51
Energiegewinn Watt/m² bis	544	464	150	153

Mittlere Temperaturdifferenz Kollektor zur Umgebung 50 °K				
Einstrahlung Watt/m²	800		300	
Wirkungsgrad in % bis	60	52	23	35
Energiegewinn Watt/m² bis	480	416	069	104

800 Watt/h = dünne, hohe Wolken
300 Watt/h = starke Bewölkung

Wirkungsgrade bezogen auf die Aperturfläche (Einstrahlungsfläche) entsprechend der DIN 4757, Teil 4.

▢ Flachkollektor

▨ Vakuum-Röhren-Kollektor

* Leistungsbreite unterschiedlich leistungsfähiger, klassischer Flachkollektoren.

Deshalb ist es sehr wichtig, daß die Solaranlage neben der Nutzung der diffusen Strahlen, sehr schnell reagiert und auch eine nur kurzzeitige Auflockerung der Wolkendecke und die damit verbundene Erhöhung der solaren Einstrahlung schnell in Wärme umsetzen kann.

Wie Sie aus der Tabelle entnehmen können, liefert eine Solareinstrahlung von nur 12 Minuten mit 800 Watt/m^2 im Durchschnitt mehr Energie als eine Stunde Einstrahlung mit nur 300 Watt.

Wie ein Sonnenkollektor konstruiert sein muß, damit er die diffuse Solar-strahlung nutzt und schnell reagiert, erfahren Sie im Kapitel Sonnenkollektor.

Eine gute Solaranlage nutzt zwar die diffuse Strahlung, jedoch durch die geringe Energiemenge der diffusen Strahlung und des gleichzeitig reduzierten Wirkungsgrades einer jeden Solaranlage ist der Energiegewinn im Vergleich zur direkten Strahlung gering. Aufgrund dieser Erkenntnis ergibt sich auch die zeitliche Nutzung und die möglichen Anwendungsgebiete der Solartechnik.

Solange Langzeitspeicher noch nicht existieren, muß Wärmebedarf und Sonnenangebot zeitlich übereinstimmen.

Gleichberechtigung gefordert

Unfairer Wettbewerb

Die Solartechnik wird sich auch ohne nennenswerte finanzielle staatliche Zuschüsse für neue Forschungs- und Entwicklungsvorhaben durchsetzen, wenn zwei Voraussetzungen geschaffen werden:

1. Die Akzeptanz der Bevölkerung zur Solartechnik und
2. Die Solartechnik erhält einen fairen Preiswettbewerb zu den fossilen Energieträgern und der Atomenergie. Festbrennstoffe, Heizöl und Heizgas sind im Vergleich zur Solarenergie nur deshalb billiger, weil der Verbraucher die Kosten, der durch sie verursachten Umweltschäden, der Gemeinschaft aufbürdet.

Bei der Atomkraft kommt noch hinzu, daß die "Rädchen" der Atommailer bisher mit über 60 Milliarden DM aus der Staatskasse "geschmiert" wurden.

Die Staatskasse finanzieren aber wir alle. Über Steuern und sonstige Abgaben. Unter diesen Voraussetzungen befindet sich die Solartechnik in einem für sie unfairen Wettbewerb, der nur beseitigt werden kann, wenn:

1. Alle Kosten für die Folgelasten, die mit der Verbrennung fossiler Energieträger entstehen, in deren Bezugspreis eingerechnet werden.
2. Die Kosten oder Zuschüsse für den Bau fraglicher Atomkraftwerke, deren Stillegung und späterer Abriß sowie die Endlagerung des Atommülls nicht der Gemeinschaft aufgebürdet, sondern über den Strompreis finanziert werden.
3. Oder aber, wenn dies politisch nicht durchsetzbar ist, der Anwender der Solarenergie die gleichen finanziellen Vorteile und Zuschüsse erfährt. Da bei der Solartechnik keine laufenden Energiekosten anfallen, kann dies nur ein staatlicher Zuschuß beim Kaufpreis einer Solaranlage sein. Dieser Zuschuß muß, vergleichbar mit den "Zuschüssen" für fossile Energieträger und Atomstrom, in der Größenordnung von 50 % des Kaufpreises incl. der Montagekosten liegen.

Unter diesen Voraussetzungen ist die Solarenergie für den Verbraucher wirtschaftlich und aufgrund ihrer anderen Vorteile wird sich die Nachfrage nach ihr sehr schnell erhöhen.

Für die Unternehmen würde es interessant zu investieren und aufgrund der dann eintretenden Verstärkung des Wettbewerbes würden schnell Produktverbesserungen und neue Entwicklungen auch ohne finanzielle Zuschüsse vorgenommen.

Bis auf wenige Ausnahmen erscheinen staatliche Zuschüsse für Forschungs- und Entwicklungsaufwendungen für die Entwicklung der Solartechnik nicht vorteilhaft zu sein. Hier entsteht die Gefahr, daß an Markt und der richtigen Technik vorbei geforscht wird, denn wer will für sich in Anspruch nehmen, daß er den Bedarf, die Entwicklung und die hierfür am besten geeignete Technik voraussehen kann.

Politiker sicherlich nicht, Fachleute sind zu sehr mit dem momentanen Zustand behaftet, Unternehmer werden versuchen, das was für ihre Produktion günstig wäre in den Vordergrund zu stellen und Wissenschaftler neigen dazu, theoretisch wünschenswerte aber praktisch kaum machbare Projekte zu verfolgen. Ausnahmen können bestenfalls Entwicklungshilfen für kleine bis mittelständige Unternehmen sein, für die die Durchführung eines Entwicklungsprojektes ansonsten finanziell nicht machbar wäre.

Die wesentlich günstigere Entwicklung der Marktwirtschaft Westdeutschlands, gegenüber dem Zentralismus im Osten, hat beispielhaft gezeigt, daß es diese Marktwirtschaft ist, die mit den vielen unabhängigen Entscheidungen der Bürger und Unternehmer etwas voran bringt.

Der Staat jedoch hat dafür zu sorgen, daß der Wettbewerb fair bleibt. Wenn ein umweltfreundliches Produkt nur deshalb teurer ist als ein umweltbelastendes Produkt, weil dessen Umweltbelastung die Gemeinschaft zahlen muß, so hat dies mit Marktwirtschaft nichts zu tun. Hier muß der Staat der Marktwirtschaft "helfen", indem der voraussichtliche Schaden der "Umweltverstümmelung" oder die voraussichtlichen Kosten für die Beseitigung von Umweltschäden über Steuern oder Abgaben in den Bezugspreis eingerechnet werden.

Starke Gegner

In fast allen mit Deutschland vergleichbaren Staaten ist die Solartechnik stärker verbreitet. In Österreich, in der Schweiz, in Japan, in der USA, ja sogar in Schweden gibt es wesentlich mehr Sonnenkollektoren pro Kopf der Bevölkerung als in der ehemaligen Bundesrepublik und selbstverständlich auch im vereinten Deutschland.

Einer der wesentlichen Gründe für die so zögerliche Verbreitung der Solartechnik in Deutschland, ist die starke Zentralisierung der Strom- und Energiewirtschaft mit ihrer Verknüpfung zur Politik die bis zu den Stadtwerken einer Gemeinde reicht.

Diese Unternehmen wollen Strom, Gas und Fernwärme verkaufen, nicht kostenfreie Sonnenenergie. Die Stromerzeuger wollen, daß ihre Atomkraftwerke im Sommer besser ausgelastet sind. Mehr Solartechnik würde aber bedeuten, daß in den Sommermonaten die Grundlast der Kraftwerke weiter abgesenkt werden müßte. Von Seiten der Energiewirtschaft ist es deshalb nur allzu verständlich, daß sie der Solartechnik nicht positiv gegenüberstehen. Ihr Unternehmensziel ist eben ein anderes. Dies ist durchaus legitim. Auch andere Unternehmen, die Waren oder Dienstleistungen anbieten, stellen ihre eigenen Produkte als besonders vorteilhaft heraus und kritisieren den Wettbewerb.

Bei der Energiewirtschaft kann man das jedoch so nicht abtun. Denn diese besteht nicht aus "normalen Unternehmen". Ihre Verflechtungen und Verbindungen zur Politik, politischen Parteien und Politikern, zur Atomindustrie und den großen Elektrogeräte-konzernen ist so stark, daß sie in vielfältiger Weise Einfluß gegen die Solartechnik ausüben können. Dies betrifft die Bundespolitik ebenso wie die Gemeinden. In den Gremien der sogenannten Stadtwerke sitzen Vertreter der Gemeinde, die zwar nicht immer fachlich kompetent sind, aber immerhin zum Wohle der Stadtwerke arbeiten. Da es aber das Ziel der Stadtwerke als selbständige Gesellschaft ist, möglichst viel Energie in Form von Strom und Gas zu verkaufen, wird man automatisch gegen die Solartechnik aber auch gegen andere energiesparende Techniken argumentieren.

So wie in der Bundespolitik Vertreter der Stromkonzerne bei Entscheidungen zur Energievermarktung gefragt werden, so beeinflussen Angehörige der Stadtwerke die Gemeinderäte, wenn es um Entscheidungen in dieser Sache geht. Obwohl im Großen und Ganzen den Vertretern dieser Unternehmen eine Kompetenz in der Frage regenerativer Energietechniken abgesprochen werden muß, stehen diese Rede und Antwort und das kann immer nur - ihrem Firmenziel entsprechend - für möglichst viel Verkauf von Strom und Gas, gegen Energieein-sparung und damit gegen die Solartechnik sein.

Weshalb gründete nun ausgerechnet die Stromwirtschaft und die Elektrobranche einen Verband für die Solarenergie, den BSE (Bund Solarenergie)?

Die Mitglieder kommen aus der Stromwirtschaft, der Atomwirtschaft oder von den großen Herstellern von Elektrogeräten. Das "Rheinisch Westfälische Elektrizitätswerk RWE", die Atomfirma NUKEM, die AEG sind nur beispielhaft zu nennen.

Zeitweilig war kein einziger Hersteller von thermischen Solaranlagen Mitglied des BSE.

Es wäre deshalb wünschenswert, wenn möglichst viele mittelständische Hersteller von thermischen Solaranlagen in diesem Verband Mitglied würden, um im Sinne der Solartechnik positiv zu wirken.

Wenn zuvor, ganz allgemein, die Stadtwerke und die Stromerzeuger im Sinne der Solartechnik negativ dargestellt wurden, kann jedoch auch auf einige weitsichtige Organisationen aus diesem Bereich verwiesen werden.

Allen voran ist die Stadt Rottweil zu nennen, deren Stadtwerke unter dem ehemaligen Direktor Rettich und engagierten Mitarbeitern Zukunftsweisendes geleistet haben.

Die Stadtwerke Rottweil zeigen bereits seit Jahren, mit völlig neuen und bahnbrechenden Konzepten erfolgreich, wie die Energieversorgung für eine Gemeinde energiesparend, umweltfreundlich, dezentral und weitsichtig gesichert werden kann.

Auch die Stadtwerke Heidenheim, mit ihrem mutigen Schritt in die Kraft-Wärmekopplung, sind zu nennen.

Weitere vorausschauende und weitsichtige Gemeinden und Stadtwerke könnten hier aufgezählt werden und es werden erfreulicherweise immer mehr.

Für Architekten und Planer

Sonnenkollektoren als gestalterisches Element

Werden in bereits bestehende Häuser Solaranlagen nachgerüstet, so bleiben meist nur wenig Möglichkeiten architektonisch gute Lösungen zu finden. An einer möglichst praktischen Stelle des Daches wird die Kollektorfläche montiert. Bei Neubauten bieten Solaranlagen dem Architekten jedoch eine höchst interessante und willkommene Aufgabe. Solaranlagen kann man an vielen Stellen in ein Gebäude integrieren. Hausdach, Garagendach, Fassade, Pergola, Balkongeländer, eignen sich hierfür.

Sonnenkollektoren kann man unmittelbar über der Dachfläche montieren, ähnlich einem Dachfenster in die Ziegelfläche integrieren, in einem gewissen Winkel auf eine ebene Fläche (Flachdach) oder mit Neigung an einer senkrechten Fläche befestigen.

Durch diese vielen Möglichkeiten bieten sich dem kreativen Architekten viele neue Gestaltungsvarianten. Bei der Integration in die Ziegelfläche werden die Kollektoren auf die Dachlattung gelegt. Der Abstand der Dachsparren ist deshalb nicht von den Sonnenkollektoren abhängig, sondern kann nach anderen Kriterien gewählt werden. Das Gewicht der Sonnenkollektoren mit ca. 20 kg/qm ist für die Statik von geringer Bedeutung. Keinesfalls sollte versucht werden, die Kollektoren zu verbergen oder ziegelähnliche, jedoch unwirksame Konstruktionen zu verwenden. Der moderne Architekt wird Mut haben und Solaranlagen als willkommenes Element neuer architektonischer Möglichkeiten einsetzen.

Für Architekten und Planer

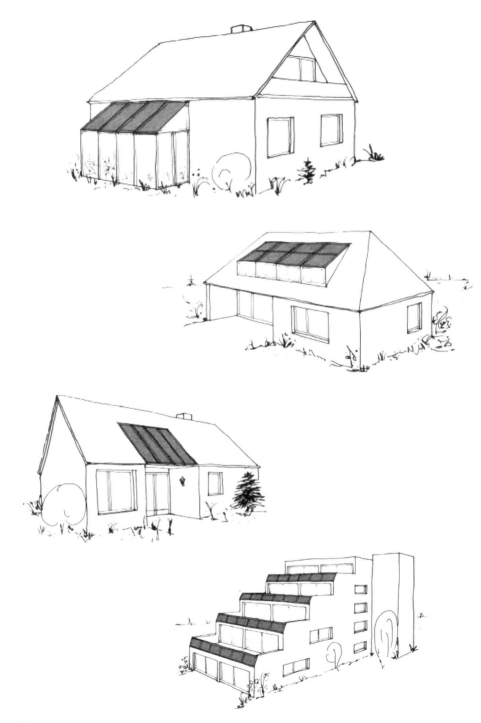

Für Architekten und Planer

Die strapazierte Frage nach der Wirtschaftlichkeit

Die Rechnerei mit dem spitzen Bleistift, was denn weniger koste, fossile Energieträger wie Öl und Gas, durch Verbrennen ein für alle mal zu vernichten, oder aber Produkte herzustellen, mit denen jahrelang Energie erzeugt werden kann, erübrigen sich spätestens dann, wenn es nur noch so wenig fossile Energieträger gibt, daß sie zum Verbrennen zu teuer sind.

Noch wird von vielen konservativen Planern ein großer Unterschied zwischen den beiden Arten, Wärme zu gewinnen, übersehen.

Die Verbrennung fossiler Energieträger ist nämlich endgültig. Mit jeder erzeugten Wärmeeinheit wird ein Mehrfaches an fossilen Energieträgern ein für allemal vernichtet.

Bei einer Solaranlage hingegen wird ein Produkt hergestellt, mit dem jahrelang Energie erzeugt wird, ohne dafür etwas anderes zu vernichten oder die Umwelt zu schädigen.

Die herkömmliche Energieerzeugung bedeutet gleichzeitig eine unwiederbringliche Vernichtung von Rohstoffen.

Solaranlagen hingegen bedeuten die Neuschöpfung von Volksvermögen.

Während fossile Energieträger einen vergleichsweise primitiven Kreislauf aufweisen, nämlich fördern, transportieren, verbrennen, bietet die Solartechnik dem Menschen sehr viel mehr Möglichkeiten.

Neue technische Entwicklungen, Schaffung von Arbeitsplätzen und nicht zuletzt die Vorbereitung auf die Herausforderung der Zukunft.

Vernichten oder erzeugen, zerstören oder aufbauen. Der verantwortungsbewußte Planer muß über seine Bleistiftspitze hinweg auch diese Frage würdigen.

Für Architekten und Planer

Solaranlagen, Bestandteil eines jeden Hauses

Solaranlagen, besonders solche für die sommerliche Nutz-Warmwasserbeheizung, müssen selbstverständlicher Bestandteil eines jeden Gebäudes werden. Seien es Industriebetriebe, Behörden, Sportanlagen oder Privathäuser.

Wenn dies nicht aufgrund des Verständnisses der Eigentümer oder Besitzer geschieht, muß der Gesetzgeber (dann leider) für die notwendigen gesetzlichen Voraussetzungen sorgen.

Wird eine Solaranlage nämlich während des Baus eines Hauses mit eingeplant und montiert, so sind deren Kosten wesentlich niedriger als beim nachträglichen Einbau.

Der Mehrpreis für eine Solaranlage zum Erwärmen des Nutz-Warmwassers eines Einfamilienhauses kostet, je nach Ausstattung und Montagekosten, zwischen DM 4.000,- und DM 8.000,-.

Dies sind nicht mehr als ca. 1-2 % der Gesamtkosten eines Einfamilienhauses. Bei größeren Objekten ist der prozentuale Aufwand noch geringer und reduziert sich bei Mehrfamilienhäusern auf 0,5 % des Kaufpreises des Gebäudes.

Bei den genannten Kosten handelt es sich nicht um die Herstellungskosten einer Solaranlage, sondern um den Mehrpreis zu einer herkömmlichen Nutzwasserheizung.

Bedenkt man, daß eine Solaranlage bis zu 30 Jahren kostenlos und umweltfreundlich im Sommer zu mehr als 90 % und im Winter bis zu 50 % die Nutzwassererwärmung durchführt, so fragt man sich, weshalb es noch heute so viel Überzeugungskraft bedarf, der Solarenergie zum Durchbruch zu verhelfen.

Für Architekten und Planer

Es liegt nicht alleine daran, daß die, mit mangelnder Vorstellungskraft ausgestatteten, ewigen Zweifler nur schwer zu überzeugen sind. Einer der Gründe ist mit Sicherheit auch die Tatsache, daß die Solartechnik für die thermische Energiegewinnung eine recht einfache Technik ist. Sie beruht auf einfachen Prinzipien und kommt ohne technische Akrobatik aus. Es mag sein, daß so etwas einfachen Fachleuten und Ingenieuren nicht geheuer ist. Es mag aber auch sein, daß, ist die Solaranlage erst einmal installiert, niemand mehr daran verdient. Weder die großen Ölmulties, die Stromindustrie, die Stadtwerke als Strom- und Gaslieferant, noch das weit verbreitete Händlernetz für Heiz-öl werden deshalb die Solartechnik positiv darstellen. Besonders die Stromerzeuger mit ihren engen Verflechtungen zur Regional-, Landes- und Bundespolitik haben in der Vergangenheit viel dazu beigetragen, die Solartechnik im negativen Licht erscheinen zu lassen.

Definition von Solaranlagen

Die verschiedenen Solartechniken

Ganz allgemein versteht man unter einer Solaranlage ein System, mit dem die Sonnstrahlen in direkt nutzbare Energie umgewandelt werden können. Dabei unterscheidet man zwei große Hauptbereiche.

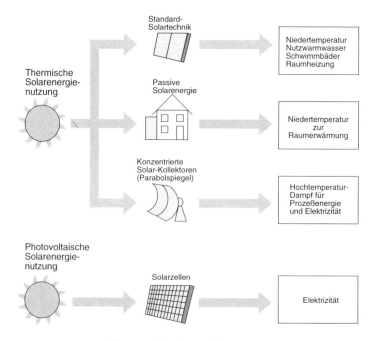

Die verschiedenen Solartechniken

1. Die thermische Solarenergienutzung, also die Umwandlung der Sonnenstrahlen in Wärme.

2. Die photovoltaische Umwandlung der Sonnenenergie, d. h. die Erzeugung von elektrischem Strom durch Sonnenstrahlen.

Bei der *photovoltaischen* Solarenergienutzung wird mit sogenannten Solarzellen Sonnenenergie in Elektrizität umgewandelt.

Solarzellen sind falsch eingesetzt, wenn sie der Wärmeerzeugung dienen sollen. Ihre Leistung liegt bestenfalls bei 15 % der eingestrahlten Sonnenenergie, während leistungsfähige Sonnenkollektoren bis zu 80 % der eingestrahlten Sonnenenergie in Wärme umsetzen können. Geht man einmal nicht von der optimalen Solarstrahlung von ca. 1000 Watt/m^2 aus, sondern von einem bedeckten Himmel mit ca. 500 Watt solarer Einstrahlung, so leisten Solarzellen 50 - 70 Watt elektrische Energie und Sonnenkollektoren ca. 300 Watt Wärmeenergie. Würde man also Solarzellen zur Warmwasserbeheizung einsetzen, so wäre eine Fläche von ca. 20 m^2 erforderlich, während Sonnenkollektoren dies mit 5-6 m^2 bereits erreichen.

Solarzellen sollte man also nur zur Erzeugung elektrischen Stroms einsetzen.

Die photovoltaische Sonnenenergienutzung ist nicht Thema dieses Buches, da sie völlig andere Anwendungsgebiete und Fachbetriebe berührt.

Bei der thermischen Nutzung der Sonnenenergie, also der Umwandlung der Sonnenenergie in direkt nutzbare Wärme, kann man wiederum drei Systeme unterscheiden.

Passive Solarenergienutzung

Bei der passiven Solarenergienutzung wird das Objekt selbst zum Sonnenkollektor, um die Umwandlung der Sonnenenergie in Wärme zu bewerkstelligen. Die bekannteste Art der passiven Solarenergienutzung ist der zwischenzeitlich recht weit verbreitete Wintergarten. Auch die passive Solarenergienutzung soll in diesem Buch nicht beschrieben werden.

Definition von Solaranlagen

Parabol-Spiegel

Parabolspiegel konzentrieren oder bündeln die direkten Sonnenstrahlen und sind dadurch in der Lage das in der Mitte des Parabolspiegels befindliche Absorberrohr auf sehr hohe Temperaturen zu erhitzen. Die Gesamtmenge der erzeugten Energie bleibt jedoch gleich, da die hohen Temperaturen auf Kosten der erzeugten Menge geht.

In mitteleuropäischen Breiten sind Parabolspiegel nicht sinnvoll einzusetzen, da sie nur die direkten Sonnenstrahlen bündeln und in Wärme umwandeln können. Da jedoch in mitteleuropäischen Breiten der Anteil der diffusen Sonnenstrahlen sehr hoch ist, empfiehlt sich hier Flachkollektoren oder Vakuum-Kollektoren einzusetzen, die auch diffuse Sonnenstrahlen in Wärme umwandeln können.

Standard Solartechnik

Diese teilt sich wiederum in mehrere Techniken und Anwendungsgebiete auf.

Nachfolgend sind diese Aufteilungen dargestellt.

Nachfolgend werden ausschließlich Solaranlagen mit Fluidkreislauf durch Umwälzpumpe beschrieben (siehe grau hinterlegtes Feld).

Diese Technik ist in Mitteleuropa zurecht am meisten verbreitet. Bei den wechselnden Witterungsbedingungen unserer Breiten sind diese Anlagen am effektivsten.

1. Solaranlagen mit einem flüssigen Wärmeträgermedium, das über *Pumpenantrieb* umgewälzt wird.

Diese Solaranlagen sind in Mitteleuropa mit Abstand am weitesten verbreitet und die nachfolgenden Kapitel werden sich ausschließlich mit diesem System beschäftigen.

Definition von Solaranlagen

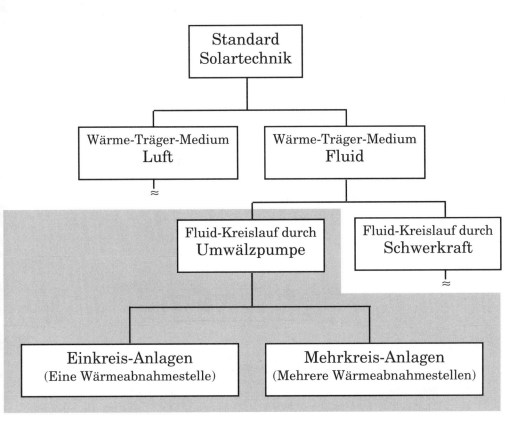

Definition von Solaranlagen

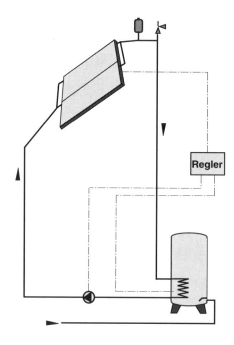

2. Solarsysteme mit einem flüssigen Wärmeträgermedium und *Schwerkraftumwälzung*.

Diese Solaranlagen sind in Mitteleuropa wenig verbreitet und werden in den nachfolgenden Kapiteln nicht behandelt. Schwerkraft-Solaranlagen findet man überwiegend in sehr heißen, äquatornahen Regionen. So sind sie z. B. in Israel und den arabischen Ländern außerordentlich stark verbreitet. Es sind sehr preiswerte Anlagen, weil Umwälzpumpe, Solarsteuerung und andere Bauteile, die für die unter Punkt 1 beschriebenen Solaranlagen benötigt werden, hier nicht erforderlich sind. Da diese Schwerkraft-Anlagen in der Regel jedoch nur als Kleinanlage gut funktionsfähig sind, reicht sowohl die übliche Kollektorfläche, als auch die Speichergröße für den mitteleuropäischen Bedarf nicht aus.

3. Solaranlagen mit Luft als Wärmeträger. Solaranlagen mit sogenannten *Luft-Kollektoren* findet man weltweit recht selten.

Günstig ist ihr Einsatz als Trocknungsanlage, z. B. in der Landwirtschaft für die Heutrocknung oder für Frischluftzufuhr in Gebäuden.

Die Frischluft kann bei kühlen Außentemperaturen und guter Solareinstrahlung erheblich vorerwärmt werden.

Definition von Solaranlagen

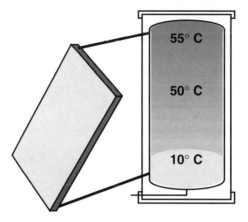

Sie arbeiten in der Regel ohne Wärmespeicher und eine komplette Anlage ist, da auch die Luft-Sonnenkollektoren deutlich billiger sind als Sonnenkollektoren für flüssige Wärmeträger (Fluid) recht preiswert und rechtfertigen dadurch auch einen nur wenige Monate währenden Einsatz.

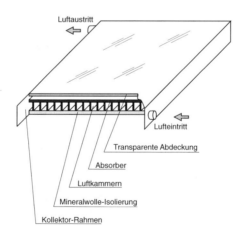

Definition von Solaranlagen

Anwendungsgebiete der Solartechnik

Obwohl die Solartechnik in vielen Bereichen genutzt werden kann, sollten zunächst die sinnvollsten Anwendungsgebiete ausgewählt werden um mit dem eingesetzten Kapital einen möglichst hohen Nutzen zu erzielen.

Bei der Analyse, welche Anwendungsgebiete sich für die Solartechnik besonders anbieten, sind folgende Kriterien zu berücksichtigen:

1. Der Energie- bzw. Wärmebedarf muß zeitlich weitgehendst mit einer möglichst hohen solaren Einstrahlung übereinstimmen.

2. Die geforderten bzw. gewünschten Durchschnitts-Temperaturen der Sonnenkollektoren sollen eine möglichst geringe Differenz zur Umgebungstemperatur haben, also möglichst niedrig sein.

3. Die Solaranlage sollte möglichst ganzjährig, besonders natürlich in der Sommerzeit, genutzt werden.

Nachfolgend betrachten wir die häufigsten Anwendungsgebiete auf diese Kriterien hin einmal näher.

Wo können Solaranlagen sinnvoll eingesetzt werden?

Beispiele:

Bedeutende Anwendungsgebiete sind z. B.	Warmwasser	Schwimmbad	Heizungsunterstützung
- Privathäuser	●	●	○
- Sportanlagen	●	●	
- Campinganlagen	●	●	
- Kurhäuser	●	●	○
- Hotels / Pensionen	●	●	○
- Labors	●		
- Schlachtereien	●		
- Krankenhäuser	●	●	○
- Altenheime	●		○
- Pflegeheime	●		○

● Empfehlenswert

○ Nur empfehlenswert, wenn Raumheizung auch im Sonnenhalbjahr gewünscht wird.

Schwimmbad

Eine der günstigsten Anwendungsgebiete ist die Schwimmbecken-Beheizung, und zwar für das ganzjährig genutzte Hallenbad, aber auch für das Freibad im Sommer.

Die Temperaturen des Wassers liegen um 23 °C beim Freibad und ca. 27 °C beim Hallenbad. Die Wassertemperaturen sind damit, besonders im Sommer, nur wenig höher als die Umgebungstemperatur, so daß die Solaranlage mit ausgezeichnetem Wirkungsgrad arbeiten kann. Hinzu kommt, daß das Schwimmbecken selbst eine gewisse Speicherfähigkeit besitzt und ein zusätzlicher Wärmespeicher entfallen kann.

Das Hallenbad erfordert außerdem einen Ganzjahresnutzen.

Das Freibad hingegen wird nur ca. drei bis vier Monate jährlich genutzt und steht deshalb nicht im Einklang mit den oben erfolgten Aussagen, daß die Solaranlage möglichst ganzjährig genutzt werden sollte.

Da jedoch aufgrund der günstigen Temperatur-Verhältnisse im Sommer für das Freibad sehr preiswerte Kunststoff-Absorber einsetzbar sind und auf eine ganze Reihe von Bauteilen wie Wärmetauscher, Sicherheitseinrichtungen usw. verzichtet werden kann, ist eine Freibad-Erwärmung dennoch sinnvoll und wirtschaftlich.

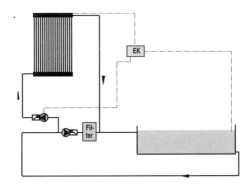

Warmwasserbereitung

(Nutzwarmwasser z. B. Duschwasser)

Für die Warmwasserbereitung stellt sich die Situation ähnlich dem Schwimmbad dar. Zwar sind die Temperaturen, die man im Warmwasserspeicher anstrebt, mit ca. 60 °C deutlich höher als beim Schwimmbad. Dafür ist jedoch die Eintritts-Temperatur des Wassers in den Warmwasserspeicher mit 10 °C auch deutlich niedriger als beim Schwimmbad, so daß die Durchschnitts-Temperaturen des Nutz-Warmwassers mit 35 °C nur wenig höher als die eines Hallenbades sind.

Definition von Solaranlagen

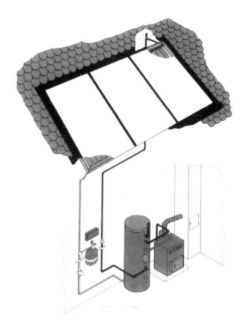

Was die Warmwasser-Erzeugung mit Solarenergie zusätzlich interessant macht, ist der für diesen Bedarf schlechte Nutzungsgrad eines Öl/Gasheizkessels im Sommer.

Ohne Solaranlage müßte man das Warmwasser im Sommer ja mit dem Heizkessel aufheizen, der in dieser Zeit mit einem sehr schlechten Nutzungs-grad arbeitet.

Die Heizkessel besitzen nämlich eine sehr hohe Energieleistung und damit auch Energiebedarf (Öl/Gas), da sie im Winter die gesamte Raumheizung zusätzlich mit übernehmen müssen.

Nur für die Aufheizung des Warmwassers im Sommerhalbjahr ist ein Heizkessel zu wenig ausgelastet, was einen sehr schlechten Nutzungsgrad und auch einen überproportional hohen Schadstoffausstoß zur Folge hat.

Wird das Warmwasser hingegen mit Solarenergie erwärmt, so bleibt der Heizkessel im Sommer zu mehr als 90% der Zeit außer Betrieb.

Bei Neukauf von Wasch- und Spülmaschinen sollten nur solche Geräte erworben werden die einen separaten Warmwasseranschluß haben.

Im Winterhalbjahr wirken sich die niedrigen Einlauf-Temperaturen des Kaltwassers von nur 10 °C als sehr günstig aus. Die Solaranlage kann nämlich, selbst bei relativ schlechten Bedingungen, Nutzwarmwasser zumindest von 10 auf 35 ° C vorwärmen.

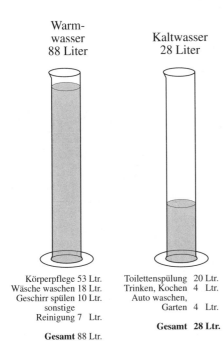

Durchschnittlicher täglicher Wasserverbrauch eines Mitteleuropäers

Warmwasser 88 Liter

Kaltwasser 28 Liter

Körperpflege 53 Ltr.
Wäsche waschen 18 Ltr.
Geschirr spülen 10 Ltr.
sonstige Reinigung 7 Ltr.
Gesamt 88 Ltr.

Toilettenspülung 20 Ltr.
Trinken, Kochen 4 Ltr.
Auto waschen, Garten 4 Ltr.
Gesamt 28 Ltr.

Der Verbrauch von Warmwasser nimmt aufgrund des steigenden Komforts und Hygienebedarfs kontinuierlich zu, während der Energiebedarf für die Raumheizung aufgrund besserer Wärmedämmung sinkt.

Die im Winter erforderliche Restenergie zur Temperaturanhebung des Warmwassers auf 60 °C wird dann vom Heizkessel übernommen, der ja für die Raumheizung ohnehin in Betrieb ist. So kann auch im Winter die Solaranlage bis zu 50 % des Energiebedarfes erwirtschaften.

Raumheizung

Auf die Frage Raumheizung mit Sonnenenergie, müßte, wenn man an das Winterhalbjahr denkt, ein klares Nein erfolgen. Von den im Kapitel »Anwendungsgebiete der Solartechnik« am Anfang genannten drei Voraussetzungen für die Wirtschaftlichkeit trifft keine zu.

Im Winter ist die solare Intensität zu gering, die Heizperiode beträgt nur ca. 8 Monate und die erforderlichen Speichertemperaturen sind mit ca. Ø 500 C (bei Warmwasser Ø nur 350 C) zu hoch.

Wird jedoch eine Raumheizung auch für das Sommerhalbjahr und eventuell die Übergangszeit in Erwägung gezogen, so ist dieses Vorhaben durchaus realisierbar.

So gibt es viele Bereiche, in denen eine Raumheizung im Sommerhalbjahr gewünscht wird. Denken wir nur an das Bad, das uns auch im Sommer für die morgendliche und

Definition von Solaranlagen

abendliche Toilette in der Regel zu kühl ist, an ein Kinderzimmer auf der Nordseite eines Hauses, an den Hobbyraum im Keller oder auch den Büroraum in einem ausgebauten, aber immer noch kalten Keller, die Alten- und Pflegeheime, besonders deren Nordräume, Krankenhäuser und die vielen anderen Anwendungsgebiete, bei denen es wünschenswert wäre, wenn die Zimmer-Temperaturen auch im Sommer um 2 bis 3 °C höher wären.

So wurde z. B. ein Forsthaus mit einer Solaranlage zur Raumheizung ausgestattet. Das Forsthaus stand zwar auf einer sonnenbeschienenen Lichtung, aber die Kühle des Waldes machte eine ständige Temperierung der Wohnräume auch im Sommer notwendig.

Mit einem Latentspeicher oder einem Langzeit-Wasserspeicher wie sie in jüngster Zeit realisiert wurden, läßt sich nun auch bis in das Winterhalbjahr Sonnenenergie speichern und nutzen. Siehe Kapitel Wärmespeicher für die Raumheizung.

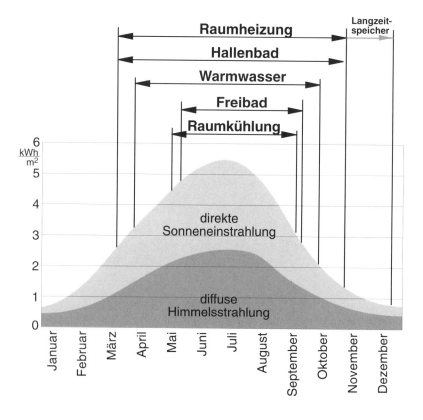

Diese Zwecke bietet sich die Solartechnik als wirtschaftliche und umweltfreundliche Energiequelle an, zumal, ähnlich der Warmwasserbereitung, die Heizkessel im Sommer nur mit Unterlast und damit schlechtem Nutzungsgrad betrieben werden könnten.

Wird mit einer Solaranlage die Raumheizung im Sommerhalbjahr durchgeführt, nutzt man diese natürlich - soweit als möglich - auch im Winterhalbjahr. Sie wird hier zwar nur die herkömmliche Heizung unterstützen können, aber das, was sie bringt, ist kostenlos, hilft Energie sparen und schont die Umwelt.

Raumkühlung mit thermischer Solarenergie

Daß man mit Sonnenwärme kühlen kann, erscheint zunächst nicht logisch. Dennoch, gibt es Möglichkeiten, gerade die Sonnenwärme zur Kühlung zu nutzen.

Die Kühlung von Gebäuden mit Solarenergie ist sogar ein äußerst günstiges Anwendungsgebiet, da logischerweise gerade dann Raumkühlung benötigt wird, wenn die Sonneneinstrahlung und die Außentemperatur besonders hoch sind.

In äquatornahen Regionen mit besonders großem Klimatisierungsbedarf ist auch überdurchschnittlich viel Sonneneinstrahlung gegeben. Gerade in diesen Ländern ist die Raumkühlung mit Solarenergie deshalb von besonderer Bedeutung.

Aber auch in Mitteleuropa kann die Raumkühlung in den Sommermonaten effektiv umgesetzt werden. Besonders interessant und wirtschaftlich ist die Nutzung einer Solaranlage, die im Sommer nicht nur zur Kühlung eingesetzt wird, sondern auch in der Zeit mit Wärmebedarf zur Raumerwärmung genutzt wird.

Der Übergang von der Raumkühlung zur Raumerwärmung kann fließend erfolgen. Mit nachlassendem Kühlungsbedarf nimmt allmählich der Wärmebedarf zu, bis Solarenergie ausschließlich der Raumerwärmung dient und umgekehrt.

Nachfolgend werden zwei Verfahren vorgestellt:

1. Kühlung mit Absorptions-Kältemaschine

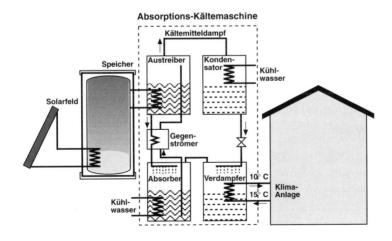

Die Technik von Absorptions-Kältemaschinen und Absorptions-Wärmepumpen ist seit längerem bekannt und auch in der Praxis für verschiedene Anwendungen eingesetzt.

Neu ist die Kombination mit Sonnenkollektoren.

Hierzu werden sehr leistungsfähige Sonnenkollektoren benötigt, denn die Betriebstemperatur liegt bei ca. 100 °C und darüber.

Eine Kühlung nach diesem Verfahren ist durch die relativ teure Absorptions-Kältemaschine in Kombination mit Hochleistungs-Sonnenkollektoren kostenaufwendig.

Funktionsbeschreibung

Solaranlage

Das Solarfeld beheizt einen Wasserspeicher mit einer konstanten Temperatur von ca. 100 °C. Dieser Wasserspeicher führt seine Wärmeenergie - dann wenn sie benötigt wird - dem Austreiber (Generator) der Kältemaschine zu.

Kältemittel

Das günstigste Kältemittel für eine Solare-Absorptions-Kälteanlage ist $LiBr-H_2O$ (Wasser als Kältemittel und Lithiumbromid als Lösungsmittel).

Die hier im Austreiber benötigte Temperatur von ca. 92 °C liegt für hocheffiziente Solarkollektoren in einem akzeptablen Bereich.

Austreiber

Dem im Austreiber befindlichen Arbeitsstoffpaar LiBr-H2O, das noch reich an Wasser ist, wird hier unter Zuführung dieser Wärmeenergie, mit einer Temperatur von ca. 92 °C, Wasserdampf ausgetrieben.

Kondensator

Der Wasserdampf strömt zum Kondensator. Hier wird der Dampf verflüssigt und die Kondensationswärme abgeführt.

Drosselventil (D)

Über ein Drosselventil (D) wird das Kondensat auf den Verdampferdruck entspannt.

Verdampfer

Das Wasserkondensat gelangt zum Verdampfer. Hier wird das Kältemittel unter Aufnahme der Wärme des zu kühlenden Mediums verdampft.

Absorber

Der Niederdruckdampf strömt dann in den Absorber, wo die wasserarme Lösung aus dem Austreiber eingesprüht wird und das Wasser aus der Dampfphase (Verdampfer) absorbiert. Dabei entsteht Absorptionswärme die durch Kühlwasser abgeführt wird.

Gegenströmer

Sodann wird die mit Wasser angereicherte »reiche« Lösung zum Austreiber befördert und auf dem Weg dorthin, mittels eines Gegenstromwärmetauschers, durch die vom Austreiber in den Absorber strömende »arme« Lösung vorerwärmt.

Die Absorptions-Kältemaschine arbeitet mit einem Wirkungsgrad von ca. 50% und benötigt - im Gegensatz zur Kompressor-Kältemaschine - nur einen geringen Teil elektrische Energie.

2. Solare Kühlung durch Verdunstungsprinzip

Dieses Verfahren ist wesentlich preiswerter und es werden weniger effiziente Kollektoren benötigt als bei dem Verfahren mittels Absorp-tions-Kältemaschine. Das Kältemittel Wasser wird nicht verdampft, sondern arbeitet nach dem Verdunstungsprinzip.

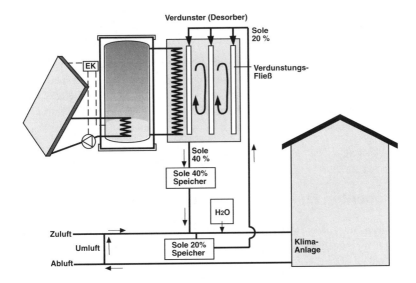

Solaranlage

Wie zuvor wird mittels Sonnenkollektoren ein Wasserspeicher beheizt jedoch mit niedrigeren Temperaturen von ca. 80 °C.

Verdunster (Desorber)

Von diesem wird dem Verdunster die Wärme zugeführt, um Wasser aus CaCl2-Sole zu verdunsten. Daraus entsteht eine 40%-Sole die einem Solespeicher zugeführt wird.

Trocknung der Luft

Aus dem Solarspeicher wird die konzentrierte Sole im Zuluftkanal der klimaanlage auf Kühlwasserrohre gesprüht. Dabei entstehende Kondensationswärme wird abgeführt.

Definition von Solaranlagen

Die stark hygroskopische Sole entzieht der Luft Feuchtigkeit. Die dadurch entstehende verdünnte Sole wird über einen weiteren Solebehälter dem Verdunster wieder zugeführt.

Kühlung

Nun wird in die getrocknete Luft Wasser eingesprüht das dort verdunstet. Aufgrund der dadurch entstehenden Verdunstungswärme kühlt sich die Luft ab.

Auch hier kann die Anlage für die Raumerwärmung genutzt werden, zumindest die Kapazität der Sonnenkollektoren und die des Wärmespeichers.

Natürlich ist die Anwendung der Solarenergie-Nutzung nicht auf die Haustechnik beschränkt.

Bei vielen weiteren Anwendungsgebieten läßt sich mit der Solartechnik Energie sparen.

Diese Anwendungsgebiete werden jedoch in diesem Buch nicht beschrieben. So ist z. B. die Meerwasserentsalzung für mitteleuropäische Breiten wenig interessant.

Die Erzeugung von Prozeßwärme wiederum, für die ein hoher Bedarf vorhanden wäre, ist mit Solartechnik unwirtschaftlich. Prozeßwärme erfordert Betriebstemperaturen von über 100 °C, die sowohl von guten Flachkollektoren als auch Vakuum-Kollektoren erreicht werden. Der Wirkungsgrad reduziert sich jedoch bei so hohen Temperaturen sehr stark und macht eine Solaranlage für diesen Anwendungszweck deshalb uninteressant.

Komponenten einer Solaranlage, Übersicht

Solaranlagen mit einem flüssigen Wärmeträgermedium und Pumpenantrieb bestehen aus vier Hauptbauteilen. Jedes dieser vier Hauptbauteile entscheidet über die Leistungsfähigkeit einer Solaranlage.

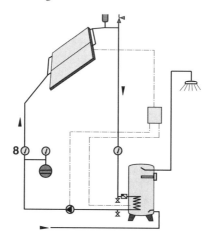

Ist ein Teil mangelhaft, so wird die Gesamtleistung der Solaranlage von diesem Mangel sehr stark negativ beeinflußt. Es muß deshalb das Bestreben des Planers sein, die Qualität der einzelnen Bauteile so aufeinander abzustimmen, daß sie in Leistung und Funktion gleichwertig sind.

Als erster Baustein soll der Sonnenkollektor erwähnt werden, denn er ist das eigentlich Neue einer Solaranlage und das Produkt, das die Sonnenstrahlen in nutzbare Wärmeenergie umwandelt.

Der Sonnenkollektor

Für die Sonnenkollektoren mußte von allen Bauteilen einer Solaranlage die größte konstruktive Entwicklung vorgenommen werden.

Die heute angebotenen Sonnenkollektoren kann man jedoch als ausgereift betrachten. Verbesserungen sind nur noch in dem Rahmen möglich wie sie auch bei anderen Produkten z. B. einem Fernsehapparat im Zuge permanenter Produktverbesserungen erfolgen, z. B. Montagefreundlichkeit, gutes Design und Betriebssicherheit.

Wärmeabnahmestelle

Die Wärmeabnahmestellen sind das zweite, wesentliche Bauteil einer Solaranlage und werden bereits seit Jahrzehnten in ähnlicher Form produziert.

Sie sind ebenfalls ausgereift. Wärmeabnahmestellen sind die Bauteile einer Solaranlage, zu denen die von den Sonnenkollektoren erzeugte Wärme transportiert wird. Sie dienen zum Speichern der Solarenergie für einen späteren Bedarf, wie dies z. B. bei dem Heizungs-Pufferspeicher gegeben ist.

Das Schwimmbecken ist ebenfalls eine Wärmeabnahmestelle, aber gleichzeitig auch eine Wärmebedarfsstelle, da ohne Zwischenspeicherung die Solarwärme sofort dem Beckenwasser zugeführt wird.

Der Nutz-Warmwasserspeicher ist in erster Linie eine Wärmeabnahmestelle. Die Wärmebedarfsstellen sind die Warmwasserhähne im Bad, Küche etc., die vom Warmwasserspeicher gespeist werden.

Definition von Solaranlagen

Gesamtwärmeverluste einer Solaranlage

Der Wirkungsgrad und damit auch die Leistungsfähigkeit einer Solaranlage wird nicht nur vom Sonnenkollektor bestimmt.
Auch die übrigen Bauteile bestimmen den Wirkungsgrad und damit die Wirtschaftlichkeit.

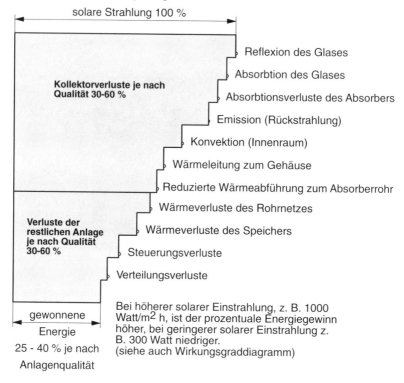

Die Leistung einer Solaranlage ist, wie bei anderen Produkten auch, von der Qualität der eingesetzten Materialien und der Verarbeitungsqualität abhängig.

Regelung

Als drittes, wichtiges Bauteil, ist die Solarregelung zu nennen. Aufgabe der Solarregelung ist es, den Wärmetransport der Solaranlage so zu steuern, daß die von den Sonnenkollektoren gewonnene Wärme unverzüglich der Wärmeabnahmestelle zugeführt wird. Bei mehreren Wärmeabnahmestellen, z. B. Nutzwasserspeicher und Schwimmbad, hat die Solarregelung noch die Aufgabe, die Solarwärme der Wärmeabnahmestelle zuzuführen, die sie im Moment am besten verwerten kann. Dies alles geschieht vollautomatisch.

Definition von Solaranlagen

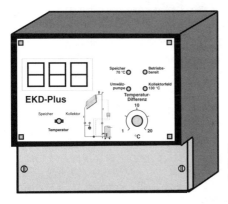

Solarsteuerung für eine Warmwasserabnahmestelle mit Überhitzungsschutz

Pumpen, Armaturen und Sicherheitseinrichtungen

Hier handelt es sich um mehrere Teile, die räumlich getrennt voneinander montiert werden und nicht um eine kompakte Produkteinheit, wie dies z. B. beim Warmwasserspeicher gegeben ist.

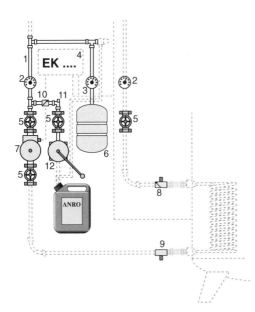

Vormontierte Einheit:

1 Kupfer-Rohr 18 mm
2 Thermometer
3 Manometer
4 Solarsteuerung
5 Absperrschieber
6 Ausgleichsgefäß
7 Umwälzpumpe
8 Rückschlagventil mit Entlüftung
9 Entleerhahn
10 Rückschlagventil
11 Entlüftungsventil
12 Handpumpe zum erstmaligen Befüllen und Nachfüllen
13 Flüssigkeitsbehälter
14 Stationärer Schlauchverschluß

55

Definition von Solaranlagen

Diese Bauteile sind jedoch für die einwandfreie Funktion der Solaranlage ebenfalls sehr wichtig. Die falsche Montage oder das Weglassen nur eines Teiles, z. B. einer Rückschlagklappe, kann zu einer deutlichen Minderleistung der Solaranlage führen. Noch wichtiger sind z. B. die Umwälzpumpen, ohne die die Solaranlage keine Wärmeenergie gewinnen könnte, oder das Sicherheitsventil, das die Solaranlage bei einem Störungsfall vor der Zerstörung schützt.

Diese außerordentlich wichtigen Details werden deshalb auch in dem Kapitel "Wichtige Details" ausführlich beschrieben.

Vorbildlich installierte Armaturen- und Sicherheitsgruppe aus Einzelbauteilen

Die verschiedenen Sonnenkollektoren

Bei der Betrachtung einer Solaranlage kommt zwangsläufig dem Sonnenkollektor die meiste Beachtung zu, denn dieser wandelt die Energie der Sonne in nutzbare Wärme um.

Da es auch bei den Sonnenkollektoren sehr unterschiedliche Bauarten gibt, ist zunächst eine Definition der verschiedenen Kollektortypen erforderlich. Sie werden dabei nach Ihrer Bauart oder ihrem Funktionsprinzip beschrieben.

Klassischer Flachkollektor

Ihren Namen haben diese Kollektoren von ihrer Bauart. Sie haben eine Fläche von durchschnittlich 2 m^2, aber nur eine Höhe von ca. 10 cm. Bei den Flachkollektoren handelt es sich um Sonnenkollektoren, die je nach Detailkonstruktion, mittlere bis sehr hohe Leistungen erreichen können. Entscheidend für ihre Leistungsfähigkeit ist der Einsatz der richtigen Materialien und die Detailkonstruktion. Dieser Kollektortyp hat ein gutes Preis-Leistungverhältnis.

Klassischer Flachkollektor

Vacuum-Flachkollektor

Diese Kollektorart gleicht äußerlich dem oben beschriebenen Flachkollektor und auch das Prinzip ist dem zuvor beschriebenen Kollektor sehr ähnlich.

Der Unterschied besteht in dem Schutz vor Wärmeverlust.

Der Vakuum-Flachkollektor ist gegen Wärmeverluste nicht wie die Standard-Flachkollektoren durch isolierendes Material geschützt, sondern die Luft ist evakuiert.

Das erforderliche Hochvacuum ist jedoch mit Flachkollektoren nicht zu erzielen, sodaß Konvektionsverluste nicht ganz auszuschließen sind. Der Außendruck (Luftdruck) auf den evakuierten Flachkollektor ist außerdem so groß, daß pro Quadratmeter Kollektorfläche ca. 120 Stützstäbchen zwischen Glasscheibe und Rückwand den Kollektor vor dem Zusammendrücken schützen müssen. Diese Stützstäbchen, die von der Vorderseite zur Rückseite des Kollektors reichen, leiten jedoch zwangsläufig Wärme zur Außenseite des Kollektors.

Weiter muß für jedes dieser Stützstäbchen ein Loch im energiesammelnden Absorber des Kollektors ausgestanzt werden.

Diese Fläche reduziert natürlich die wirksame strahlenaufnehmende Fläche des Kollektors.

Die wärmeleitenden Stützstäbchen, die Verminderung der Absorberfläche durch eine Vielzahl von Löchern und die zwangsläufig erforderliche metallene und damit wärmeleitende Durchführung der Absorberrohre durch die Kollektorwandung reduzieren den durch das Vakuum erreichten Leistungsvorteil.

Vacuum-Flachkollektor

Was bleibt ist ein recht guter Flachkollektor, der jedoch sehr aufwendig konstruiert ist und einer permanenten Wartung, sowie einer Vakuumpumpe bedarf, die die allmählich in das Innere des Kollektors dringende Luft wieder evakuiert.

Sein größter Vorteil liegt darin, daß der Innenraum weitgehend von Schmutz, Ruß und Pollen frei bleibt, da dieser Kollektor ja nicht »atmet«.

Für Regionen mit hoher Verschmutzung der Luft (Ruß, Staub, Sand, Pollen, Öl) sowie Salzbelastung in Meeresnähe ist der evakuierte Flachkollektor deshalb sinnvoll.

Ein langjähriger, störungsfreier Einsatz ist dort gesichert, wo qualifizierte Wartung gegeben ist.

Vakuum-Röhren-Kollektor

Ein Sonnenkollektor dieser Bauart besteht aus einer Mehrzahl von Vakuum-Röhren. Diese wiederum bestehen aus einer Glasröhre mit einem Durchmesser von ca. 100 - 200 mm und einer Länge von ca. 1m - 2 m. In der Mitte der Glasröhre befindet sich der Absorber mit einem oder zwei integrierten Rohren, die an einem Ende die Glasröhre durchbrechen, damit das Fluid zur Wärmeabnahmestelle fließen kann.

Die Vakuum-Röhren haben in ihrem Inneren ein Hochvacuum und weisen dadurch für eine Reihe von Jahren kaum Wärmeverluste durch Konvektion auf.

Auch hier gleichen jedoch konstruktive Nachteile den Vorteil des Vakuums mehr oder weniger aus, denn ein niedriger Wärmeverlust ist nur ein Kriterium eines guten Sonnenkollektors.

Bei der optischen Einbindung von Röhrenkollektoren in Gebäude stößt der Architekt auf Schwierigkeiten.

Während Flachkollektoren wie große Dachfenster in die Ziegelfläche integriert werden können, müssen Röhrenkollektoren über den Ziegeln angebracht werden.

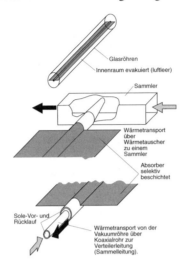

Die etwas bessere Leistung des Vakuum-Röhrenkollektors bei diffuser Strahlung im Winter kommt durch Schneefall häufig völlig zum Erliegen.

Da Vakuum-Röhren nicht bündig aneinander gereit werden können, fällt Schnee auch zwischen die einzelnen Röhren, verfestigt sich so, daß der auf den Rohren liegende Schnee nicht abrutschen und kaum entfernt werden kann. In schneereichen Gebieten ist deshalb der Einsatz von Röhrenkollektoren nicht sinvoll.

Es kann festgehalten werden, daß die konstruktiven Aufwendungen und Nachteile zur Erzielung eines Vakuums beachtlich groß sind und der Vorteil des Vakuums dadurch zum großen Teil wieder zunichte gemacht wird.

Die Leistung von Röhrenkollektoren für die Warmwasserbereitung liegt lt. Stiftung Warentest 1995 - je nach Bauart - zwischen 5% und 20% über der Leistung der besten Flachkollektoren.

Der Kaufpreis bewegt sich allerdings zwischen 100% - 200% über dem eines guten Flachkollektors.

Leistungsgegenüberstellung verschiedener Kollektorsysteme

Die unten dargestellten Balkendiagramme zeigen die Leistungsfähigkeit der einzelnen Systeme bei unterschiedlicher Solareinstrahlung aufgrund der erforderlichen Gesamt- fläche (Bruttofläche).

Üblicherweise wird bei Leistungsangaben die Nettofläche oder Einstrahlfläche (Aper- turfläche) der Kollektoren herangezogen. Für den Hausbesitzer ist jedoch nur eine

Die verschiedenen Sonnenkollektoren

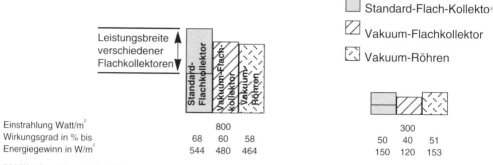

Einstrahlung Watt/m²		800			300		
Wirkungsgrad in % bis		68	60	58	50	40	51
Energiegewinn in W/m²		544	480	464	150	120	153

800 Watt/h = dünne, hohe Wolken
300 Watt/h = starke Bewölkung

Wirkungsgrade bezogen auf die Bruttofläche.

Temperaturdifferenz Kollektor zur Umgebung 30 K z. B. Außentemperatur 20°C, Kollektortemperatur 50°C

Größe entscheidend, nämlich welche Fläche wird auf dem Dach benötigt. Und diese ist die Bruttofläche des Kollektors.

Wie man sieht, ist der Energiegewinn bei diffuser Solarstrahlung bei allen Kollektorsystemen gering. Für mitteleuropäische Breiten sind deshalb schnell reagierende Solaranlagen besonders wichtig. Eine auch nur kurze Auflockerung der Wolkendecke, muß von der Solaranlage sofort in Wärmeenergie umgesetzt werden können.

Eine Einstrahlung von nur 12 Minuten bei 800 Watt bringt mehr Energiegewinn als eine Stunde lang Einstrahlung von 300 Watt.

Schwimmbad-Absorber

Für die Erwärmung des Freibades im Sommer sind besonders günstige Voraussetzungen gegeben. Hohe Lufttemperaturen, starke Sonneneinstrahlung und niedrige Nutztemperaturen. Diese günstigen Voraussetzungen ermöglichen es, auf sehr einfache und preiswerte Schwimmbad-Absorber zurückzugreifen.

Diese Schwimmbad-Absorber sind aus Kunststoff und das Schwimmbadwasser kann deshalb direkt durch diese Kunststoff-Absorber strömen. Bei Absorbern aus Metall ist dies nicht möglich, da Metall das korrossionsaggressive Schwimmbadwasser nicht dauerhaft verkraftet. Hier müßte dann ein sogenannter Gegenstromwärmetauscher installiert werden, wie er auch beim Hallenbad im Ganzjahresbetrieb erforderlich ist.

Das direkte Durchströmen des Schwimmbad-Wassers durch die Kunststoff-Absorber erspart eine Reihe sonst erforderlicher Bauteile einer Solaranlage, wie z. B. den recht teuren Gegenstrom-Wärmetauscher und die Sicherheitsgruppe. Dies reduziert, neben den ohnehin sehr preiswerten Kunststoff-Absorbern, den Preis einer Solaranlage für ein Frei-schwimmbad ganz erheblich. Aufgrund dieser günstigen Voraussetzungen kann ein Freibad, obwohl die Nutzungszeit nur 3-4 Monate beträgt, sehr wirtschaftlich mit Solarenergie beheizt werden.

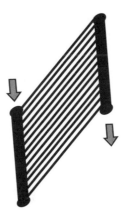

Kunststoff-Absorber sind Kunststoffmatten bzw. -platten mit Kanälen oder sie bestehen aus einer Vielzahl von verbundenen Rohren. Durch diese Rohre bzw. Kanäle wird das Schwimmbadwasser gepumpt und erwärmt sich dabei.

Das isolierende Gehäuse und andere, für einen leistungsfähigen Sonnenkollektor erforderlichen Teile, wie selektive Beschichtung, fehlen.

Da die durchschnittlichen Lufttemperaturen tagsüber nicht wesentlich niedriger, oft sogar höher sind als die Absorber-Temperaturen, entstehen durch das fehlende Kollektor-Gehäuse kaum oder keine Wärmeverluste. Ist die Lufttemperatur wärmer, so gewinnt der Schwimmbad-Absorber sogar aus der Umgebungswärme noch Energie.

Der zuvor beschriebene Freibad-Absorber ist jedoch nur dann sinnvoll, wenn nicht zusätzlich eine weitere Anwendung wie Nutz-Warmwasser oder Raumheizung gewünscht wird.

Ist dies der Fall, dann empfiehlt es sich, je nach Verhältnis der Beckengröße zu dem Bedarf der anderen Anwendungen, eventuell auch für das Freibad Hochleistungs-Kollektoren einzusetzen. Dies hat den Vorteil, daß die Solaranlage ein Ganzes darstellt und die gewonnene Energie optimal auf die verschiedenen Energie-Bedarfstellen verteilt werden kann.

Ist die Freibad-Saison zu Ende, so steht dann die gesamte Solarenergie für die Nutz-Warmwasser- und evtl. Raumheizung zur Verfügung.

Speicher - Kollektor

Wie wir ja wissen, besteht eine Solaranlage aus Sonnenkollektoren und einem oder mehreren Wasserspeichern.

Ein Speicher-Kollektor ist eine Kombination aus beidem. Zumindest ein Teil des Speichers ist Bestandteil des Sonnenkollektors.

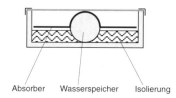

Speicherkollektor

Durch zu großes Wasservolumen für Mitteleuropa zu träge

Absorber   Wasserspeicher   Isolierung

Vorteile:

Einsparung von Regelung, Umwälzpumpe und Sicherheitsarmaturen.

Nachteile:

- Kollektor ist für mitteleuropäische Breiten zu träge.

- Auskühlung bei kühlen Außentemperaturen oder nachts, besonders bei Speicherkollektoren ohne transparente Wärmedämmung.

- Verkalkungsgefahr, da das kalkhaltige Nutzwarmwasser sich direkt im Kollektor befindet.

- Nur für ein Anwendungsgebiet geeignet, da sich sonst Nutzwarmwasser mit z. B. Schwimmbadwasser vermischen würde.

- Im Winter keine Nutzung möglich (Wasser muß wegen Frostgefahr entleert werden).

- Speicherkollektoren sind nur schwer in ein Hausdach zu integrieren und nicht geeignet für die Montage auf einem Schrägdach.

- Bei Indach-Integration Gefahr von Wasserschäden bei Leckagen.

Dieser Kollektor ist zweifellos für sonnenstarke Länder, wie z. B. die arabischen Länder oder Israel eine sinnvolle Alternative zu anderen Sonnenkollektoren.

Für mitteleuropäische Breiten kann er für Ferienhäuser, Gartenlauben oder ähnliche Anwendungen empfohlen werden, die nur im Sommer und am Wochenende genutzt werden.

Beurteilungsmerkmale von Sonnenkollektoren

Die Auswahl von Komponenten für eine Solaranlage muß sich nach dem vorgesehenen Einsatzzweck richten. So sind für ein Freibad in den drei Sommermonaten ganz andere Bedingungen für eine leistungsfähige und denoch wirtschaftliche Solaranlage gegeben, als z. B. für die Heizungsunterstützung in den Wintermonaten. Da es den Rahmen dieses Buches sprengen würde, für die vielen möglichen Anwendungsgebiete und Anwendungskombinationen die jeweils am besten geeigneten Bauteile im Detail zu beschreiben, beschränken wir uns auf die Tabelle "Welcher Kollektor für welchen Einsatzzweck".

Da der häufigste Anwendungsbereich die Brauchwarmwasserbereitung, Schwimmbaderwärmung und die Unterstützung der Raumheizung ist, sollen außerdem hier die für die Leistung wesentlichen Komponenten beschrieben werden, so daß der Käufer die Produkte auf Leistung und Lebensdauer überprüfen und auswählen kann.

Bei der nachfolgenden Detailbeschreibung der verschiedenen Komponenten werden wir feststellen, daß die Leistungsfähigkeit einer Solaranlage für mitteleuropäische Breiten von einer Vielzahl wichtiger Details bestimmt wird.

Dabei sind natürlich verschiedene Punkte wichtiger als andere. Aber nur die konstruktive Berücksichtigung möglichst vieler Details, führt zu einer hochwertigen und leistungsfähigen Solaranlage.

Die verschiedenen Sonnenkollektoren

Kollektortyp \ Einsatzart	① Freischwimmbad	② Freibad, Warmwasser im Sommerhalbjahr	③ Freibad, Warmwasser, Gebäudeheizung	④ Nutz-Warmwasser	⑤ Raumheizung	⑥ Hallenschwimmbad	⑦ Hallenbad, Warmwasser und Raumheizung	⑧ Prozeßwärme	⑨ Erzeugung von Elektrizität
❶ Sonnenkollektoren mit besonders solar durchlässiger Glasabdeckung selektiver Beschichtung Emission < 0,15 hochwertige Bauart		○	●	●	●	●	●	⊗	
❷ Sonnenkollektoren mit einfacherer Bauart, Normalglas, selektive Beschichtung Emission <0,20		○	⊗	●	⊗	●	⊗		
❸ Sonnenkollektor einfacher Bauart, Normalglas ohne selektive Beschichtung		○	●		⊗		⊗		
❹ Sonnenkollektoren ohne isolierendes Gehäuse z.B. Absorber aus Kunststoff	●								
❺ Vakuum-Kollektoren Vakuum-Röhren oder Vakuum-Flachkollektoren		○	○	●	●	○	●	⊗	
❻ Solar-Zellen									●

● günstiger Anwendungsbereich

○ Anwendungsbereich nicht mehr empfehlenswert da Solaranlage für diesen Anwendungsbereich zu teuer (Kollektortyp 1, 5)

⊗ Kollektor erreicht für diese Anwendung zu geringe Leistung unter Berücksichtigung der Wirtschaftlichkeit

ohne Eintragung: auf keinen Fall sinnvoll

Welcher Sonnenkollektor für welche Anwendung

Störungsfaktoren die den Wirkungsgrad des Sonnenkollektors beeinflussen.

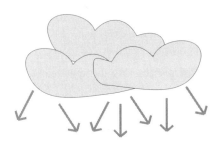

1 Abstrahlungsverluste des Absorbers erhitzen die Glasscheibe
2 Abstrahlungsverluste der Glasscheibe zur Umgebung
3 verstärken sich bei Wind und Niederschlag
4 Absorbtionsverluste der Glasscheibe
5 Reflektionsverluste der Glasscheibe
6 Reflektionsverluste des Absorbers zur Glasscheibe
7 Konvektionsverluste zur Glasscheibe
8 Leitungsverluste
9 Wärmeverluste des Gehäuses

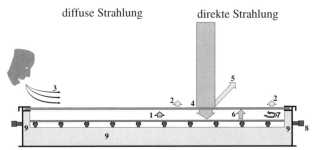

Sonnenkollektor

Bei der Gegenüberstellung der Vor- und Nachteile, der Anwendungshäufigkeit sowie des Preis-Leistungsverhältnisses, erreicht der Flachkollektor die größte Bedeutung.

Die nachfolgende Beschreibung beschränkt sich deshalb auf die Bauweise und Funktion eines Flachkollektors.

Die konstruktiven Merkmale sind im Detail beschrieben. Daß der Sonnenkollektor in mitteleuropäischen Breiten eine andere Bauart erfordert als z. B. in den arabischen Staaten, wurde schon erwähnt.

Der Kollektor für Mitteleuropa muß deutlich leistungsfähiger konstruiert sein, da wie allseits bekannt ist, die klimatischen Verhältnisse hier wesentlich ungünstiger sind.

Der Absorber

Er ist das Kernstück des Sonnenkollektors und wandelt die kurzwelligen Sonnenstrahlen in nutzbare Wärme um.

Der Absorber besteht in der Regel aus einer Metallplatte oder Metallprofilen (Alu,Cu) und ist mit einer Vielzahl von Rohren oder Kanälen versehen, durch das Fluidflüssigkeit zirkuliert.

Die Sonne erhitzt den Absorber. Die durch die Rohre zirkulierende Fluid nimmt die Wärme des Absorbers auf und transportiert sie zur Wärmeabnahmestelle.

Auf die Bauart und Qualität des Absorbers ist ein besonderes Augenmerk zu richten. Die wichtigsten Kriterien sind nachfolgend aufgeführt.

Selektive Beschichtung

Der Absorber ist an seiner der Sonne zugewandten Oberfläche schwarz beschichtet, denn eine schwarze Fläche nimmt die Solarstrahlung am besten auf.

In Mitteleuropa verfügen die Absorber fast ausnahmslos über eine selektive Beschichtung.

Diese selektiven Beschichtungen sind aus Schwarzchrom oder Schwarznickel und reduzieren die Abstrahlungsverluste des Absorbers auf ein Minimum.

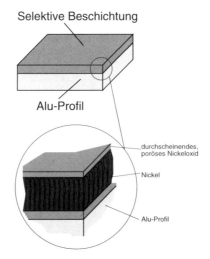

Schwarzlack Beschichtung

Selektive Beschichtung

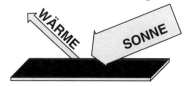

Die selektive Schwarzchrom- oder Schwarznickelbeschichtung läßt also die kurzwelligen Sonnenstrahlen zum Absorberboden eindringen, reduziert jedoch die langwelligen Wärmestrahlen des Absorbers ganz erheblich.

Ohne diese selektive Beschichtung würde der Solarabsorber einen größeren Teil der Wärme wieder abstrahlen. Jeder Körper strahlt ja bekanntlich sobald er wärmer ist als die unmittelbare Umgebung, Wärme an diese ab. Der Heizkörper in der Wohnung ist ein Beispiel hierfür. Ein nur mit Schwarzlack beschichteter Solar-Absorber verliert durch diese Abstrahlungsverluste 86 % seiner Wärme und wird deshalb besonders bei schlechter solarer Einstrahlung und kühlen Außentemperaturen nur eine begrenzte Leistung ermöglichen. Ein selektiv beschichteter Absorber hingegen hat nur noch Abstrahlungsverluste zwischen 9 und 40 % je nach Qualität und Verfahren.

Die selektive Beschichtung ist deshalb eine der wichtigsten Voraussetzungen, damit auch bei ungünstigen Witterungsbedingungen noch akzeptable Leistungen mit Solaranlagen erreicht werden.

Die Alterung von selektiven Beschichtungen ist sehr stark abhängig von der Temperatur. Je höher die Temperatur des Absorbers und damit der selektiven Beschichtung, umso schneller ist deren Alterung.

Eine Temperaturerhöhung von 200°C bis 300°C führt zu einer stark beschleunigten Alterung mit einem Faktor von 1000 und mehr. Der Einsatz von Kollektoren bei Temperaturen oberhalb 150°C ist deshalb fraglich.

Absorberrohre

Die Kanäle oder Rohre des Absorbers werden von der Solarflüssigkeit durchströmt. Dabei wird die Wärme des Absorbers von der Solarflüssigkeit aufgenommen und zu den Wärmeabnahmestellen transportiert. Die Absorberrohre müssen so mit der Absorberplatte verbunden sein, daß die Übertragung ohne Verlust und Wärmestau erfolgen kann.

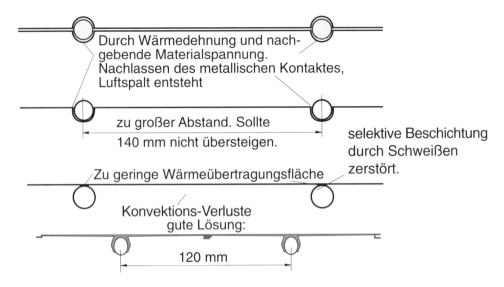

Mindestens die Hälfte des Rohres sollte einen direkten metallischen Kontakt mit dem Absorberblech haben.

Ein Absorber dagegen, bei dem das Rohr punktweise auf die Absorber platte gelötet ist, ist völlig unbrauchbar, da die Übertragungsfläche nur einen Bruchteil der wirklichen Rohrfläche ausmacht und die vom Absorberblech gewonnene Wärme nicht vollständig zum Absorberrohr übertragen werden kann.

Absorberrohr und Absorberblech müssen außerdem dauerhaft und fest metallisch verbunden sein. Ist z. B. ein rundes Rohr lediglich in eine gerundete Sicke eines Bleches eingedrückt, so besteht die große Gefahr, daß sich durch unterschiedliche Wärmedehnung und Materialermüdung ein Luftspalt zwischen Rohr und Absorberblech bildet und die Wärmeübertragung reduziert.

Der Abstand von Rohr zu Rohr sollte weniger als 150 mm betragen. Die Rohrdimension sollte so gewählt sein, daß bei einer Durchflußmenge je Quadratmeter von ca. 30 - 40 Liter/h eine Fliesgeschwindigkeit von höchstens ca. 0,7 m/sec. vorliegt.

Die Rohrführung des Absorbers muß gewährleisten, daß die gesamte Absorberfläche gleichmäßig durchströmt wird. Dies ist nur durch eine sorgfältige Rohr- bzw. Kanalführung möglich.

Die verschiedenen Sonnenkollektoren

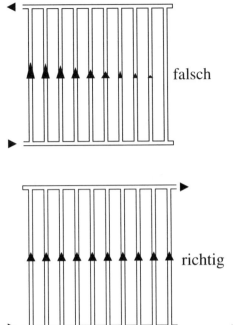

falsch

richtig

Harfenartige Rohrführung

Die meanderförmige Anordnung gewährleistet zuverlässig eine gleichmäßige Durchströmung des gesamten Absorbers, wobei darauf zu achten ist, daß der Rohrdurchmesser so gewählt ist, daß ein zu hoher Druckverlust, der eine zu starke Umwälzpumpe erforderlich machen würde, vermieden wird.

Das bedeutet jedoch, daß aufgrund der Länge der Rohre diese dicker sein müssen als bei Harfenförmiger Rohrdurchführung mit der Folge eines hohen Füllvolumens.

Sind die Rohre des Absorbers nicht "endlos", sondern verlötet, so sind diese unbedingt hart zu verlöten.

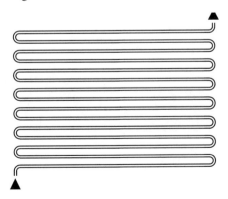

Meanderartige (Serpentinen) Rohrführung

Die verschiedenen Sonnenkollektoren

Der Rohrinhalt sollte pro Quadratmeter höchstens 1 Liter betragen, damit der Kollektor schnell hohe Temperaturen erreicht.

Kollektoren mit zu großem Füllinhalt reagieren zu träge und können bei der wechselhaften Bewölkung Mitteleuropas nicht schnell genug hohe Temperaturen erreichen und an die Wärmeabnahmestelle abführen.

Eine Berechnung der Aufheizzeit zeigt dies deutlich:

Ein Rohrinhalt von nur 0,5 Liter Fluid je Quadratmeter Absorberfläche bei einer Solarstrahlung von 1000 Watt/m^2 ermöglicht in ca. 2 Minuten eine Temperaturerhöhung des Fluids von 20 °C auf 50 °C.

Bei einem Sonnenkollektor, dessen Absorber einen Inhalt von 3 Litern Fluid je Quadratmeter Absorberfläche aufweist, dauert bei gleicher solarer Einstrahlung die Temperaturerhöhung des Fluids von 20 °C auf 50 °C ca. 12 Minuten, also 6 mal so lange.

Bei einer geringeren solaren Einstrahlung von z. B. nur 500 Watt/m^2 /Std. dauert der Aufheizvorgang jedoch in beiden Fällen länger.

Hier würde bei einem Sonnenkollektor mit nur 0,5 Liter Fluidinhalt/m^2 5 Minuten benötigt um das Fluid von 20 °C auf 50 °C aufzuheizen.

Aufheizzeit von Solarkollektoren

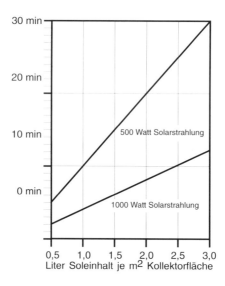

Bei dem Sonnenkollektor mit 3 Litern Fluidinhalt/m² dauert der Aufheizvorgang von 20 auf 50 °C jedoch ca. 30 Minuten. Also ebenfalls sechsmal so lange.

Oft genug ist bei einer so langen Aufheizzeit die Wolkendecke bei dem wechselhaften Wetter in Mitteleuropa wieder dicht geschlossen bevor Nutzenergie abgeführt werden kann.

Absorbermaterial

Die Dicke und Wärmeleitfähigkeit der Absorberplatte muß bei maximaler solarer Einstrahlung die Wärme ungehindert bis zum Rohr fließen lassen, ohne daß es zu einem Wärmestau und damit zu erhöhten Abstrahlungsverlusten kommt. Da vielfach Aluminium als Material für Absorberplatten verwendet wird, ist hier beispielhaft die Materialstärke angegeben. Diese sollte in unmittelbarer Nähe des Rohres, also dort, wo der höchste Wärmefluß gegeben ist, eine Stärke von 1,0 mm, bei Kupfer 0,5 mm, nicht unterschreiten.

Eine besonders interessante Konstruktion ist unten abgebildet. Der Absorber besteht aus einer Vielzahl von Lamellen, die in sich selbst unterschiedlich dick sind. So wie der Wärmefluß der von außen zum Rohr hin zunimmt, nimmt auch die Materialstärke zu. Hier ist ein Optimum erreicht zwischen ungehindertem Wärmefluß und geringstmöglichem Materialeinsatz.

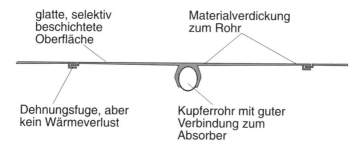

Stahl als Absorberblech ist aufgrund der geringen Wärmeleitfähigkeit nur bedingt geeignet, Kupfer hingegen besonders gut.

Die Oberfläche des Absorbers muß möglichst glatt sein.

Immer wieder sieht man Absorberkonstruktionen, bei denen die Oberfläche durch Stege etc. erhöht wurde, ähnlich einem Heizkörper, oder den Kühlrippen eines Autokühlers.

Minderleistung durch vergrößerte
Oberfläche mittels Rippen, Stege usw.

1000 Watt Einstrahlung pro m²
▽ ▽ ▽ ▽ ▽ ▽ ▽ ▽ ▽ ▽
verteilen sich auf eine vergrößerte Oberfläche
und reduzieren die Strahlungsintensität

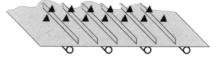

Die Vergrößerung der Absorber-Oberfläche
führt zu einer weiteren Minderleistung durch
erhöhte Wärmeabstrahlung.
Die Wärme-Abstrahlung nimmt im gleichen
Umfang zu wie die Absorber-Oberfläche
vergrößert wird.

▲ Wärme-Abstrahlung (Verluste)

▽ Solare Einstrahlung

Bei einem Autokühler z. B. ist dies völlig richtig, denn hier soll ja möglichst viel Wärme an die Umgebung abgeführt werden, um das Kühlwasser des Autos wieder abzukühlen. Genau dies will man bei dem Sonnenkollektor verhindern. Der Absorber des Sonnenkollektors soll die Wärme nicht an die Umgebung verlieren, sondern an die Wärmeträgerflüssigkeit abgeben und mit möglichst wenig Verlust zur Wärmeabnahmestelle führen. Eine Fläche von 1 m² Oberfläche empfängt nur eine bestimmte solare Einstrahlung. Wird die Oberfläche z. B. durch Wellen oder Rippen künstlich erhöht, verteilt sich die solare Energie lediglich auf eine größere Fläche. Dadurch entsteht kein höherer Solarenergiegewinn sondern nur eine erhöhte Wärmeabstrahlung. Außerdem wird der Kollektor durch den größeren Materialaufwand träger und natürlich teurer.

In den Anfangsjahren der Solartechnik, als noch keine selektive Beschichtung eingesetzt wurde, versuchte man den sogenannten Treibhauseffekt zu nutzen. Dabei war eine vergrößerte Absorberfläche sinnvoll. Diese Technik wird heute teilweise noch in Ländern mit hohen Lufttemperaturen, wie Australien und Israel eingesetzt.

In Mitteleuropa führte dies jedoch nur zu mäßigen Ergebnissen und ist heute nicht mehr Stand der Technik.

Die gesamte Absorberplatte muß eine geschlossene Fläche bilden, denn die selektive Beschichtung, die die Wärmeabstrahlung stark reduziert, ist nur auf der Oberseite, also der Glasfläche zugewandten Seite eines Absorbers aufgebracht.

Unterhalb des Absorbers, zur Isolierung hin, entstehen hingegen sehr hohe Temperaturen, da hier die selektive Beschichtung fehlt. Würde der Absorber nicht aus einer geschlossenen Fläche bestehen, würde diese Wärme ständig durch die Ritzen, Öffnungen und Schlitze des Absorbers nach oben zum Glas hin strömen und dort abkühlen.

Der Absorber selbst und die Ränder des Absorbers zum inneren Kollektor-rahmen müssen deshalb "geschlossen" sein, um die Luftzirkulation von unten nach oben zu unterbinden.

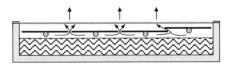

Heiße Luft strömt zwischen den Öffnungen des Absorbers zum Glas und vermindert den Kollektorwirkungsgrad.

Gehäuse

Die transparente Abdeckung des Sonnenkollektors muß die kurzwelligen Sonnenstrahlen weitgehendst passieren lassen. Für die langwelligen Wärmestrahlen des Absorbers soll die Abdeckung jedoch nicht transparent sein.

Sie muß UV- und witterungsbeständig sein und auch mechanischen Belastungen wie z. B. Hagelschlag standhalten können.

Empfehlenswert ist deshalb eine Abdeckung aus vorgespanntem, besonders reinem und damit hochtransparentem Glas.

Es gibt heute Gläser, die diesem Anspruch gerecht werden und gegenüber einem normalen Floatglas (Fensterglas) eine 10 %-ige Mehrleistung des Kollektors ermöglichen.

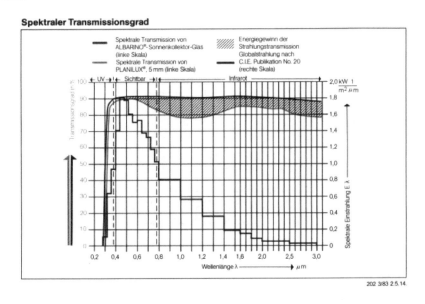

Dieses Glas verteuert zwar den Kollektor, jedoch ist die dadurch erreichte Mehrleistung höher zu bewerten.

In diesem Zusammenhang sei noch erwähnt, daß ein entspiegeltes Glas und ein dunkel beschichteter Kollektorrahmen zwar nicht die Leistungsfähigkeit des Kollektors verbessern, aber den architektonischen Gesamteindruck der Kollektorfläche auf einem Hausdach verschönern.

Transparente Wärmedämmung als Kollektor-Abdeckung

Eine Neuerung auf dem Markt ist ein Kunststoff-Material, das transparent ist und gleichzeitig wärmedämmende Eigenschaften besitzt. Dieses Material ist für die passive Nutzung der Sonnenenergie besonders geeignet.

Werden nach Süden gerichtete Außenwände eines Gebäudes damit versehen, können im Winterhalbjahr erhebliche Heizkosten eingespart werden.

Nun wird diese transparente Wärmedämmung auch als Abdeckung für Sonnenkollektoren verwendet.

Besonders erfolgreich kann die Verwendung dieses Materials jedoch nicht sein. Während nämlich eine Solarglas-abdeckung eine solare Strahlendurchlässigkeit von ca. 91 % aufweist, hat die transparente Wärmedämmung nur eine Strahlendurchlässigkeit von 80 %.

Bei schräg einfallendem Sonnenlicht noch deutlich weniger.

Da gute Solarabsorber mit einer selektiven Beschichtung ausgestattet sind, welche die Wärmerückstrahlung auf ein Minimum begrenzen, hebt der Nachteil der geringeren Strahlendurchlässigkeit der transparenten Wärmedämmung den Vorteil der besseren Wärmedämmung wieder auf.

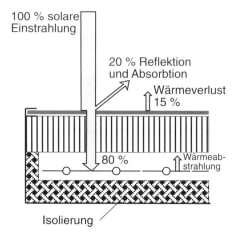

Auch aus optischen Gründen ist der Einsatz dieses Materials für Sonnenkollektoren fraglich. Zusätzlich zur Glasscheibe muß für die transparente Wärmedämmung 100 mm Stärke berücksichtigt werden. Dazu kommen weitere 100 mm für den Aufbau des Kollektorunterteils. Statt einer Gesamtdicke von etwa 100 mm für einen Glas-Sonnenkollektor, weißt diese Konstruktion eine Dicke von 200 mm auf. Ein solcher Kasten läßt sich kaum noch architektonisch sinnvoll in ein Gebäude - insbesondere in eine Ziegelfläche - integrieren, besonders wenn es sich um ein Einfamilienwohnhaus handelt.

Die Wärmedämmung an der Rückseite und den Seiten des Kollektors sollte einen durchschnittlichen Wärmedämmwert von 0,38 aufweisen und an der Rückseite mindestens 60 mm stark sein, während an den Seiten ca. 30 mm genügen.

Sie muß auch für mehrere Stunden einer Temperaturbelastung von 200 °C standhalten können, ohne daß sie darunter leidet, schwindet oder "ausgast".

Eine Temperatur bis 200 °C wird von guten Kollektoren im Leerlauf erreicht, dann also, wenn die Umwälzpumpe abgestellt, defekt ist oder andere Ursachen den Solarkreislauf unterbrechen.

Das Kollektorgehäuse muß selbstverständlich rostfrei, UV- und witterungsbeständig sowie eigenstabil sein.

Um die Montage zu erleichtern, sollte der Hersteller am Sonnenkollektor bereits die notwendigen Anbindestellen für Dacheindeckrahmen, Aufstellgerüst etc. konstruktiv vorsehen, damit eine schnelle und sichere Dachmontage möglich wird.

Leistungsfähigere Kollektoren oder größere Kollektorfläche

Sonnenkollektoren sind nur ein Bestandteil einer Solaranlage. Ihre Kosten machen häufig nur ein Viertel der Kosten der Gesamtanlage aus. Die Entscheidung für ein bestimmtes Sonnenkollektor-Produkt sollte deshalb keinesfalls vorrangig über den Preis je Quadratmeter getroffen werden. Wird nämlich von den leistungsfähigeren Sonnenkollektoren eine geringere Kollektorfläche benötigt, so wirkt sich dies natürlich günstig auf den Gesamtpreis des dann auch kleineren Kollektorfeldes aus. Auch Zubehör- und Montageaufwand wird geringer. Wird bei gleicher Leistung statt eines Kollektorfeldes von 8 m^2 nur ein Kollektorfeld von 5 m^2 benötigt, so bedeutet dies einen geringeren Material- und Zeitaufwand für die eingesparten drei Quadratmeter des Kollektorfeldes.

Im Einzelnen kann dies sein:

- weniger Montagegerüste bzw. Eindeckrahmen
- weniger Verteilerleitungen
- dünnere Rohrleitungen
- weniger Fluidinhalt

Die verschiedenen Sonnenkollektoren

- dadurch geringere Wärmeverluste
- weniger Isoliermaterial für die Rohrleitungen
- eventuell kleinere Umwälzpumpe
- weniger Montageaufwand

Deshalb sollte nicht voreilig die Entscheidung für ein bestimmtes Kollektor-Fabrikat aufgrund eines Quadratmeterpreises getroffen werden. Erst die Gesamtkosten der zu vergleichenden Anlage sind entscheidend, wobei natürlich die zu erzielende Wärmeleistung eindeutig fixiert sein muß. Dabei genügt es nicht, festzulegen, daß die Solaranlage Warmwasser für eine bestimmte Personenzahl erwärmen soll. Vielmehr muß exakt festgelegt sein, wieviel Wasser auf welche Temperaturen zu erwärmen ist und welchen Deckungsbeitrag davon die Solaranlage liefern soll.

Es hat also die zu erbringende Leistung des Kollektorfeldes ausschlaggebend zu sein und nicht so sehr dessen Größe.

Lebensdauer, Aussehen und Montagefreundlichkeit

Neben der Leistungsfähigkeit ist die Qualität des eingesetzten Materials und damit die Lebensdauer außerordentlich wichtig und muß sorgfältig gewichtet werden.

Verfügt ein Sonnenkollektor z. B. über Sicherheitsglas statt über Normalglas, so ist der Sicherheitsglas-Kollektor ca. DM 20,- teurer, ohne daß dieser eine höhere Leistung erreicht. Wer jedoch den ersten Glasschaden zu beklagen hat, und dies kann schon bei der Montage geschehen, wird spätestens dann erkennen, daß Sicherheitsglas für einen bescheidenen Mehrpreis die bessere Alternative gewesen wäre.

Dies betrifft fast alle Materialien eines Sonnenkollektores. Aluminiumrahmen, Aluminiumabsorber mit Kupferrohren sind besser, aber auch teurer als Stahlblech. Wer aus Kostengründen statt einer hochtemperaturbeständigen Isolierung eine Isolierung einsetzt, die nur bis 120 °C geeignet ist, wird eventuell bald einen erheblichen Leistungsabfall feststellen. Beim Stillstand der Solaranlage und gleichzeitig hoher Sonneneinstrahlung wird der Isolierschaum ausgasen und Absorber und Glasscheibe beschlagen.

Auch das Erscheinungsbild eines Kollektorfeldes sollte nicht unbeachtet bleiben, zumal die Sonnenkollektoren in vielen Fällen sichtbarer Bestandteil eines Hauses sind.

So wird wiederum ein Sonnenkollektorfeld, das über dem Dach montiert ist, ohne entspiegeltes Glas und ohne farbliche Beschichtung annähernd die gleiche Leistung erreichen, wie ein in das Dach integriertes Kollektorfeld und dunkel beschichtetem Rahmen.

Die wesentlich schönere Optik der letzteren Solaranlage rechtfertigt jedoch auch hier einen entsprechenden Mehrpreis.

Die verschiedenen Sonnenkollektoren

Solarkollektoren auf dem Dach dürfen das Haus keinesfalls optisch abwerten. Die Verbreitung der Solartechnik würde alleine schon daran scheitern. Sie müssen harmonisch - ähnlich einem großen Dachfenster - in die Ziegelfläche integriert sein. Dabei dürfen natürlich auch keine Rohrleitungen sichtbar sein.

Wärmeabnahmestellen

Bei den Wärmeabnahmestellen ist der Nutzwarmwasserspeicher und der Pufferspeicher für die Raumheizung am weitesten verbreitet.

Deshalb wollen wir diese behandeln.

Nutzwasserspeicher

Der Vorrat-Warmwassererhitzer oder, wie er im üblichen Sprachjargon bezeichnet wird, Warmwasserspeicher, muß einige wichtige Voraussetzungen erfüllen, ohne die er als Solarspeicher nicht sinnvoll eingesetzt werden kann.

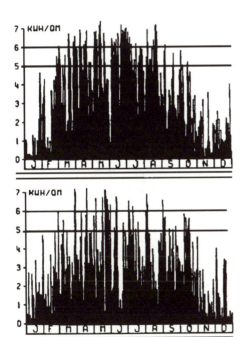

Stark wechselnde solare Einstrahlung in unseren Breiten

Aufgaben des *Warmwasser-Speichers*

Die Aufgabe des Solar-Warmwasser-Speichers ist es, für eine kurze Zeitspanne die zeitlichen Unterschiede zwischen Sonnenenergieeinstrahlung und Warmwasserbedarf zu überbrücken. Im Privathaushalt wird z. B. in den frühen Morgenstunden oder späten Abendstunden viel und häufig Warmwasser benötigt. Zu dieser Zeit scheint aber keine Sonne. Der Warmwasserbedarf tagsüber ist hingegen sehr gering, gerade hier aber ist die Sonneneinstrahlung besonders hoch.

Darüber hinaus kann auf einen Tag mit hoher solarer Einstrahlung ein Regentag folgen (siehe Diagramm). Die Sonnenenergie kann deshalb nur dann sinnvoll genutzt werden, wenn diese zeitlichen Unterschiede zwischen Sonnenenergieangebot und Wärmebedarf durch einen Puffer ausgeglichen werden.

Dieser Puffer ist im Warmwasserbereich leicht möglich. Es genügt, wenn der für jede zentrale Warmwasserversorgung erforderliche Warmwasserspeicher etwas größer gewählt wird. So kann das Wasservolumen für einen Bedarf von zwei Tagen gespeichert werden.

Weiter muß der Solar-Warmwasser-speicher jederzeit die Möglichkeit gewährleisten, falls die solare Einstrahlung nicht ausreicht, wie z. B. im Winterhalbjahr, mit einer herkömmlichen Energiequelle wie Öl oder Gas nachzuheizen bis die gewünschte Warmwassertemperatur erreicht ist.

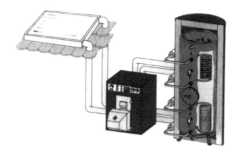

Die wichtigsten Voraussetzungen, die nötig sind, damit ein Solar-Warmwasserspeicher den hohen Anforderungen gerecht wird, sind nachfolgend detailliert beschrieben.

Wärmeschichtung

Der Warmwasserspeicher muß stehend sein; dies ist Grundvoraussetzung für die Bildung einer Wärmeschichtung.

Unter Wärmeschichtung versteht man die Aufrechterhaltung der verschiedenen Temperaturen innerhalb des gleichen Warmwasserspeichers. Das warme Wasser eines Speichers muß quasi auf dem nachfließenden Kaltwasser "schwimmen" und wird von diesem, bei jeder Wasserzapfung nach oben gehoben.

Wärmeschichtung

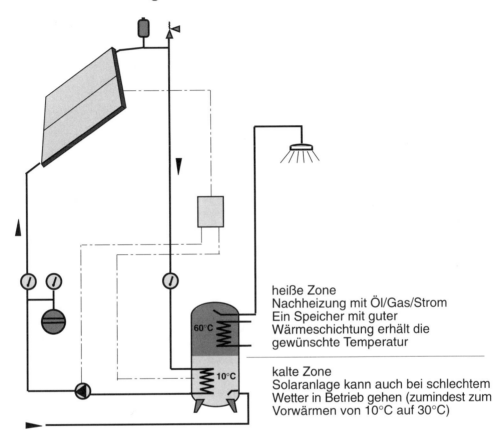

heiße Zone
Nachheizung mit Öl/Gas/Strom
Ein Speicher mit guter
Wärmeschichtung erhält die
gewünschte Temperatur

kalte Zone
Solaranlage kann auch bei schlechtem
Wetter in Betrieb gehen (zumindest zum
Vorwärmen von 10°C auf 30°C)

Das warme Wasser sitzt also aufgrund des geringeren spez. Gewichts auf dem kalten Wasser. Nur so ist es möglich, das aufgeheizte Wasser weitgehendst zu nutzen und zu entnehmen. Würde sich das einfließende Kaltwasser mit dem bereits aufgeheizten Wasser vermischen, so würden sich Mischtemperaturen zwischen Kalt - und Warmwasser einstellen, die sehr schnell unterhalb der noch nutzbaren Temperaturhöhe liegen.

Nehmen wir an, ein Speicher mit 400 Liter Inhalt ist zunächst von oben bis unten mit 50 °C warmem Wasser gefüllt. Während der Abendstunden wird die Hälfte des 50 °C warmen Wassers gezapft, ohne daß die Sonne Energie nachliefern konnte.

Dann befinden sich, vorausgesetzt der Speicher verfügt über eine gute Wärmeschichtung, noch zirka 200 Liter Warmwasser im oberen Speicherbereich sowie 200 Liter Kaltwasser im unteren Teil des Warmwasserspeicher. Die Benutzer könnten dann noch

Wärmeabnahmestelle

fast 200 Liter Warmwasser nutzen, ohne nachheizen zu müssen.

Verfügt jedoch der Warmwasserspeicher über eine schlechte Wärmeschichtung, so vermischt sich das 50 °C warme Wasser mit dem nachfließenden Kaltwasser und es bildet sich eine Mischtemperatur von z. B. 35 °C. Die Wärmemenge des Speichers ist zwar noch die gleiche, aber auf so niedrigem Niveau, daß das Wasser nicht mehr genutzt werden kann.

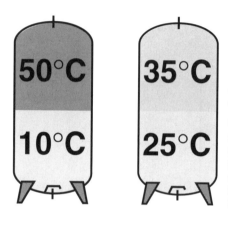

Beide Speicher verfügen noch über die gleiche Energiemenge an Warmwasser.

Während der linke Speicher noch über ausreichend hohe Temperaturen (50°C) verfügt, hat sich im rechten Speicher Kalt- und Warmwasser vermischt. Der rechte Speicher muß deshalb mit dem Öl/Gas-Kessel nachgeheizt werden.

Der Warmwasserspeicher muß also mit der herkömmlichen Öl- oder Gasheizung nachgeheizt werden.

Da sich das Wasser jedoch ständig weiter vermischt, wird auch der untere Speicherbereich von oben aus mit aufgeheizt, was wiederum den Wirkungsgrad der Solaranlage verschlechtert. Denn, wenn am nächsten Tag die Sonne den Speicher wieder nachheizen könnte, ist dieser bereits durch den Heizkessel von oben nach unten erwärmt.

Die Erhaltung der Wärmeschichtung im Warmwasserspeicher ist deshalb für den Wirkungsgrad einer Solaranlage von größter Bedeutung. Damit ein Warmwasserspeicher die Wärmeschichtung erhalten kann, sind eine Reihe konstruktiver Maßnahmen erforderlich, die nachfolgend beschrieben werden.

Senkrecht stehende schlanke Solarspeicher

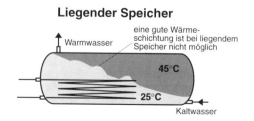

Liegende Warmwasserspeicher sind völlig ungeeignet und der schlanke, stehende Solar-Speicher zwingende Voraussetzung. Nur dieser verhindert aufgrund des größeren Durchmessers eine Vermischung.

Prellplatte

Der Warmwasserspeicher muß unbedingt über eine gut ausgeführte Prellplatte verfügen. Diese verhindert, daß das mit hohem Druck einfließende Kaltwasser weit in den Speicher hineinstrahlt und die Wärmeschichtung zerstört.

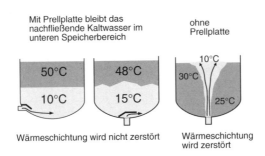

Mehrfache Wärmezuführung, Wärmetauscher.

Der Warmwasserspeicher muß über mindestens zwei Aufheizmöglichkeiten verfügen. Ein Wärmetauscher im untersten Viertel des Speichers für die Solarenergie und eine Nachheizmöglichkeit im oberen Drittel.

Der Solar-Wärmetauscher muß stets unterhalb der Nachheizmöglichkeit angebracht sein, damit der Solarenergie die Möglichkeit gegeben wird, das einfließende Kaltwasser zumindest vorzuheizen.

Wenn z. B. im Winterhalbjahr die Solaranlage das Wasser nicht mehr auf die gewünschten Temperaturen aufheizt, dann ist zumindest eine Vorheizung auf z. B. 30 °C möglich.

Die Erhöhung des Wassers auf die gewünschte Temperatur kann dann im oberen Bereich des Solarspeichers über einen zweiten Wärmetauscher oder über einen elektrischen Heizstab erfolgen.

Wärmeabnahmestelle

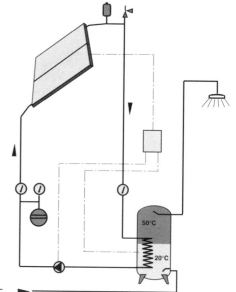

Als Solarspeicher ungeeignet

1. Wärmetauscher reicht über die untere Hälfte nach oben.
2. Kein weiterer Wärmetauscher (im oberen Speicherbereich) montierbar.

Ruhende Wärmetauscher

Die Wärmetauscher müssen innerhalb des Warmwasserspeichers ruhen.

Das heißt, die Wärmetauscher müssen so stabil angebracht werden, daß sie, was vor allen Dingen während des Aufheizvorganges bei Pumpendruck vorkommen könnte, nicht vibrieren.

So wie man mit einem Löffel die kalte Milch mit dem heißen Kaffee vermischt, würde die Vibration eines Wärmetauschers zwar nicht so schnell, aber auf Dauer ebenfalls die Wärmeschichtung des Speichers nachteilig beeinflussen.

Außenliegende Wärmetauscher

Sogenannte Gegenstrom- oder Plattenwärmetauscher sind abzulehnen. Das Speicherwasser, das mittels Pumpendruck während des Aufheizvorganges vom Speicher über den Wärmetauscher fließt und wieder zurück in den Speicher gepreßt wird, zerstört ebenfalls die Schichtung

Auch wenn der Warmwassereintritt im unteren Bereich des Speichers erfolgt, wird über die dadurch eintretende Verwirbelung im Speicher, auch im oberen Speicherbereich die Wärmeschichtung über kurz oder lang zerstört.

Senkrechte Wärmetauscher

Der Solar-Wärmetauscher muß so konstruiert sein, daß er trotz der sehr niedrigen Temperaturdifferenz zwischen Solarwärme und Warmwasser von oft nur 5 Kelvin eine gute Wärmeübertragung ermöglicht. Eine wichtige Voraussetzung hierfür ist, daß auch bei diesen geringen Temperaturdifferenzen ein thermischer Auftrieb entsteht.

Empfehlenswert sind senkrechte Wärmetauscher, deren Windungen von oben nach unten gewendelt sind, damit der ohnehin minimale thermische Auftrieb nicht abgeblockt wird.

Senkrecht gewendelter Wärmetauscher

Schneller Auftrieb des aufgeheizten Wassers. Wärme kann sowohl innen als auch außen am Wärmetauscher schnell nach oben aufsteigen.

Bei senkrecht eingebauten Wärmetauscher löst sich der Kalk durch die Wärme- ausdehnung und fällt ab.

Waagrechte Wärmetauscher sind bei den niedrigen Temperaturdifferenzen wie es bei Solaranlagen stets der Fall ist, nur bedingt geeignet.

Waagrecht gewendelter Wärmetauscher

Bei niedrigen Temperaturen kann Wärme nicht abfließen. Wärmestau (besonders auf der Innenseite) verhindert schnelles Erwärmen des Speichers.

Verkalkung der waagrecht eingebauten Wärmetauscher, da Kalk nicht durchfallen kann.
Es bildet sich oben und innen am Wärmetauscher eine Kalkschicht.

Das Innere des waagrechten Wärmetauschers wirkt wie eine Höhle. Das in diesem Bereich, gegenüber dem übrigen Speicher nur wenige Grad erwärmte Wasser, erreicht nicht die thermische Auftriebskraft diese "Höhle" nach oben zu verlassen. Es entsteht im Wärmetauscher ein Wärmestau, der eine weitere Wärmezuführung im Inneren des Wärmetauschers nicht mehr ermöglicht.

Bei den senkrecht, eng gewendelten Wärmetauschern hingegen kann das aufgeheizte Wasser auch in der Mitte des Wärmetauschers gut nach oben abströmen. Dabei ist es weiter von Vorteil, wenn der Fluidinhalt des Wärmetauschers möglichst gering ist, um schnell auf wechselnde Solareinstrahlung zu reagieren.

Ein weiterer Vorteil ist, daß Kalk und andere Schmutzteile vom senkrechten Wärmetauscher zum Speicherboden durchfallen können. Ist dies der Fall, so ist weder bei Glattrohr- noch bei Rippenrohr-Wärmetauschern eine Verkalkung zu befürchten.

Zwar kann sich der Kalk bei Glattrohr-Wärmetauschern leichter lösen, dafür haben Kupfer-Wärmetauscher eine größere Wärmedehnung, die zu einem schnelleren Kalklösen führt. Voraussetzung ist jedoch, daß potential edlere Wärmetauscher, elektrisch isoliert zur Speicherwandung eingebaut werden.

Neben der Wärmeschichtung sind eine Reihe weiterer technischer Merkmale für eine leistungsfähige Solaranlage bedeutungsvoll.

Fühler-Muffen

Die Muffen für die Fühler der Solarregelung und des Thermostates für den oberen Wärmetauscher müssen in der Mitte zwischen den jeweiligen Vor- und Rücklauf eines Wärmetauschers angebracht sein. Ist dies nicht gegeben, so reagiert die Regeleinrichtung ungenau oder überhaupt nicht.

Fühleranordnung

Muffe für Temperaturfühler muß zwischen Vor- und Rücklauf plaziert sein.

Ist keine Muffe zwischen Vor- und Rücklauf für den Temperaturfühler vorhanden, kann dieser im Rücklauf unmittelbar am Wärmetauscherausgang angebracht werden.

Eine detaillierte Erläuterung zu diesem wichtigen Punkt finden Sie im Kapitel "Wichtige Details, 1. Anordnung der Fühler".

Warmwasserabgang

Der Austritt des Warmwassers muß eine Eigenzirkulation im Warmwasserrohr haben und eine damit verbundene permanente Abkühlung im Speicher unterbinden.

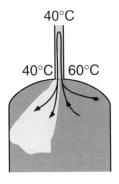

Durch senkrechten Warmwasser-Abgang entsteht Schwerkraftzirkulation innerhalb des Warmwasserrohres. Dadurch entstehen Wärmeverluste. Das beste ist ein Rückschlagventil unmittelbar am Warmwasseraustritt des Speichers.

Das heiße Wasser des Speichers steigt auf der einen Seite des Rohres nach oben, kühlt sich allmählich ab und fällt abgekühlt auf der anderen Seite des gleichen Rohres wieder in den Speicher zurück.

Dieser Vorgang kann dazu führen, daß innerhalb von 24 Stunden der Warmwasserspeicher um mehr als 5 Kelvin abkühlt. Dadurch müßten drei Nachteile in Kauf genommen werden, nämlich

- unnötiger Wärmeverlust,
- schnelle Abkühlung der oberen Speichertemperaturen
- die eine baldige Nachheizung durch die herkömmliche Heizung erforderlich machen.

Wärmedämmung - Wärmeverluste

Die Wärmeverluste von Warmwasserspeichern müssen unbedingt so niedrig wie möglich gehalten werden. Hohe Wärmeverluste erfordern zunächst eine größere Fläche von Sonnenkollektoren, denn die Verluste des Warmwasserspeichers müssen ja ständig ausgeglichen werden. Die Wärmeverluste während der Zeit ohne Sonneneinstrahlung (vom Abend bis zum nächsten Morgen oder bei der Überbrückung eines Regentages) führen ja zu einem ständigen Rückgang der Warmwassertemperaturen. Hat der Speicher z. B. bei Sonnenuntergang eine Temperatur von 50 °C erreicht und ist das Speichervolumen für einen 2-Tagesbedarf ausgelegt, so überbrückt der Warmwasserspeicher bei niedrigem Wärmeverlust eine sonnenlose bzw. sonnenschwache Zeit etwa bis zur Mitte des übernächsten Tages.

Verfügt der Speicher jedoch über keine gute Wärmedämmung, so wird er evtl. schon am nächsten Morgen auf Temperaturen unterhalb 40 °C abgekühlt sein und der Heizkessel muß unnötigerweise in Betrieb gehen, um die Wassertemperatur wieder auf 50 oder 60 °C anzuheben.

Ein niedriger Wärmeverlust hängt von zwei Voraussetzungen ab:

Wärmedämmung

Die heutigen Wärmedämmungen aus PU-Hartschaum oder PU-Weichschaum mit einer Stärke von ca. 80 mm verursachen aufgrund ihrer hervorragenden Wärmedämmwerte noch etwa 30 % der Gesamt-Wärmeverluste eines Warmwasserspeichers.

Eine dünnere Wärmedämmung sollte nicht akzeptiert werden. Eine dickere Wärmedämmung ist kein Fehler, bringt aber hinsichtlich der Verringerung der Wärmeverluste keinen großen Gewinn mehr.

Allerdings sollte darauf geachtet werden, daß die Wärmedämmung aus FCKW-freiem PU-Schaum besteht.

Die Wärmedämmwerte für FCKW-freien PU-Hartschaum und FCKW-freien PU-Weichschaum sind annähernd gleich. Der nicht FCKW-freie PU-Hartschaum hat deutlich bessere Wärmedämmwerte, ist jedoch aus bekannten Gründen abzulehnen.

Bei einer Wärmedämmung aus Mineralfaserwolle, die einen etwas schlechteren k-Wert aufweist, sollte die Wärmedämmung 100 mm nicht unterschreiten. Dies entspricht der Wärmedämmung eines FCKW-freien PU-Schaums von 80 mm.

Die Wärmedämmwerte (k-Werte) der genannten Wärmedämmstoffe betragen im Einzelnen (je niedriger umso besser):

Styropor ist ungeeignet da seine Temperaturbeständigkeit nur ca. 80 °C beträgt.

Wärmedämmwerte (Lambda-Werte) W/(m*K)

Neben der Stärke der Wärmedämmung ist der Lambda-Wert des Materials von entscheidender Bedeutung.

PU-Hart-schaum	PU-Weich-schaum Wichte	Mineral-faser-wolle	Styropor
0,035	0,042	0,045	0,045

Um den gleichen Wärmedämmwert zu erzielen, muß bei den verschiedenen Isoliermaterialien unterschiedliche Isolierstärke verwendet werden.
Je höher der K-Wert, desto niedriger der Wärmedämmwert und desto höher die erforderliche Materialstärke.

Sonstige Wärmeverluste

In der Praxis leider viel zu wenig beachtet ist die Tatsache, daß die überwiegenden Wärmeverluste eines Speichers nicht durch den Isoliermantel, sondern über eine Vielzahl anderer Schwachstellen verloren geht.

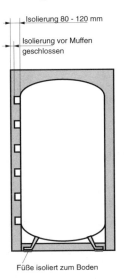

Isolierung 80 - 120 mm
Isolierung vor Muffen geschlossen
Füße isoliert zum Boden

Ca. 70 % der Wärmeverluste werden durch konstruktive Mängel verursacht. Ungünstige Anschlüsse für Rohrleitungen, direkter metallischer Anschluß der Vor- und Rücklaufleitung zum Wärmetauscher, senkrecht nach oben verlaufender Warmwasseraustritt, Wärmeverluste über das gut leitende Metall des Standringes zum Boden und schlecht isolierte Speicher-Muffen. Deshalb sollte neben der Stärke und dem Material der Wärmedämmung auch ein besonderes Augenmerk auf die Konstruktion des Warmwas-serspeichers gelegt werden.

Am Rande sei noch erwähnt, daß fehlende, mangelhafte oder falsch platzierte Rückschlagklappen bzw. -ventile, eine ungewollte Schwerkraftzirkulation im Rohrnetz nicht verhindern und damit weit höhere Wärmeverluste verursachen als der Warmwasserspeicher selbst. Diese Schwerkraftzirkulation kann im Solarkreis erfolgen, im Kreislauf für die Nachheizung durch den Heizkessel, oder aber auch durch die Zirkulation im Warmwassernetz.

Warmwasser-Zirkulation

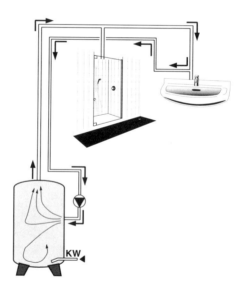

Die Warmwasserzirkulation gehört nicht unmittelbar zur Beschreibung einer Solaranlage. Da sie jedoch entscheidenden Einfluß auf die Funktion einer Brauchwarmwasser-Solaranlage hat, soll sie hier ebenfalls erwähnt werden.

Unter Warmwasserzirkulation versteht man die permanente, in der Regel jedoch zeitlich begrenzte, Umwälzung des Warmwassers vom Speicher über die Warmwasserrohrleitungen bis nahe zur Zapfstelle und über ein Rücklaufrohr zurück zum Speicher.

Mit ihr will man erreichen, daß beim Warmwasserzapfen sofort warmes Wasser am Zapfhahn zur Verfügung steht. Diese Warmwasser-Zirkulation ist jedoch sehr nachteilig, weil sie einen sehr hohen Wärmeverlust innerhalb des Rohrnetzes und damit zu einer permanenten Abkühlung des Speichers selbst führt.

Zum Zweiten wird die Wärmeschichtung des Warmwasserspeichers, aufgrund des mit beachtlichem Druck in den Speicher zurückströmenden Zirkulationswassers, innerhalb kürzester Zeit zerstört, was zu den beschriebenen Nachteilen führt (siehe Kapitel Wärmeschichtung).

Eine Warmwasserzirkulation in der herkömmlichen Art ist deshalb bei Solarspeichern abzulehnen. Dies ist im übrigen auch der Grund, weshalb man bei Warmwasserspeichern die nicht ständig nachgeheizt werden können, wie z. B. Nachtstrom-Warmwasserspeicher, auf eine Warmwasserzirkulation verzichtet.

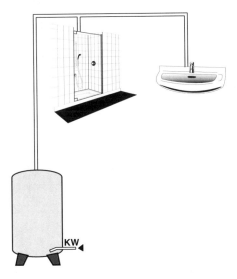

Wird jedoch keine Warmwasserzirkulation eingesetzt, so stellt sich ein anderer Nachteil ein. Das im Warmwasserrohr befindliche Wasser kühlt ab und der Benutzer muß zunächst dieses abgekühlte Wasser an der Zapfstelle ablaufen lassen bevor er das Warmwasser nutzen kann. Um auch diese Wasser- und Energieverschwendung zu verhindern, bieten sich folgende Lösungsmöglichkeiten an:

1. Die sogenannte elektrische Rohrbegleitheizung.

Hier wird ein elektrisches Heizkabel innerhalb der Isolierung am Warmwasserrohr angebracht. Dieses Heizband ist auf eine Mindesttemperatur eingestellt und sobald das Warmwasserrohr auf diese Temperatur abgekühlt ist, beginnt das Heizband sich zu erwärmen und damit die Temperatur auf einem Mindestniveau zu halten.

Wärmeabnahmestelle

Bei diesem Verfahren wird noch eine erhebliche Abkühlung des Wassers im Rohrnetz und damit Wärmeverlust und Energieverschwendung in Kauf genommen.

Da außerdem die elektrische Energie die mit Abstand teuerste Energie ist, sind die Kosten der elektrischen Rohrbegleitheizung nicht unerheblich. Auch aus Gründen der rationellen Energieverwendung ist elektrische Energie hierfür nur bedingt geeignet, denn für ein KW elektrisch erzeugte Wärme, werden 3 KW Primärenergie benötigt.

Darüber hinaus wird ja ein großer Teil der elektrischen Energie in Atomkraftwerken erzeugt, die die Mehrzahl der Bevölkerung aus den bekannten Gründen ablehnt.

2. Warmwasserzirkulation mit By-Pass-Regelung

Eine Verbesserung der anfangs geschilderten großen Nachteile einer herkömmlichen Warmwasserzirkulation ermöglicht eine sogenannte By-Pass-Regelung. Das im Rohrnetz zirkulierende Wasser wird erst dann über den Warmwasserspeicher geleitet, wenn es so weit abgekühlt ist, daß es eine Temperatur von z. B. ca. 40 °C unterschritten hat.

Nehmen wir an, der Verbraucher zapft 60-grädiges Warmwasser, so steht ja nach Beendigung des Zapfvorganges, 60-grädiges Wasser im Warmwasserrohr.

Mit diesem Warmwasser wird nun die Warmwasserzirkulation betrieben, ohne den Warmwasserspeicher zu durchströmen. Da das Warmwasser im Rohrnetz allmählich abkühlt, wird, sofern kein Warmwasser mehr gezapft wird, nach gewisser Zeit, eine Temperatur von 40 °C unterschritten.

By-Pass-Warmwasser-Zirkulation

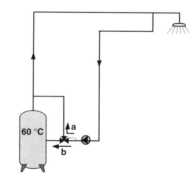

a) Wenn die Wassertemperatur im Zirkulationsnetz über 40 °C beträgt, erfolgt die Zirkulation unter Umgehung des Warmwasserspeichers.

b) Wenn die Wassertemperatur im Zirkulationsnetz unter 40 °C abgefallen ist, dann fließt das abgekühlte Wasser zum Warmwasserspeicher zurück, und 60 Grad warmes Wasser wird vom Speicher in das Leitungsnetz gefördert.

Ist dies der Fall, so schaltet das Drei-Wege-Ventil auf Position b, das rückfließende Zirkulationswasser strömt in den Speicher zurück und 60-grädiges Wasser aus dem Speicher fließt in das Rohrnetz. Das Drei-Wege-Ventil geht dann wieder auf Position a und der Warmwasserspeicher wird wieder so lange umgangen, bis die Temperatur im Rohrnetz erneut auf 40 °C abgefallen ist.

Diese By-Pass-Zirkulation ist bereits eine deutliche Verbesserung gegenüber den zuvor geschilderten Situationen.

Nachteilig ist jedoch noch die schnelle Abkühlung des 60-grädigen Wassers auf 40 °C. Je höher die Wassertemperaturen sind, desto schneller ist natürlich die Abkühlung. Auch die Zerstörung der Wärmeschichtung ist noch erheblich.

3. Warmwasser-Zirkulationssystem Eine weitere, neue und sehr interessante Möglichkeit, die zuvor geschilderten Nachteile der Warmwasserzirkulation zu vermeiden, ist die Zirkulations-Technik mit separatem Zirkulationspuffer.

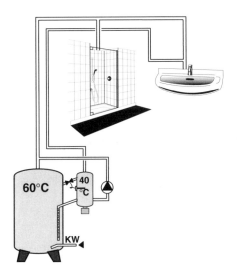

Bei diesem System ist die Zirkulation vom Warmwasserspeicher getrennt. Sie erfolgt über einen separaten Zirkulations-Puffer. Dieser ist wesentlich kleiner und kann sich außerhalb oder innerhalb des Warmwasserspeichers befinden. Der Rücklauf des Zirkulations-Wassers strömt also nicht in den Warmwasserspeicher. Deshalb kann auch dort die Wärmeschichtung nicht zerstört werden. Der Speicher muß viel seltener nachgeheizt werden.

Die Temperaturen im Zirkulationspuffer sind niedriger als im Hauptspeicher z. B. statt 60 °C nur 40 °C. Dies reduziert den Wärmeverlust um ca. 70 %, denn der Wärmeverlust sinkt überproportional zur Temperaturdifferenz des Warmwasserrohres zur Umgebung.

Wird gezapft, dann fließt das Warmwasser aus dem Speicher mit den dortigen höheren Temperaturen in den jeweiligen Rohrstrang.

Nach dem Zapfvorgang wird das heiße Wasser aus diesem Rohrstrang sofort mit dem Wasser des Zikulations-Puffers ausgetauscht.

Damit verhindert man eine schnelle Abkühlung im Rohr und außerdem erhöht sich die Temperatur im Zirkulations-Puffer.

So kann wieder eine Weile die Zirkula-tion betrieben werden.

Wird regelmäßig gezapft, erhält sich also die Temperatur im Zirkulations-Puffer aus sich selbst heraus. Wenn längere Zeit nicht gezapft wird, sinkt die Wassertemperatur. Dann erfolgt die Erhaltung der Temperatur des Zirkulations-Puffers aus dem Warmwasserspeicher. Denn diese werden heute immer mehr mit preiswerter oder kostenloser Energie beheizt, z. B. Solartechnik und Wärmerückgewinnung. Muß deshalb ausnahmsweise der Zirkulations-Puffer nachgeheizt werden, dann vom Warmwasserspeicher selbst. Automatisch durch ein Regelventil. Teure Zusatz-Energie wie Strom entfällt.

Aber auch in diesen seltenen Fällen bleibt die Wärmeschichtung erhalten. Denn das rücklaufende Wasser aus dem Zirkulations Puffer strömt nicht in den Speicher sondern wird vielmehr über ein Rückflußrohr in den Speicher zurückgeführt.

Das besondere an diesem Rückflußrohr ist ein speziell entwickeltes Lochraster. Rückfließendes Zirkulationswasser fließt an der richtigen Stelle durch das Lochraster. Dort also, wo die Temperatur zwischen Zirkulationswasser und Speicherwasser am ehesten übereinstimmt.

Dieses System bietet auch eine hervorragende Möglichkeit Legionellen-Bakterien im Rohrnetz thermisch zu desinfizieren (siehe hierzu auch Kapitel »Legionellen-Bakterien«).

Über einen Elektro-Heizeinsatz (E) wird in regelmäßigen Abständen (tägl., wöchentlich od. monatlich) für wenige Minuten der Zirkulationspuffer auf z. B. 800 C hochgeheizt und dabei die Zirkulation betrieben.

Wärmespeicher für die Raumheizung/Latentspeicher

Während man bei der Warmwasserbereitung nur eine kurze Zeitspanne überbrücken möchte, nämlich die Nacht und eventuell einen darauf folgenden Schlechtwettertag, muß für die Raumheizung eine sehr unterschiedliche und teilweise sehr lange Zeitspanne überbrückt werden.

Angefangen von den bescheidenen Vorstellungen, die eingespeicherte Solarwärme für die etwas kühleren Abendstunden zu speichern und damit einige ausgewählte Räume zu temperieren, bis hin zur Vorstellung, die im Sommerhalbjahr gewonnene Wärme für das Winterhalbjahr aufzuspeichern.

Nachfolgend werden drei Möglichkeiten der Wärmespeicherung für die Raumheizung aufgezeigt:

Wasser-Pufferspeicher

Für kurzzeitige Wärmespeicherung eignet sich ein Heizungswasser-Speicher, ein sogenannter Pufferspeicher. Mit diesem ist es möglich, den Wärmebedarf bis maximal eine Woche aufzuspeichern und für etwas kühlere, sonnenarme Tage zur Verfügung zu stellen. Dies ist jedoch nur dann möglich, wenn die Heizkörper oder Fußbodenheizung mit niedrigen Temperaturen bis maximal 40 °C auskommt und die gewünschte Temperaturanhebung nur ca. 3 Kelvin betragen soll, also 190 C auf 220 C.

Pufferspeicher sind ähnlich aufgebaut wie die zuvor beschriebenen Warmwasserspeicher. Sie sind jedoch wesentlich preiswerter, da sie keinen Korrosionsschutz benötigen, denn das Heizungswasser ist durch den Verlust des Sauerstoffes praktisch nicht mehr korrosions-aggresiv. Mit einem Puffer-

speicher wird es allerdings nicht möglich sein, eine nennenswerte Wärmeschichtung aufzubauen. Das ein- und auslaufende Heizungswasser, das bei Pufferspeichern nicht über einen Wärmetauscher geleitet werden muß (es handelt sich ja um das gleiche Wasser), wird jede Schichtung zerstören und darüber hinaus weist der Rücklauf von der Raumheizung wesentlich höhere Temperaturen auf, als das einlaufende Kaltwasser bei einem Brauchwarmwasserspeicher.

Latentspeicher

Ein Latentspeicher nimmt Wärmeenergie auf und gibt sie wieder für Heizzwecke ab, indem sich das Speichermaterial vom festen in den flüssigen, bzw. vom flüssigen in den festen Zustand verändert. Wird dem Speicher Wärme zugeführt, so erfolgt eine Phasenumwandlung vom festen in den flüssigen Aggregatzustand, und während der Phasenumwandlung vom flüssigen in den festen Aggregatzustand wird diese Wärme wieder abgegeben, ohne daß sich die Temperatur nennenswert verändert. Wasser nimmt z. B. bei einer Temperanhebung um ein Kelvin, von 13,5 °C auf 14,5 °C die Wärmeeinheit von einer Kilokalorie auf. Bei der Phasenumwandlung von 0 °C Eis in 0 °C Wasser, werden wesentlich mehr, nämlich 80 Kilokalorien aufgenommen. Beim Abkühlen von Wasser bzw. der Phasenumwandlung von Wasser in Eis wird die gleiche Energiemenge wieder frei.

Ohne Temperaturveränderung kann also bei der Phasenumwandlung vom festen in den flüssigen Zustand die 80-fache Wärmeenergie gespeichert bzw. abgegeben werden.

Leider ist jedoch das Temperaturniveau von Eis für die Wärmenutzung, selbst bei Einsatz einer Wärmepumpe zu niedrig.

Es gibt jedoch Stoffe, die eine Phasenumwandlung bei höheren Temperaturen ermöglichen. Allerdings nicht mit der hohen Energiekapazität, wie dies bei Wasser/Eis gegeben ist.

Der von der Fa. ST-Speicher-Technologie entwickelte Latentspeicher, wird mit dem Wärmeparaffin des Typs »Rubitherm« betrieben. Die Phasenumwandlung läßt sich hier zwischen 54 °C und 70 °C festlegen.

Mit einem solchen Latentspeicher kann bei gleichem Volumen die zweifache Energiemenge gespeichert werden. Neben dem geringeren Platzbedarf ist auch der niedrigere Wärmeverlust aufgrund des günstigen Verhältnisses der gespeicherten Wärme zur Oberfläche, sowie der niedrigeren Temperaturen von Bedeutung.

Die Ein-und Ausspeicherung erfolgt über einen internen Speicherkreislauf mit Hilfe von Wasser als Wärmetransportmittel.

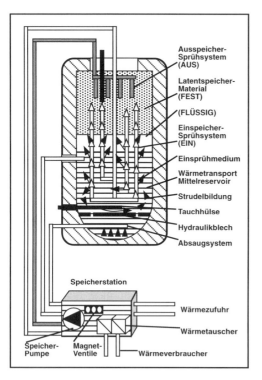
Einspeichervorgang

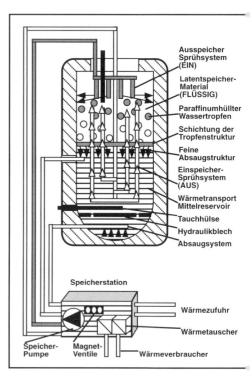
Ausspeichervorgang

Latentspeicher der Firma ST-Speicher-Technologie GmbH.

Funktionsbeschreibung Latentspeicher

Einspeichervorgang

Über die Schmelztemperatur des Speichermaterials erhitztes Wärmetransportmittel wird mit dem Einspeicherdüsensystem zugeführt und versprüht. Die Versprühung erfolgt nach einem speziellen Verfahrens-know-how.

Die im Speicher am tiefsten angeordnete Aufschmelzebene befindet sich hierbei stets in einem, nur von Wärmetransportmittel ausgefüllten Bereich. Aufschmelzvorgänge können so verzögerungsfrei gestartet werden.

Ein eingestelltes Minimalvolumen an Wärmetransportmittel im Speicher unterhalb des Latentwärmespeichermaterials, ermöglicht aufgrund seiner höheren Dichte und seiner durch die Versprühung erzeugten Drehbewegung um die Speicherbehälterachse (vertikal) eine verstopfungsfreie Absaugung des Wärmetransportmittels zu den Wärmetauschern der Speicherstation.

Ausspeichervorgang

Dieser Vorgang wird durch drei Phasen charakterisiert.

Phase 1

Wärmetransportmittel mit einer Temperatur unterhalb des Erstarrungspunktes wird dem Ausspeicherdüsensystem im Kopfbereich des Speichers zugeführt. Wärmeparaffin kühlt sich im sensiblen Bereich ohne zu erstarren ab. Die Wassertropfen heizen sich auf und gelangen durch das flüssige Speichermaterial und das Wärmetransportmittelreservoir zum Absaugstutzen.

Phase 2

Im Einsprühbereich ist keine sensible Wärme mehr verfügbar. Paraffin erstarrt, es bilden sich Strukturen aus paraffinumhüllten Wassertropfen. Beim dichtebedingten Absinken gelangen sie in noch ausreichend flüssige Paraffinbereiche und werden wieder aufgeschmolzen. Erwärmtes Wasser gelangt wie in Phase 1 zum Absaugstutzen. Beim Absinken von Paraffin-umhüllten Wassertropfen strömt stets neues flüssiges Paraffin in den Sprühbereich nach.

Phase 3

Der Wärmeinhalt des Speichermate-rials nimmt stetig ab. Immer weniger umhüllte Wassertropfen werden aufgeschmolzen und sinken nach unten. Eine allmähliche Schichtung dieser Tropfenstrukturen setzt ein, während im Sprühbereich bis zum völligen Erstarren stets flüssiges Paraffin nachfließt.

Allmählich verfestigen sich paraffin-umhüllte Wassertropfenstrukturen und feine Absaugstrukturen bilden sich zwischen diesen Strukturen.

Der Wärmeübertragungsvorgang wird durch k.A-Werte von 3.000 - 5.000 W/K charakterisiert. Daraus resultieren auch während des gesamten Ausspeichervorganges nahezu gleiche Temperaturen von Speichermaterial und Wärmetransportmittel an allen Punkten im Speicher.

Aufgrund der Tatsache, daß der hier vorgestellte Speicher mit einem Latentspeichermaterial und Wasser arbeitet, ist er auch als Hybridspeicher einsetzbar. Wärme auf einem höheren Temperaturniveau als der Schmelztemperatur des Latentspeichermaterials, kann nicht nur in dem dann flüssigen Latentspeichermaterial, sondern auch im Wasser mit einer höheren Energieaufnahme gespeichert werden.

Wasser mit einer höheren Energieaufnahme gespeichert werden.

Dadurch wird nicht nur die zu speichernde oder freiwerdende Wärmeenergie während der Phasenumwandlung genutzt, sondern auch die durch Temperaturänderung zu speichernde oder freiwerdende Wärmeenergie.

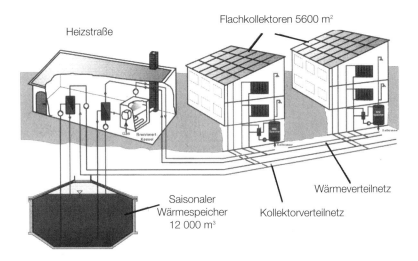

Solarunterstützte Nahwärmeversorgung in Friedrichshafen.
Projektiert von der Universität Stuttgart, Institut für Thermodynamik und Wärmetechnik (ITW).

Langzeitwärmespeicher für Nahwärmeversorgung

Mit einem Langzeitwärmespeicher kann ein Beitrag von bis zu 70% am Gesamtwärmebedarf eines Gebäudes erreicht werden.

Ein solcher Langzeit-Wärmespeicher ist sehr großvolumig (über 100.000 Ltr.).

Im vorliegenden Beispiel der Nahwärmeversorgung in Friedrichshafen besteht er aus einem eingegrabenen Betonbehälter. Die Dichtheit des Speichers wird durch eine Auskleidung mit 1,2 mm dickem Edelstahlblech erreicht.

Von außen ist der Speicher im Bereich der Decke und der Wand mit druckfester Mineralwolle wärmegedämmt.

Die solaren Wärmepreise liegen zur Zeit bei 30 bis 40 Pf/kWh (ohne Förderung). Aufgrund der großen gespeicherten Wärmemenge ist auch hier ein günstiges Verhältnis zur Oberfläche und dem entstehenden Wärmeverlust gegeben.

Diese großvolumigen Wärmespeicher dienen deshalb der Speicherung der sommerlichen Solarenergie bis in den Winter.

Es versteht sich, daß solche großen Langzeitspeicher, mit einer entsprechend großen Kollektorfläche, nur für die zentrale Wärmeversorgung (solare Nahwärme) anzuwenden sind, also für Siedlungen oder einzelne Großprojekte.

Weitere Arten von saisonalen Groß-Wärmespeichern sind:

Überirdischer Wasserspeicher

Dieser muß rundum sehr gut wärmegedämmt sein, witterungs- und UV-beständig. Sein Platzbedarf ist beachtlich.

Eingegrabener Wasserspeicher

Siehe Anschauungsbeispiel und Beschreibung links.

Felsspeicher

Hier dient nicht nur das im Fels ausgesprengte oder gegrabene Wasservolumen als Speicher, sondern auch das umgebende Felsgestein.

Erd- und Felsspeicher

In die Erde oder den Fels werden vertikale oder horizontale Rohre aus Kunststoff verlegt, die als Wärmetauscher zur umliegenden Erde bzw. zum Felsgestein dienen.

Das Speichermedium ist die Erde bzw. das Felsgestein selbst. Allerdings besitz ein Erd- bzw. Felsspeicher bei gleichem Volumen deutlich weniger Speicherkapazität bei ungünstiger Lade- und Entladeleistung.

Wärmebedarfsstellen dezentralisieren

Für die gute Funktion, die Wirtschaftlichkeit und den guten Wirkungsgrad einer Solaranlage ist es außerordentlich wichtig, alle Wärmebedarfsstellen mit unterschiedlicher Temperaturhöhe räumlich zu trennen und separat zu regeln.

Einige Zahlenbeispiele können dies verdeutlichen:

Ein Puffer-Speicher für die Raum-Heizung benötigt eine Ladetemperatur von ca. 60 °C und kann bis ca. 30 °C (bei Fußbodenheizung) heruntergefahren werden.

Bei einer Einstrahlung von 600 Watt/m^2 und einer Außentemperatur von plus 10 °C beträgt der Wirkungsgrad ca. 45 %.

Für das Schwimmbecken mit z. B. 25 °C unter den gleichen Witterungsverhältnissen beträgt der Wirkungsgrad jedoch ca. 75 %.

Die Erwärmung des Nutz-Warmwassers, wenn dieses in den frühen Morgenstunden in der Höhe des Solar-Wärmetauschers nur 10 °C warm ist, beträgt der Wirkungsgrad sogar 80 %, und wenn das Warmwasser mittags eine Temperatur von 50 °C erreicht hat, sinkt der Wirkungsgrad auf 55 %.

Wird jede dieser Wärmebedarfsstellen separat geregelt und von der Solaranlage bedient, so liegt der Wirkungsgrad der Solaranlage zwischen 55 bis 80 %.

Zentralisiert man jedoch die verschiedenen Wärmebedarfsstellen in nur einem Wärmespeicher (z. B. Kombispeicher), so erzielt man den schlechtesten Wirkungsgrad von nur 45 %.

"Wirft man also alles in einen Topf", so verschenkt man zu einem beachtlichen Teil den hohen Wirkungsgrad und damit solaren Energiegewinn.

Bei geringerer solarer Einstrahlung wird der Wirkungsgradverlust noch drastischer.

Dazu kommt, daß bei geringerer solarer Einstrahlung der Sonnenkollektor unter Umständen 60 °C für den Pufferspeicher nicht mehr erreicht, das Schwimmbadwasser mit 25 °C jedoch noch erwärmt werden könnte, oder aber das Nutz-Warmwasser von 10 °C auf z. B. 30 °C vorgeheizt werden könnte.

Einige von größeren Unternehmen, unter anderem auch von Stromerzeugern, mit Forschungsgeldern, gebaute Solarhäuser, haben unter anderem auch deshalb einen so vernichtend geringen Solarertrag, weil die Solarwärme zentral abgespeichert wird und deshalb alle zuvor genannten Nachteile in Kauf genommen werden müssen.

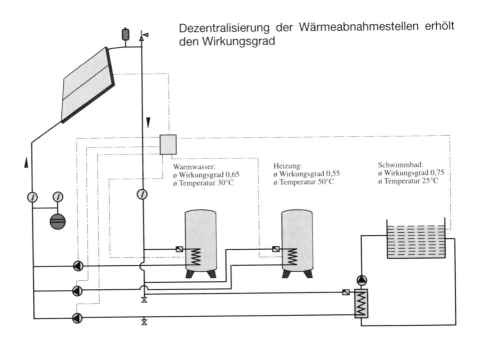

Dezentralisierung der Wärmeabnahmestellen erhölt den Wirkungsgrad

Warmwasser:
ø Wirkungsgrad 0,65
ø Temperatur 30°C

Heizung:
ø Wirkungsgrad 0,55
ø Temperatur 50°C

Schwimmbad:
ø Wirkungsgrad 0,75
ø Temperatur 25°C

Aufstellungsort der Warmwasser- und Pufferspeicher.

Nutz-Warmwasserspeicher sowie Pufferspeicher für die Raumheizung sollten in unmittelbarer Nähe der Heizzentrale aufgestellt sein

Die Solaranlage arbeitet nämlich fast immer in Kombination mit der herkömmlichen Heizung, ja sie nutzt sogar ein Teil dieser Einrichtungen.

Dabei ist es gleichgültig, ob die Heizungsanlage im Keller, auf dem Dachboden oder in einem Nebenraum steht.

Wenig empfehlenswerte Konstruktionen

Bei der Solartechnik werden auch für die Wärmespeicherung, sowohl des Nutzwarmwassers, als auch des Heizungswassers, verschiedene Konstruktionen angeboten, die keinesfalls empfehlenswert sind.

Kunststoffspeicher als *Warmwasser-Durchlauferhitzer* mit innenliegenden Kunststoffrohren.

Diese Speichertypen sind nicht mit dem frischen, sauberen Nutzwasser gefüllt, sondern mit Heizungswasser für die Raumheizung.

Das Nutzwarmwasser selbst befindet sich in den meterlangen Kunststoffrohren im Inneren des Speichers. Wird nun Nutzwasser gezapft, z. B. beim Duschen, so fließt Kaltwasser auf der unteren Speicherseite in die Kunststoffrohre ein, erwärmt sich beim Durchfließen der Kunststoffrohre immer mehr und tritt an der Oberseite des Speichers von den Kunststoffrohren in die Warmwasserleitung zu den Zapfstellen.

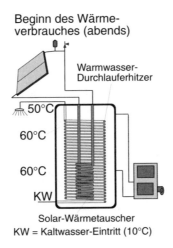

Solar-Wärmetauscher
KW = Kaltwasser-Eintritt (10°C)

Diese Speicher haben Nachteile die sie als Solarspeicher ungeeignet machen.

Zunächst einmal muß die Temperatur des Heizungswassers höher sein, als die Nutztemperatur des Nutzwarmwassers.

Will man z. B. 50 - grädiges Wasser zapfen, so muß der Kunststoffspeicher auf 60 °C aufgeheizt sein, damit im Durchlauf das Nutzwasser die gewünschte Temperatur von 50 °C erreicht.

Da jedoch der Wirkungsgrad einer Solaranlage umso niedriger ist, je höher die erforderlichen Temperaturen sind, so wird durch die hohen Temperaturen des Kunststoffspeichers der Wirkungsgrad der Solaranlage reduziert.

Ein weiterer Nachteil stellt sich als noch gravierender heraus.

In dem Maße, in dem das eintretende Kaltwasser durch die Rohre fließt und erhitzt wird, nimmt es ja Wärme vom Speicherwasser auf und kühlt damit die Temperatur des Speicherwassers kontinuierlich ab.

Mit jedem Grad, das das Heizungswasser dabei an Temperaturhöhe verliert, kommt auch das gezapfte Nutzwasser kälter aus dem Rohr.

Nehmen wir an, zu Beginn des ersten Zapfvorganges ist das Speicherwasser auf 60 °C aufgeheizt, und das Nutz-warmwasser nimmt diese Temperatur bei Durchströmen des Speichers bis auf 50 °C an.

Zu Beginn des ersten Zapfvorgang haben wir also zunächst 50 grädiges Wasser zur Verfügung. Mit jedem Liter Nutzwasser, das nun den Speicher verläßt, kühlt zwangsläufig auch das Speicher-Heizungs-Wasser ab, denn es gibt ja seine Wärme an das Nutzwasser weiter.

Nehmen wir an, es wurden für einen Duschvorgang nur 25 Liter 50 grädiges Wasser gezapft, so sieht die Temperaturbilanz nach Beendigung des Zapfvorganges dann folgendermaßen aus.

Die 25 Liter Wasser haben eine Wärmeenergie von 1000 Kilokalorien verbraucht. Diese 1000 Kilokalorien wurden von dem "Speicher-Heizungswasser" abgegeben. Das Speicher-Heizungs-Wasser ist damit um 1000 Kilokalorien abgekühlt.

Nehmen wir weiter an, der Speicher hat einen Inhalt von 400 Litern. Da das Speicher-Wasser nun 1000 Kilokalorien an das Nutzungswasser abgegeben hat, ist es abgekühlt und weist statt 60 Grad C nur noch 57,5 °C auf. Wird nicht weiter aufgeheizt, so wird beim nächsten Zapfvorgang das Nutzwarmwasser nur noch mit einer Temperatur von 47,5 °C den Speicher verlassen.

Wärmeabnahmestelle

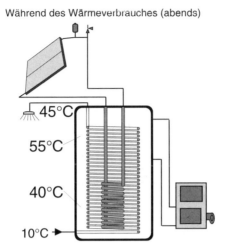

Während des Wärmeverbrauches (abends)

Bei einem einzigen Duschbad kühlt das Duschwasser während des Duschens um mehr als 2K ab. Wird nicht gleichzeitig nachgeheizt, muß man noch während des Duschens die Wassertemperatur nachregulieren.

Werden anschließend weitere 25 Liter Wasser gezapft, so sind nach Beendigung dieses Vorganges nur noch 45 grädiges Nutzwasser zu erziehlen. Es wurde ja eine weitere Wärmemenge von 1000 kcal dem Speicherwasser entnommen, das damit um weitere 2.5K abgekühlt ist.

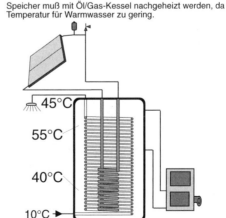

Speicher muß mit Öl/Gas-Kessel nachgeheizt werden, da Temperatur für Warmwasser zu gering.

Schlechter Wirkungsgrad für Solaranlage, da unten zu hohe Temperaturen im Speicher.

103

Soll jedoch eine konstante Temperatur von z. B., 50 °C bestehen bleiben, so müßte man bei jedem Zapfvorgang sofort nachheizen.

Der Aufgabe eines Solarspeichers, Wärmeenergie über einen gewissen Zeitraum zu speichern ohne nachheizen zu müssen, kann diese Konstruktion also nicht gerecht werden. Dabei ist es völlig gleichgültig, ob man an der Zapfstelle Wasser mit 6, 5 oder 4 °C nutzen möchte. Die Überlegungen bleiben die gleichen.

Ist der im vorigen Kapitel als optimal beschriebene Nutzwasserspeicher hingegen auf 50 °C aufgeheizt, so kann dieses Warmwasser fast vollständig gezapft werden. Erst wenn der Speicher vom nachfließenden 10 grädigen Wasser fast voll befüllt ist, muß nachgeheizt werden. Die gesamte Wärmeenergie die im Speicher vorhanden war, wird so fast vollständig genutzt, ohne nachheizen zu müssen.

Mit anderen Worten, ein Kunststoffspeicher mit 400 Liter Inhalt als Nutzwasser-Durchlauferhitzer entspricht nur dem Volumen eines 50 Liter Nutzwasserspeichers (Warmwasserspeicher).

Kombispeicher

Der Kombispeicher besteht aus einem Heizwasserspeicher (Pufferspeicher) und einem darin befindlichen Nutzwasserspeicher. Wird der Heizwasserspeicher aufgeheizt, wird damit automatisch auch der Nutzwasserspeicher aufgeheizt, ohne daß es zusätzlicher Armaturen und Regelungen bedarf. Auf den ersten Blick eine interessante Konstruktion. Bei näherer Betrachtung hat er allerdings so große Nachteile, daß er ebenfalls als Solarspeicher ungeeignet ist.

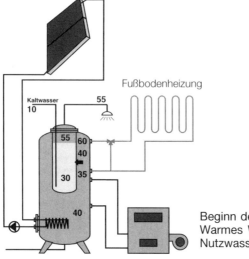

Beginn des Warmwasserverbrauches. Warmes Wasser wird gezapft. In den Nutzwasserspeicher läuft Kaltwasser

Wärmeabnahmestelle

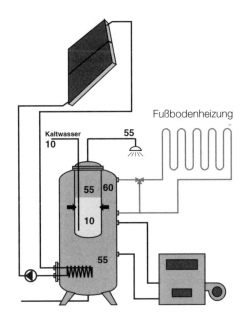

Heizungswasser gibt Wärme an das Nutzwasser ab. Bald wird das Heizungswasser so weit abgekühlt sein daß das Warmwasser nur bis 30°C erwärmt wird.

Bedingt durch die hohen Temperaturen im unteren Speicherbereich hat die Solaranlage einen schlechten Wirkungsgrad.

Für das Nutzwarmwasser, also z. B. das Duschwasser, weist er die gleichen Nachteile auf, die bei der Beschreibung des Kunststoffspeichers als Durchlauferhitzer genannt wurden.

Da jedoch der Kombispeicher außerdem als Pufferspeicher für die Heizung gedacht ist, kommt noch ein weiterer großer Nachteil hinzu. Der Pufferspeicher-Teil kann nämlich nicht auf tiefere Temperaturen als der Warmwasser-Teil des Kombi-Speichers genutzt werden. Dies ist jedoch außerordentlich nachteilig. Häufig sind Raumheizkörper und besonders die Fußbodenheizungen so ausgelegt, daß in der Übergangszeit eine Vorlauftemperatur von nur 30 °C genügen würde, den Raum zu temperieren.

Wenn jedoch das Nutzwarmwasser 50 °C nicht unterschreiten darf, kann auch der Heizungsspeicher-Teil nicht unter 50 °C genutzt werden. Würde dies trotzdem geschehen, so kühlt das Nutzwarmwasser annähernd auf die Temperatur des Heizungswassers ab. Das bedeutet, daß die Wärmeenergie im Heizungs-Pufferspeicher nicht voll genutzt wird, weil er nicht auf die Temperaturen abgekühlt werden kann, mit denen noch die Heizung betrieben werden könnte.

Dieser gravierende Nachteil wird in Zahlen ausgedrückt besonders deutlich. Nehmen wir an, die Solaranlage hat einen Kombi-Speicher mit einem 500 Liter Heizungsspeicher auf 60 °C aufgeheizt. Da der Nutzwasserteil 50 °C nicht unterschreiten soll, kann der gesamte Kombispeicher, wie oben beschrieben, nur bis 50 °C genutzt werden. Das entspricht einer Wärmeenergie von 5000 kcal.

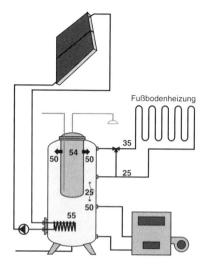

Bei einem Speicher von nur 800 Liter Inhalt ist nach einer halben Stunde die Temperatur von 60°C auf 50°C abgesunken. Nun gibt der Warmwasserteil Wärme an der Pufferteil ab.

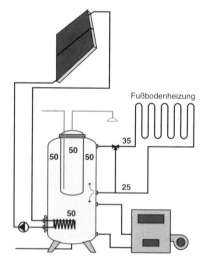

Obwohl für die Fußbodenheizung der Speicher noch um 10°C abgekühlt werden könnte, ist dies nicht mehr möglich. Das Nutz-Warmwasser würde unter die noch nutzbaren Temperaturen abkühlen.

Da der Speicher auch in seinem unteren Bereich 50°C nicht unterschreitet, arbeitet die Solaranlage auch hier mit einem schlechten Wirkungsgrad.

Bei einem separaten Pufferspeicher mit 500 Litern Inhalt (ohne Nutz- warmwasser), der 30K weiter abge-kühlt werden kann, nämlich von 60° C auf 30° C sind es 15000 kcal, also die dreifache Wärmeenergie.

Da der Kombi-Speicher, um den Nutz-Warmwasserteil nicht unter 50° C abkühlen zu lassen, selbst nicht unter 50° C abkühlen kann, stellt sich der nächste Nachteil dar. Die Sonnenkollektoren müssen erst eine Wärme von über 50° C erreicht haben, um dem Kombi-Speicher wieder Wärme zuzuführen. Erreichen die Sonnenkollektoren nur 45° C, so muß die Nachheizung des Kombispeichers von Öl/Gaskessel übernommen werden. Der Jahresnutzungsgrad einer Solaranlage reduziert sich dadurch um ca. 50 %.

Bei einem separaten Nutz-Wasserspeicher, in den das einlaufende Kaltwasser mit 10° C eintritt, kann noch Wärmeenergie zugeführt werden, selbst wenn die Sonnenkollektoren nur 20° C aufweisen.

Als weiterer Nachteil eines Kombi-Speichers sind die höheren Wärme- verluste im Sommer zu erwähnen. Das Heizungs-Speicherwasser, das im Sommer nicht benötigt wird, muß dennoch warm gehalten werden. Ein Teil der Solarenergie wird nur dadurch verbraucht, weil ein wesentlich größeres Wasservolumen als im Sommer benötigt wird, auf Temperatur gehalten werden muß.

Trotz diese Nachteile hat der Kombi-speicher viele Liebhaber. Sein großer Vorteil der einfachen, problemlosen Installation und die Möglichkeit relativ einfach etwas Raumwärme zu erzeugen wiegen die zuvor genannten Nachteile teilweise auf. D.h. der Anwender ist bereit, für den zusätzlichen Energiebedarf der Raumheizung und zur Kompensation des schlechteren Wirkungsgrades, in eine entsprechend größere Kollektorfläche zu investieren.

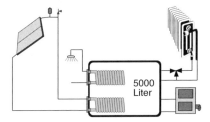

Hohe Wärmeverluste und träge durch zu großes Wasservolumen.

Doppelmantel-Speicher

Der Doppelmantel-Speicher ist einer der preiswertesten Nutzwasser-Speicher.

Leider ist auch er für die Solartechnik nicht geeignet.

Wie wir im vorhergehenden Kapitel gehört haben, füllt das einlaufende Kaltwasser zunächst den unteren Bereich des Speichers auf und schiebt sich mit jedem Zapfvorgang weiter nach oben.

Bei einem richtig konstruierten Nutzwasserspeicher kann deshalb die Solaranlage das einfließende 10 grädige Wasser selbst bei schlechten Witterungsbedingungen auf 20° C, 25° C oder 30° C vorheizen. Voraussetzung ist, daß der Wärmetauscher des Nutzwasser-Speichers im unteren Bereich angebracht ist, denn mindestens das obere Drittel des Speichers soll ja die gewünschte Temperatur von 50°C aufweisen.

Beim Doppelmantel-Speicher erfolgt die Aufheizung über einen schmalen Zwischenraum zwischen der inneren und äußeren Speicherwandung. Dieser Zwischenraum erstreckt sich über die gesamte Speicherlänge von oben nach unten.

Wärmeabnahmestelle

Doppelmantel-Speicher

Solaranlage kann erst in Betrieb gehen, wenn die Kollektortemperatur höher ist als die Warmwassertemperatur im oberen Speicherbereich. Sonst wird die Wärme verschleppt.
Dies führt zu einem beachtlichen Wirkungsgradverlust der Solaranlage.

Die Solaranlage kann deshalb erst dann in Betrieb gehen, wenn die Sonnenkollektoren mindestens die Temperatur im oberen Speicherbereich erreicht haben. Sind also im oberen Drittel des Doppelmantelspeichers Temperaturen von 50 Grad vorhanden, kann die Solaranlage erst bei diesen Temperaturen anlaufen, auch wenn im unteren Speicherbereich nur 10 grädige Temperaturen vorherrschen.

Würde die Solaranlage bereits bei Kollektortemperaturen von z. B. 20 Grad zu arbeiten beginnen, wie dies bei dem empfohlenen Speichertyp der Fall ist, so würde zwangsläufig das heiße Wasser im oberen Speicherbereich durch die kühlere Solarfluid nach unten verschleppt und der obere Speicherbereich dadurch abgekühlt werden.

Beschränkt man hingegen den Doppelmantelbereich auf das untere Drittel des Speichers, so wäre die Wärmeaustauschfläche besonders bei etwas größeren Solaranlagen zu klein.

Externe Wärmetauscher

Für die Aufheizung von Nutz-Warmwasserspeicher sind externe Wärmetauscher, also Gegenstrom- oder Plattenwärmetauscher, abzulehnen. Wie bereits in Kapitel "Nutz-Warmwasserspeicher, ruhende Wärmetauscher" aufgezeigt, wird beim Einsatz eines externen Wärmetauschers die Wärmeschichtung zerstört. Dies liegt an zwei Ursachen:

Zum einen wird das Wasser des Speichers umgewälzt und vermischt. Dazu kommt, daß das in den Speicher zurückströmende Wasser eine sehr starke Unruhe erzeugt.

Dies bewirkt, daß sich das Wasser auch in dem Bereich, in dem keine direkte Umwälzung erfolgt, mit Wasser anderer Wärmeschichten vermischt. Deshalb ist es auch zweitrangig, in welcher Höhe das Wasser entnommen und wieder in den Speicher zurückgebracht wird.

Den Einsatz von externen Wärmetauschern findet man häufig bei Groß-Anlagen mit einem oder mehreren großen Nutz-Warmwasserspeicher. Bei solchen Anlagen genügt oft ein externer Wärmetauscher für die Beheizung mehrerer Warmwasserspeicher. Dies bringt jedoch keinen Kostenvorteil. Der ohnehin teurere, externe Wärmetauscher und der hohe Aufwand für Regelung und Stellventile sind häufig nicht billiger, als wenn man in jeden Nutz-Warmwasserspeicher einen entsprechend großen, innenliegenden Wärmetauscher einbauen würde.

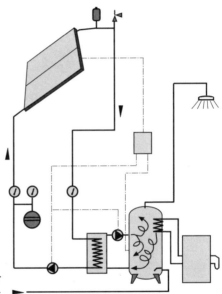

Externe Wärmetauscher sind für Nutz-Warmwasser-Speicher nicht geeignet.

Bei Heizungs-Pufferspeichern ist der Einsatz von externen Wärmetauschern hingegen möglich. Heizungs-Pufferspeicher sind nämlich nicht in der Lage, eine nennenswerte Wärmeschichtung aufzubauen. Wo keine Wärmeschichtung vorhanden ist, kann sie von externen Wärmetauschern auch nicht zerstört werden.

Wärmeabnahmestelle

Ladespeicher

Dieser Warmwasserspeicher wird allmählich von oben nach unten aufgeheizt. Die Solarwärme wird also nicht in den unteren Speicherbereich, dort also, wo das kalte Wasser einläuft, eingespeist, sondern zunächst dort, wo das heiße Wasser gezapft wird, also im oberen Speicherbereich.

Das 10-grädige Kaltwasser wird in einem einzigen Durchlauf durch den externen Wärmetauscher auf 50 °C hochgeheizt.

Man will damit erreichen, daß im oberen Bereich des Speichers, möglichst schnell heißes Wasser zur Verfügung steht. Dieser Vorteil wird jedoch von einer erheblichen Anzahl Nachteilen überschattet.

Ähnlich der Situation beim Doppelmantelspeicher, muß die Solaranlage stets mit sehr hoher Temperatur betrieben werden, was den Wirkungsgrad erheblich reduziert.

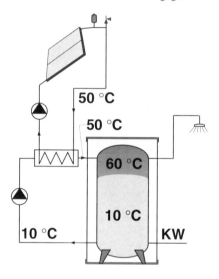

Während beim herkömmlichen Solar-Speicher die Solaranlage auch bei niedrigen Temperaturen und hoher Bewölkung das einfließende Kaltwasser im unteren Speicherteil noch auf 20, 30 oder 40 °C vorheizen kann, würde die Solaranlage bei einem Ladespeicher abschalten bzw. nicht in Betrieb gehen. Beim Ladespeicher muß die Solaranlage ja stets die, für das Warmwasser benötigte Mindesttemperatur, von 50 °C erreicht haben. Wenn niedrigere Solar-Temperaturen in den Ladespeicher einfließen, so sinkt sofort die Temperatur im oberen Speicherbereich auf nicht mehr nutzbare Temperaturen. Selbst, wenn die untere Hälfte des Ladespeichers mit 10 grädigem Wasser gefüllt ist kann bei ungünstiger Witterung das Wasser nicht vorgewärmt werden.Das System des Ladespeichers ist sicherlich geeignet für äquatornahe Regionen, weil hier ständig so hohe Temperaturen vorherrschen, daß die Mindesttemperaturen von 50 °C stets überschritten werden. In mitteleuropäischen Breiten jedoch ist es nicht möglich, mit einem Ladespeicher die Solarenergie optimal zu nutzen.

Während z. B. bei geringer Solareinstrahlung ein herkömmlicher Solarspeicher auf 30 °C vorgeheizt werden könnte und, wenn die Sonne wieder etwas stärker strahlt, dann sehr schnell die gewünschte Temperatur von 50 bis 60 °C erreicht, bleibt der Ladespeicher zunächst kalt.

Wie vieles in der Solartechnik, was vordergründig sehr interessant erscheint, ist das System Ladespeicher bei genauerer Betrachtung eher ungünstig.

Legionellen-Bakterien

Das Thema Legionellen-Bakterien betrifft die zentrale Warmwasserversorgung im allgemeinen und nicht speziell die Solartechnik.

Bis Ende 1990 wurde das Legionellenproblem sehr ernst genommen und man befürchtete, vor allem beim Warmwasserspeicher für einen 1- 2 Tagebedarf, wie sie in der Solartechnik üblich sind, sehr hohe und gesundheitsgefährdende Konzentrationen von Legionellen-Bakterien.

Im März 1991 veröffentlichte die Universität des Saarlandes, Sektion "Angewandte Microbiologie und Hygiene", eine von der Firma Norsk Hydro Magnesiumgesellschaft in Auftrag gegebene Studie.

Diese Untersuchung kommt zu folgendem Ergebnis:

1. Legionellen im Speicher für Ein- bis Zweifamilienhäuser stellen kein Problem dar.
2. Der durch Magnesium- oder Fremdstromanode erzeugte höhere ph-Wert begünstigt das Absterben der Legionellen-Bakterien.
3. Im Sediment (Schlamm) auf dem Speicherboden wurden ebenfalls keine Legionellen festgestellt. Besonders der, durch die Ablagerungen der Magnesiumanode erhöhte ph-Wert von 8,6 - 9,1 im Sediment, dürfte hier einen günstigen Einfluß haben.

Lediglich in Großobjekten wurden, im Rahmen einer anderen Untersuchung, bedenklich hohe Legionellen-Konzentrationen festgestellt.

Nur für diese Großobjekte empfiehlt sich deshalb, vorbeugend, eine spezielle thermische Legionellendesinfektion, wie sie nachfolgend vorgeschlagen wird.

Vorbeugende Legionellen-Desinfektion - nur für Großobjekte

Die Legionella Pneumatika vermehrt sich bei Temperaturen bis 50 °C sehr stark. Bei höheren Temperaturen jedoch sterben die Legionellen ab. Der Abtötungsvorgang dauert bei Temperaturen von 60 °C noch mehrere Stunden, während er bei Temperaturen von 70 °C nur wenige Sekunden beträgt.

Deshalb ist auch bei Solaranlagen für Großobjekte die thermische Desinfektion zur Legionellenbekämpfung zu wählen.

Natürlich wird bei der thermischen Desinfektion eine vollständige Beseitigung der Legionellen-Bakterien nicht möglich sein. An verschiedenen "Nischen" des Speichers werden Legionellen überleben. Es gelingt jedoch ihre Konzentration so stark zu reduzieren, daß sie keine gesundheitliche Gefahr mehr darstellen.

Der bedeutendste Unterschied gegenüber einer herkömmlichen Warmwasserversorgung besteht darin, daß bei Solaranlagen nicht sichergestellt ist, daß regelmäßig Temperaturen von 60 °C erreicht werden.

Dies ist auch nicht nötig, denn für die Vermehrung der Legionellen bei Temperaturen zwischen 30 °C und 50 °C in gesundheitsgefährdenden Konzentrationen sind mehrere Wochen ja Monate erforderlich.

Im Sommerhalbjahr wird eine nicht zu knapp bemessene Solaranlage immer wieder Temperaturen von deutlich über 60 °C erreichen und dadurch die Legionellen wieder abtöten.

Im Winterhalbjahr hingegen wird die mit Sonnenkollektoren erreichbare Temperatur deutlich unterhalb von 60 °C liegen. Zu selten werden die Sonnenkollektoren eine Temperatur von über 60 °C erreichen, um ein regelmäßiges Abtöten der Legionellen zu gewährleisten.

Legionellen-Desinfektion für Großspeicher

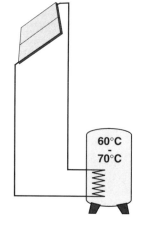

Solaranlagen mit einer Jahresdeckung von mind. 60% des Gesamtenergiebedarfs.

Sommerhalbjahr:

Hier werden immer wieder Temperaturen von über 60 °C erreicht.

Aufgrund der langen Verweildauer des Warmwassers im Speicher Abtötung der Legionellen auf nicht mehr gesundheitsgefährdende Konzentrationen.

Man könnte nun im oberen Speicherbereich das Wasser ständig auf 70 °C mit dem Öl/Gaskessel hochheizen.

Aufgrund der hohen Temperatur von 70 °C im oberen Speicherbereich sterben die Legionellen-Bakterien zwar sofort ab, wenn sie von unten in die heiße, obere Speicherzone gelangen, so daß eine Gesundheitsgefährdung nicht mehr gegeben ist.

Ständige Wassertemperaturen von 70 °C bedeuten jedoch Wärmeverlust, Verkalkung und Gefahr der Verbrühung.

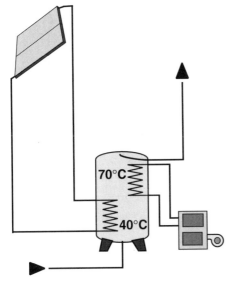

Winterhalbjahr:

Nur selten werden Temperaturen über 60 °C im unteren Speicherbereich erreicht. Dadurch hohe Legionellenkonzentration.

Lösung 1: (nur für Großobjekte eventuell erforderlich)

Nachheizung im oberen Speicherbereich auf permanent 70 °C. Legionellen werden im oberen Speicherbereich abgetötet. Im unteren Speicherbereich jedoch keine Legionellenbeseitigung.

Deshalb ist ein anderer Weg empfehlenswerter, nämlich:

In regelmäßigen Abständen, z. B. täglich 1mal oder monatlich, das Wasser im Speicher umzuwälzen und dabei gleichzeitig mit dem Öl/Gaskessel über den oberen Wärmetauscher den gesamten Speicherbereich kurzfristig auf 70 °C aufzuheizen.

Da Legionellen bei Temperaturen von ca. 70 °C in wenigen Sekunden absterben, werden auf diese Art und Weise die Legionellen im Speicher abgetötet oder auf eine so niedrige Konzentration gesenkt, daß von ihnen keine Gefahr mehr ausgeht.

Fällt ein Sommer einmal sehr schlecht aus, d. h., ist die solare Einstrahlung sehr gering und erreicht der Warmwasserspeicher nicht genügend häufig Temperaturen über 60 °C, so kann diese Umwälz-Vorrichtung natürlich auch in den Sommermonaten in Betrieb gesetzt werden.

Wärmeabnahmestelle

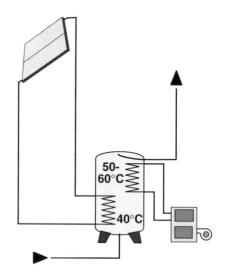

Normalbetrieb

Die überwiegende Zeit wird die Solaranlage und die Nachheizung durch den Öl/Gaskessel völlig normal betrieben.

Legionellengefahr in Warmwasserrohren

Das wesentlich größere Problem ist die Legionellenbildung in den Warmwasserrohren. Die niedrigen Zirkulationstemperaturen bei herkömmlichen Warmwasser-Zirkulationen beseitigen keine Legionellen-Herde, die kurzen Zapfzeiten von Wasser mit 60 °C ebenfalls nicht.

Deshalb vermehren sich Legionellen gerade in Warmwasserrohren durch die mit der Abkühlung erreichten Misch-temperaturen von ca. 30 °C außerordentlich schnell.

Zur sicheren Verhinderung von Legionellen in Warmwasserrohren wäre ein Nur für Großobjekte eventuell erforderlich:

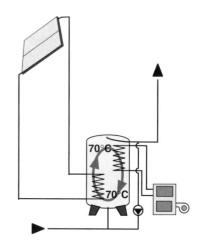

Thermische Legionellen -

Desinfektion in regelmäßigen Abständen (monatlich, vierteljährlich).

Kurzzeitiges Aufheizen auf 70 °C und umwälzen des Speicherinhaltes, so daß für ca. 10 Min. der gesamte Speicherinhalt auf 70 °C aufgeheizt ist.

Legionellen werden auch im unteren Speicherbereich abgetötet.

permanenter Betrieb des kompletten Warmwasser-Systems von über 60 °C erforderlich.

Da die herkömmliche Warmwasser-Zirkulation jedoch ständig das einfließende Kaltwasser mit dem noch vorhandenen Heißwasser des Speichers vermischt, und die Temperatur dadurch ständig abfällt, müßte der Speicher während des Zirkulationsbetriebes ständig nachgeheizt werden.

Dies ist eine zu große Energieverschwendung.

Eine gute Lösung für dieses Problem bietet hier das Zirkulations-System mit separatem Zirkulationspuffer (Beschreibung siehe auch Kapitel Warmwasser Zirkulation).

Wie oben erläutert, sterben Legionellen-Bakterien bei Temperaturen ab

70 °C innerhalb weniger Sekunden ab. Zur Desinfektion dieser Legionellen-Bakterien in den Warmwasserrohren kann deshalb z. B. einmal in der Woche der Zirkulations-Puffer auf 70 °C aufgeheizt werden, so daß innerhalb weniger Sekunden die Legionellen im Rohrnetz abgetötet werden.

Das vielfach größere Wasservolumen des Haupt-Wasser-Speichers hingegen wird aus Gründen des Energieaufwandes und der Verkalkung nicht auf 70 °C hochgeheizt.

Solarsteuerung

Die Solarsteuerung soll als drittes, wichtiges Bauteil der Solaranlage, im Detail vorgestellt werden.

Temperatur-Differenz-Steuerung

Aus mehreren Gründen arbeitet die Solarsteuerung nach dem Prinzip einer Temperatur-Differenz-Steuerung. Das heißt, sie vergleicht permanent die Temperaturen im Sonnenkollektor und an der Wärmebedarfsstelle.

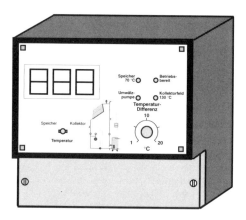

Sobald die Temperatur im Sonnenkollektor um eine einstellbare Differenz, z. B. 8K höher ist als an einer Wärmeabnahmestelle (Speicher), wird die Umwälzpumpe in Betrieb gesetzt und der Fluidkreislauf zirkuliert. Das heiße Fluid aus dem Sonnenkollektor wird über die Vorlaufleitung zum Wärmetauscher der Wärmeabnahmestelle (Speichers) transportiert, gibt dort einen möglichst großen Teil der Wärme ab und wird über das Rücklaufrohr zum Sonnenkollekor zurücktransportiert und dort erneut aufgeheizt.

Das Fluid zirkuliert so lange, bis die Temperaturdifferenz zwischen Sonnenkollektor und Speicher auf ein Minimum, z. B. 3 Grad C abgefallen ist.

Dabei ist wichtig, daß die Genauigkeit und Paarigkeit der Temperaturfühler für Sonnenkollektor und Wärmeabnahmestellen über den gesamten Arbeitsbereich der Solaranlage möglichst hoch ist. Stimmt die Paarigkeit nicht überein, so kann es bei den geringen Temperaturdifferenzen dazu führen, daß die Solaranlage nicht rechtzeitig abschaltet und Wärme aus dem Speicher wieder abgezogen wird. Wie oben schon erwähnt, sollte die Solarsteuerung, stets nach dem Prinzip einer Temperatur-Differenz-Messung arbeiten.

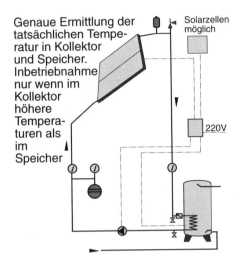

Für die elektronische Steuerung einer Solaranlage mit oft mehreren Wärmeabnahmestellen gibt es nichts präziseres als Fühler, die sowohl am Sonnenkollektor als auch an den Wärmeabnahmestellen (Speicher) die tatsächlich erreichten Temperaturen feststellen, diese der Steuerung melden, so daß nur bei einer positiven Temperaturdifferenz die Umwälzpumpe in Betrieb ist. Der Antrieb dieser Umwälzpumpe kann selbstverständlich über Solarzellen erfolgen.

Solar-Licht-Steuerung

Solarsteuerungen, die von einem Solarlicht-Fühler (Meßgerät zur Er- mittlung der solaren Einstrahlungsintensität) beeinflußt werden, sind abzulehnen.

Bei genauerer Betrachtungsweise entstehen erhebliche Nachteile.

Dabei sind zwei Versionen zu betrachten.

1. Steuerungen durch Solarlicht-Fühler (Solarmeter) ohne TemperaturDifferenz-Messung.

Diese Art der Solarsteuerung ist ungeeignet. Denn neben der solaren Einstrahlung entscheiden noch andere Faktoren, ob eine Solaranlage in Betrieb gehen kann oder nicht.

So sind z. B. die Umgebungstemperatur, die Windgeschwindigkeit und die Temperatur der Wärmeabnahmestellen, wichtige Meßgrößen, die nicht vernachlässigt werden dürfen.

Solarsteuerung

Nehmen wir z. B. die Warmwasserbeheizung. Die Temperaturen des Warmwasserspeichers reichen von + 10 °C (einlaufendes Kaltwasser) bis zum aufgeheizten Speicher mit z. B. 60 °C.

Ebenso wechselt die solare Einstrahlung in unseren Breiten sehr schnell. Während man bereits bei sehr geringer Einstrahlung von z. B. 300 Watt pro m^2 das 10-grädige Kaltwasser zumindest leicht auf z. B. 25 °C erwärmen kann, benötigt man bei einer höheren Warmwasser-Temperatur von z. B. 40 °C ca. 500 Watt, um eine weitere Aufheizung des Wassers durchzuführen.

Die Arbeit nur mit Solarmeter ohne Temperatur-Differenz-Steuerung führt dazu, daß entweder die Umwälzpumpe zu spät in Betrieb gesetzt wird und dadurch wertvolle Energie verschenkt wird, oder die Umwälzpumpe unnötig lange läuft und dem Speicher schließlich wieder Wärme entzieht.

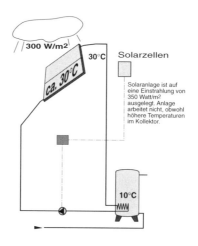

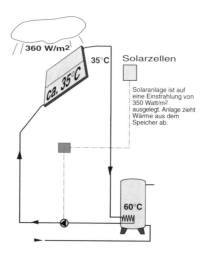

Solarsteuerung

2. Nur in Ausnahmefällen zu empfehlen sind Temperatur-Differenz- Steuerungen mit Solarlichtfühler (Solarmeter). Sie funktionieren in der Regel so, daß die Umwälzpumpe der Solaranlage bereits bei sehr niedriger solarer Einstrahlung in Betrieb gesetzt wird. Das Fluid zirkuliert dann zunächst nur im Rohrkreis, ohne über den Wärmetauscher an der Wärmeabnahmestelle (Speicher) geleitet zu werden.

Erst wenn die Temperatur im Rohrnetz in unmittelbarer Nähe des Speichers eine höhere Temperatur als im Warmwasserspeicher selbst aufweist, wird über ein Drei-Wege-Ventil der solare Zirkulationsstrom über den Wärmetauscher freigegeben.

Der Kollektor-Fühler dieser Steuerung ist hier nicht am Kollektor angebracht, sondern in der Vorlaufleitung in der Nähe des Drei-Wege-Ventiles. Eine Steuerung dieser Art wird häufig dann eingesetzt, wenn dicke und lange Rohrleitungen zwischen Solarkollektoren und der Wärmeabnahmestelle gegeben sind.

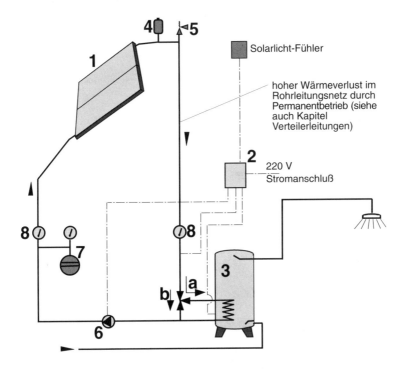

Stellung des Dreiwegemischventiles

a) Fühler Solar wärmer als Fühler Speicher.
   Solarwärme wird zum Speicher geführt.

b) Fühler Solar kälter oder nicht ausreichend wärmer als Speicher.
   Solarwärme wird nicht über Speicher geführt, sondern direkt zum Kollektorfeld.

Man will dadurch vermeiden, daß die während des Stillstandes in den Rohrleitungen abgekühlte Fluid die Wärmeabnahmestelle bei den häufigen Ein- und Ausschaltphasen abkühlt bevor die heiße Solarflüssigkeit nachkommt.

Dabei wird jedoch übersehen, daß bei einer permanenten Zirkulation der Fluid im Rohrnetz ein weit höherer Wärmeverlust entsteht.

Das Fluid muß ja in den oft mehrere hundert Meter langen Rohrleitungen so lange zirkulieren, bis die Temperatur hier höher ist als an den Wärmeabnahmestellen.

Bei einer nur geringen solaren Einstrahlung kann es dann geschehen, daß im Rohrnetz so viel Wärme verloren geht, wie die Sonnenkollektoren produzieren, so daß den Wärmeabnahmestellen keine Energie zugeführt werden kann.

Bei diesem Verfahren wird zwar ein kurzzeitiger Wärmerücktransport aus dem Speicher vermieden, jedoch insgesamt, aufgrund der wesentlich höheren Wärmeverluste im Rohrnetz, ein viel geringerer solarer Nutzen erreicht.

Nicht unerwähnt soll dabei auch der wesentlich höhere Stromverbrauch der Umwälzpumpe bleiben.

Bei einem Permanent-Betrieb läuft die Umwälzpumpe im Jahres-Durchschnitt mehr als doppelt so lange als bei einem Takt-Betrieb.

Bedenkt man, daß für ein kWh elektrischer Energie, drei kWh Primärenergie "verarbeitet" werden müssen, so verdient diese Überlegung gerade im Hinblick auf die erstrebte Energieeinsparung Beachtung.

Bitte lesen Sie hierzu auch das Kapitel "Verteilerleitungen".

Solar-Steuerung mit unterschiedlich bestrahlten Kollektorfeldern Ost-West-Dach

Nicht immer ist es möglich, die erforderliche Kollektorfläche an einer einzigen Stelle eines Gebäudes unterzubringen, da der vorhandene Platz nicht ausreicht, die Dachrichtung des Hauses ungünstig ist (Ost-West-Dach) oder z. B. aus architektonischen Gründen eine Aufteilung der Kollektorfläche gewünscht wird.

So ist es z. B. nicht auszuschließen, daß man bei einem Haus in U-Form auf drei unterschiedlich solar-bestrahlten Stellen Solar-Kollektoren montiert.

Dann stellt sich die Situation so dar, daß z. B. ein Kollektorfeld von 8 Uhr bis 14 Uhr, ein anderes Kollektorfeld von 9 Uhr bis 15 Uhr und das dritte Kollektorfeld von 11 Uhr bis 17 Uhr bestrahlt wird.

Die Bestrahlung jedes einzelnen Kollektorfeldes ist im Bestrahlungszeitraum nicht gleichmäßig stark, sondern je nach Sonnenstand unterschiedlich.

Wenn diese Kollektorfelder nun allesamt eine oder mehrere gemeinsame Wärmeabnahmestellen bedienen, besteht die Gefahr, daß ein gerade gut bestrahltes Kollektorfeld ein weniger gut bestrahltes Kollektorfeld mit aufheizt.

Dieses Problem wird zunächst zum besseren Verständnis anhand einer Solaranlage beschrieben, dessen eine Hälfte auf einem Ostdach und dessen andere Hälfte auf dem Westdach des gleichen Hauses installiert ist.

Deutlich wird sichtbar, daß die Vorstellung, bis 12.00 Uhr arbeiten die Sonnenkollektoren des Ostdaches und ab 12.00 Uhr die Sonnenkollektoren des Westdaches völlig falsch ist.

Je nach Dachneigung und Jahreszeit wird bereits ab 10.00 Uhr das Westdach und bis 14.00 Uhr das Ostdach so stark bestrahlt, daß auch hier Solarwärme gewonnen werden kann.

Während z. B. das Ostdach gegen 10.00 Uhr voll bestrahlt wird, und die Ost-Solaranlage voll arbeitet, beginnt die Einstrahlung zu dieser Zeit erst für die West-Solaranlage wirksam zu werden. Die West-Solaranlage kann deshalb nur wesentlich langsamer Energie zur Wärmeabnahmestelle bringen. Sie muß öfter pausieren und hat eine niedrigere Temperatur als die Ostseite.

Je mehr die Zeit zur Tagesmitte geht, umso mehr wird die Energieleistung der beiden Kollektorfelder gleich, bis ein allmähliches Überwiegen des West-Kollektorfeldes beginnt.

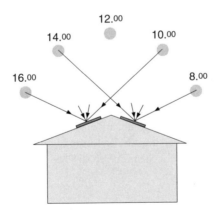

So erreicht die Sonne die Kollektorfelder

  8.00 Ostfeld
10.00 Ostfeld stark, Westfeld schwach
12.00 Ost- und Westfeld gleich stark
14.00 Westfeld stark, Ostfeld schwach
16.00 Westfeld

Solarsteuerung

Ist die Solaranlage nicht richtig geregelt, wird viel Energie verschenkt, durch zu spätes Inbetriebnehmen oder zu spätes Abschalten eines Kollektorfeldes und durch Verschleppen der Solarwärme zum nicht- oder nur geringfügig bestrahlten Kollektorfeld.

Beispiel Situation zur Mittagszeit

1. Kollektorfeld Ost 50 °C
2. Kollektorfeld West 50 °C
3. Speichertemperatur 40 °C
4. Beide Kollektorfelder arbeiten
5. Rücklauf vom Speicher zu beiden Kollektorfeldern 45 °C

Situation der gleichen Solaranlage am Nachmittag 14.00 Uhr

1. Kollektorfeld Ost 54 °C
2. Kollektorfeld West 60 °C
3. Speichertemperatur 50 °C
4. Rücklauftemperatur zum Kollektorfeld 54 °C

Richtig: Kollektorfeld Ost muß bereits abgeschaltet sein.

Falsch: Kollektorfeld Ost schaltet nicht ab. In Kürze wird der heißere Rücklauf, bedingt durch das Kollektorfeld Westseite, das Kollektorfeld Ostseite aufheizen, wenn dort die solare Einstrahlung weiter abnimmt Die Steuerung weiß nicht, woher die Kollektorwärme kommt und kann das Kollektorfeld Ostseite nicht abschalten. Ein Großteil der Energieleistung des Kollektorfeldes Westseite wird über das Kollektorfeld Ostseite verloren gehen.

An diesem Beispiel mit nur zwei Kollektoren wird bereits deutlich, wie schwierig es ist, eine solche Solaranlage exakt zu regeln. Noch schwieriger wird eine solche Steuerung, wenn mehr als zwei Kollektorfelder zu regeln sind, und eventuell noch mehrere Wärmeabnahmestellen. Diese Problematik beruht auf einer unterschiedlichen Bestrahlungsintensität aufgrund einer im Tagesablauf zunehmenden und wieder abnehmenden Höhe des Sonnenstandes und damit auch der Einstrahlung. Zusätzlich kann aber auch die Beschattung noch einen erheblichen Einfluß ausüben.

Wird z. B. das West-Kollektorfeld zwischen 13.00 und 14.00 Uhr beschattet, so ergibt sich folgende Situation:

Bis 12.00 Uhr stärkere Bestrahlung des Ost-Kollektorfeldes.

Von 12.00 Uhr bis 13.00 Uhr starke Bestrahlung des West-Kollektorfeldes

Von 13.00 Uhr bis 14.00 Uhr (Beschattung des West-Kollektorfeldes) wieder stärkere Bestrahlung des Ost-Kollektorfeldes. Ab 14.00 Uhr wieder stärkere Bestrahlung des West-Kollektorfeldes. Um die Solaranlage verlustfrei zu steuern, bieten sich nur zwei Möglichkeiten an:

Solarsteuerung

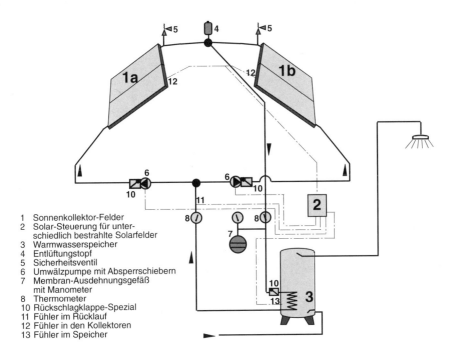

1 Sonnenkollektor-Felder
2 Solar-Steuerung für unterschiedlich bestrahlte Solarfelder
3 Warmwasserspeicher
4 Entlüftungstopf
5 Sicherheitsventil
6 Umwälzpumpe mit Absperrschiebern
7 Membran-Ausdehnungsgefäß mit Manometer
8 Thermometer
10 Rückschlagklappe-Spezial
11 Fühler im Rücklauf
12 Fühler in den Kollektoren
13 Fühler im Speicher

1. Die Kollektorfelder werden völlig unabhängig voneinander mit je einer separaten Steigleitung, je einem separaten Wärmetauscher und je einer voneinander unabhängig arbeitenden Regelung ausgestattet. Jedes Kollektorfeld hat also einen völlig separaten Kreislauf.

Dies ist eine zwar zuverlässige aber auch sehr teure Lösung.

2. Die zweite, elegantere Möglichkeit besteht aus einer speziellen Steuerung. Zusätzlich zur Steuerung des Kollektorfeldkreises besitzt diese Steuerung eine weitere Funktion:

Sie vergleicht zusätzlich die Temperatur eines jeden Kollektorfeldes mit der Temperatur der gemeinsamen Rücklaufleitung von der oder den Wärmeabnahmestelle (n) (Speicher). Ein Kollektorfeld wird unabhängig von der Tageszeit dann in Betrieb gesetzt, wenn seine Temperatur wärmer ist als die Wärmeabnahmestelle und gleichzeitig wärmer als die gemeinsame Rücklaufleitung.

Sobald die Temperatur der Rücklaufleitung gleich hoch der Temperatur eines Kollektorfeldes ist, wird der Solarstrom zu diesem Kollektorfeld außer Betrieb gesetzt, auch wenn die Temperatur der Wärmeabnahmestelle niedriger ist. Dadurch wird ebenfalls zuverlässig verhindert, daß ein Kollektorfeld ein anderes Kollektorfeld aufheizt.

Diese Lösung ist gegenüber der Lösung 1 deutlich preiswerter, da alle Kollektorfelder in einem Kreislauf integriert werden können.

Low-Flow System

Low-Flow bedeutet auf Deutsch: langsam fließen.

Während früher mit Umwälz-Mengen von ca. 60 Litern/h je m^2 Kollektorfläche zirkuliert wurde, benötigt man heute nur noch ca. 25 Liter.

Dies wurde durch die bessere Leistungsfähigkeit der heutigen Kollektoren möglich.

Sie haben geringere Wärmeverluste, sodaß es möglich ist, eine höhere Temperaturdifferenz zwischen Kollektor und Wärmeabnahmestelle zu akzeptieren. Dadurch kann die Umwälzmenge reduziert werden.

Der Vorteil liegt darin, daß wesentlich dünnere Steigleitungen verlegt werden können. Die dünneren Steigleitungen sind billiger, schneller verlegt und haben weniger Wärmeverluste.

Der geringere Füllinhalt der Anlage führt zu einer höheren Flexibilität und natürlich ebenfalls zu Kosteneinspa-rung.

Besondere Bauteile, z. B. Low-Flow-Wärmespeicher wie sie angeboten werden, sind nicht erforderlich. Die herkömmlichen, leistungsfähigen Bauteile genügen. Es wird einfach nur die Umwälzmenge reduziert.

Wichtige Details

Die sorgfältige Auswahl der drei Hauptkomponenten ist noch lange keine Gewähr für die einwandfreie und leistungsstarke Funktion einer Solaranlage. Eine Reihe wichtiger Punkte sind zu beachten, wobei die Mißachtung nur kleiner Details, den Zirkulationskreislauf unterbrechen oder die Leistung der Solaranlage stark mindern kann.

Solarfühler

Anordnung der Fühler

Die Fühler der Solarsteuerung müssen nicht nur paarig und genau sein, sondern auch an der richtigen Stelle montiert werden.

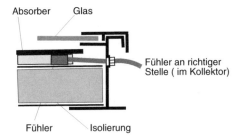

Der Kollektorfühler ist an der Seite des Fluid-Ausgangs mindestens 50 mm in den Kollektor und zwar unten am Absorber fest anzubringen. Wird der Solarfühler nicht an der richtigen Stelle im Kollektor oder gar außerhalb des Kollektors an der Rohrleitung angebracht, so wird er zu spät die tatsächliche Temperatur im Kollektor feststellen und nicht schnell genug die Solaranlage in Betrieb setzen. So ist es durchaus möglich, daß im Sonnenkollektor bereits Temperaturen von 60 °C herrschen, der Fühler jedoch, der fälschlicherweise außen am Rohr befestigt ist, nur 20 °C mißt.

Besonders wenn kühle Witterung und Wind den Fühler ständig kühlt, werden zwischen der wahren Kollektortemperatur und dem unkorrekt, außerhalb angebrachten Fühler, hohe Temperaturunterschiede entstehen.

Der Warmwasserspeicher selbst hat in seinem unteren Bereich z. B. nur eine Temperatur von 20 °C und könnte längst von den Sonnenkollektoren, in dessen Inneren, z. B. eine Temperatur von 60 °C herrscht, aufgeheizt werden. Da jedoch der Fühler an der falschen Stelle plaziert ist, und niedrigere Temperaturen als im Wärmespeicher mißt, steht die Solaranlage. Dies kann so weit gehen, daß das Fluid im Sonnenkollektor bereits kocht, die Solaranlage jedoch noch immer nicht in Betrieb geht, weil der Solarfühler, an der falschen Stelle plaziert, niedrigere Temperaturen mißt, als der Fühler des Warmwasserspeichers.

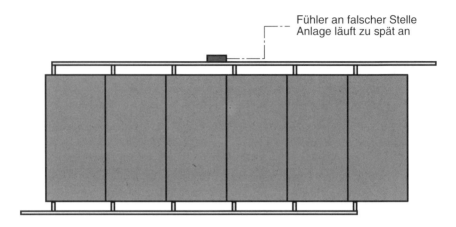

Während der Solarfühler ein Anlegfühler sein sollte, um den Querschnitt und damit die Durchlaufmenge des Pilot-Kollektores nicht zu vermindern, muß der Fühler des Warmwasserspeichers als Tauchfühler ausgebildet sein.

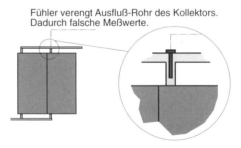

Der Speicherfühler sollte zwischen Vor- und Rücklauf des Solar-Wärmetauschers im Speicher angebracht sein.

Ist der Speicherfühler oberhalb des Wärmetauscherzulaufes (Vorlauf) angebracht, so wird die Solaranlage zu spät einschalten und zu früh abschalten. Oberhalb des Wärmetauschers eines Wasserspeichers wird nämlich die Wassertemperatur aufgrund der Wärmeschichtung deutlich höher sein als in der Mitte des Wärmetauschers.

Fühleranordnung

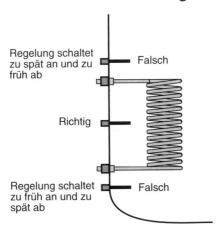

Wird der Speicherfühler unterhalb des Auslaufes (Rücklaufes) des Wärmetauschers angebracht, so schaltet die Solarregelung zu spät ab und zu früh an , denn die Wassertemperaturen unterhalb des Wärmetauschers sind, weil hier keine Aufheizung mehr erfolgt, kühler als unmittelbar auf Höhe des Wärmetauschers. In diesem Fall wird dem Wasserspeicher dann Wärme entzogen.

Entlüftung

An der höchsten Stelle des Solarkreises ist eine Entlüftung vorzusehen.

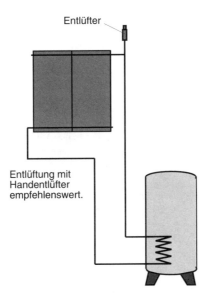

Ebenso an senkrechten Bogen der Rohrleitung, um Luftsäcke und damit die Unterbrechung des Fluidkreislaufes zu verhindern.

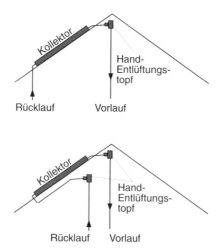

Automatische Entlüfter, wie im Heizungsbau, sind jedoch nicht zu empfehlen.

Sie sind meist nicht genügend temperaturbeständig und verkleben aufgrund der Fluidflüssigkeit. Der Fluidkreislauf kann dann durch Lufteinschlüsse unterbrochen werden.

Deshalb ist es empfehlenswert, ein Lüftungsgefäß zu verwenden, auf dem ein Handentlüfter angebracht ist.

1-2 Betriebsstunden nach dem Befüllen, sowie nach 3 Monaten ist der Lüftungstopf zu entlüften.

Im Abstand von etwa einem Jahr, später mehreren Jahren, sollte die Anlage dann regelmäßig entlüftet werden, damit die Luft, die sich zwischenzeitlich im Lufttopf gesammelt hat, entweichen kann.

Ist das Fluid durch eine Betriebsstörung zum Kochen gekommen, so sollte sicherheitshalber ebenfalls entlüftet werden.

Falls der Betriebsdruck durch die entweichende Luft zu weit abgesunken ist, ist Fluid nachzufüllen. Dabei darf nicht erneut Luft in die Anlage gelangen, z. B. durch den Schlauchverschluß zwischen Füllhahn und Flüssigkeitsbehälter.

Lüftungsleitung

Eine Lüftungsleitung sollte möglichst vermieden werden, da das Fluid mit einer Pumpe eingefüllt wird und es dadurch sehr schwierig ist, die Anlage über die Lüftungsleitung zu entlüften.

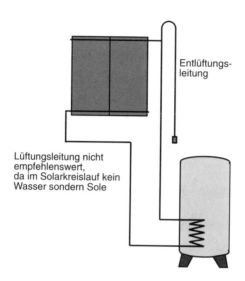

Ist ein Lüftungstopf aus baulichen Gründen nicht sinnvoll anzubringen und zum Entlüften zu erreichen, so kann notfalls eine Lüftungsleitung montiert werden. Folgende Empfehlung müssen dabei beachtet werden:

Die Lüftungsleitung so kurz und dünn wie möglich.

Die Anlage mit 6 oder 10 bar Druck befüllen.

Dann den Lüftungshahn der Lüftungsleitung öffnen.

Durch den hohen Anlagendruck wird die Luft über die Lüftungsleitung ausgeblasen.

Rechtzeitig, bevor der Anlagendruck zu stark gesunken ist, den Lüftungshahn wieder schließen.

Sodann die Anlage wieder mit 6 oder 10 bar Druck befüllen und den Vorgang so lange wiederholen, bis die Anlage vollständig entlüftet ist.

Beim Nachentlüften nach einer gewissen Zeit ist ebenso vorzugehen.

Mehrkreisanlagen mit Pumpen statt Ventilen steuern

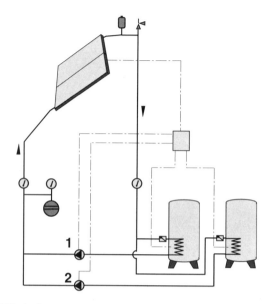

Richtig: Steuerung mit mehreren Umwälzpumpen. Es läuft stets nur Pumpe 1 oder 2

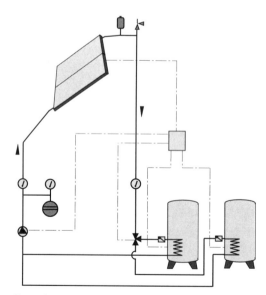

Ungünstig: Steuerung mit Umwälzpumpe und Drei-Wege-Ventil. Teuer, störungsanfälliger.

Pumpen oder Ventile

Bei Mehrkreisanlagen (mehrere Wärmeabnahmestellen und/oder Sonnenkollektorfelder) sind Umwälzpumpen den Mischern oder Stell-Ventilen stets vorzuziehen. Wenn z. B. eine Pumpe ausfällt, steht nicht die komplette Solaranlage, da nicht anzunehmen ist, daß gleichzeitig auch die anderen Umwälzpumpen ausfallen. Mit verschieden großen Umwälzpumpen kann man auch unterschiedlich große Druckverluste der einzelnen Kreise berücksichtigen. Mit Ventilen geht das alles nicht.

Da ein Stell-Ventil auch teurer ist als eine Umwälzpumpe, gibt es keine vernüftigen Gründe, die für Anlagen-Steuerung mit Stell-Ventilen sprechen.

Natürlich fällt bei Einsatz mehrerer Pumpen statt Ventilen kein höherer Stromverbrauch an, da entweder nur eine Pumpe arbeitet oder zwei kleinere Pumpen nicht mehr Strom verbrauchen als eine große. Dabei ist allerdings außerordentlich wichtig, daß in jedem Pumpenkreis ein Rückschlagventil/ -klappe installiert wird, um Fehlzirkulationen auszuschließen.

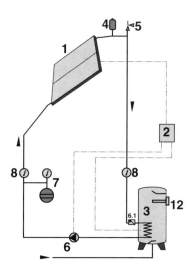

Einkreis-Anlage z. B Nutzwarmwasser

Umwälzpumpe

Die Umwälzpumpe sollte vorzugsweise nach dem Wärmetauscher in die Rücklaufrohrleitung zum Kollektor eingebaut werden. Dadurch wird vermieden, daß sie bei besonders hohen Temperaturen nach einem Stillstand der Solaranlage, überhitzt wird. Außerdem wird dadurch verhindert daß bei geringem Überdruck der Solaranlage beim Anlauf der Umwälzpumpe Unterdruck an den höchsten Stellen der Anlage entsteht und erneut Luft eindringen kann.

Wichtige Armaturen

Rückschlagventil / Rückschlagklappe

Das Rückschlagventil oder die Rückschlagklappe ist für eine Solaranlage von großer Bedeutung. Die Sonnenkollektoren befinden sich in der Regel auf dem Dach eines Gebäudes, die Wärmeabnahmestelle im Keller.

Sind die Sonnenkollektoren kälter als die Wärmeabnahmestelle im Bereich des Solar-Wärmetauschers, dann würde ohne Rückschlagventil eine Schwerkraftzirkulation entstehen. das Fluid im Wärmetauscher, die ja die Temperatur des Warmwasserspeichers angenommen hat, würde aufgrund des thermischen Auftriebes nach oben zum kälteren Kollektor hin strömen, dort abkühlen, auf der anderen Seite über den Rücklauf nach unten zum Wärmetauscher abfallen, sich wieder erwärmen und der Kreislauf beginnt aufs neue, bis der Speicher im Bereich des Wärmetauschers ausgekühlt ist.

Es sind Fälle bekannt, bei denen das Wasser um den Solarwärmetauscher, bei gänzlich fehlender Zirkulationsbremse, in einer kalten Winternacht mit Minustemperaturen, vereiste.

Die Schwerkraftzirkulation zirkuliert also entgegengesetzt der normalen Pumpenzirkulation bei regulärem Betrieb der Solaranlage. Deshalb kann eine preiswerte und einfache Rückschlagklappe oder ein leichtgängiges Rückschlagventil diese unerwünschte Schwerkraftzirkulation unterbinden.

Die Schwerkraftbremse (Rückschlagventil) kann also einen Wärmeverlust von über 50K während nur einer Nacht verhindern.

Gefahr von Schwerkraftzirkulation wenn das Solarfeld kälter ist als der Solarspeicher

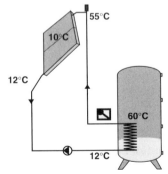

Fehlt die Schwerkraftbremse, und ist die Solaranlage kälter als der Warmwasserspeicher, so entsteht eine Solezirkulation.

Wichtige Details

Wird nun diese Schwerkraftbremse in der Vorlaufleitung unmittelbar vor dem Wärmetauscher angebracht, so unterbindet sie nicht nur die Schwerkraftzirkulation der Gesamtanlage, sondern auch die Eigenzirkulation innerhalb der Vorlaufleitung.

Durch das Unterbinden der Eigenzirkulation innerhalb des Rohres wird eine Abkühlung im unteren Bereich des Speichers von ca. 5K verhindert.

Deshalb sollte auf die ansonsten sehr praktischen Pumpenabsperrschieber mit Schwerkraftbremse verzichtet werden und statt dessen eine separate Schwerkraftbremse in die Vorlaufleitung, unmittelbar vor dem Wärmetauscher, eingesetzt werden.

Damit beim Befüllen der Anlage die Luft im Wärmetauscher entweichen kann, muß die Schwerkraftbremse zu öffnen sein oder über eine Entlüftung verfügen.

Darüber hinaus sollte die Schwerkraftbremse eine Entleerung auch der Vorlaufleitung ermöglichen, um die zusätzliche Montage eines Entleerungshahns zu ersparen.

Da kurz nach einem Stillstand der Solaranlage das Fluid sehr hohe Temperaturen erreichen kann, sollte nur eine Schwerkraftbremse eingesetzt werden, die bis mindestens 150 °C temperaturbeständig ist.

Bei einer Mehrkreis-Solaranlage, also einer Solaranlage mit mehreren Wärmeabnahmestellen, sind in jeder Leitung unmittelbar vor dem Vorlauf der Wärmetauscher Schwerkraftbremsen einzubauen. Da die Steuerung über die Umwälzpumpe bestimmt, welche Abnahmestelle bedient wird, verhindert die Schwerkraftbremse außerdem noch die Fehlzirkulation durch den unterschiedlichen Betrieb der Umwälzpumpen.

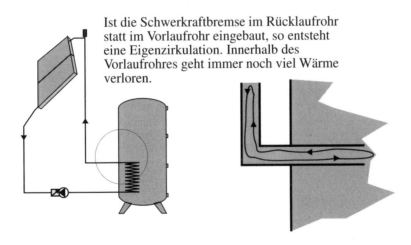

Ist die Schwerkraftbremse im Rücklaufrohr statt im Vorlaufrohr eingebaut, so entsteht eine Eigenzirkulation. Innerhalb des Vorlaufrohres geht immer noch viel Wärme verloren.

Sicherheitsventil

Für die Absicherung der Solaranlage gibt es einschlägige Vorschriften.

Das Sicherheitsventil sollte in der Nähe der Kollektoren installiert werden. Der Verfasser empfiehlt allerdings das Sicherheitsventil im Dachraum anzubringen. Die Verteilerleitungen von Solaranlagen werden nämlich sehr häufig außerhalb des Daches montiert und es kann nicht ausgeschlossen werden, daß bei besonders kühlen Außentemperaturen und gleichzeitigem Niederschlag das Sicherheitsventil von außen vereist und die Funktion nicht mehr gewährleistet ist.

Ausdehnungsgefäß

Das Membran-Ausdehnungsgefäß sollte in die Rücklaufleitung (kalte Leitung) der Solaranlage montiert werden.

Leistungsfähige Sonnenkollektoren erreichen im Stillstand Temperaturen bis zu 200 °C. Deshalb kann man nicht ausschließen, daß nach einem Stillstand der Solaranlage, Fluid mit so hohen Temperaturen in das Ausdehnungsgefäß gelangt und dessen Gummimembrane zerstört wird.

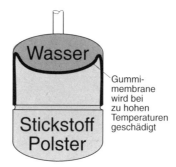

Befindet sich das Membran-Ausdehnungsgefäß hingegen in der Rücklauf- leitung der Solaranlage, so werden die hohen Temperaturen der Fluidflüssigkeit beim Durchströmen des Fluidwärmetauschers der Wärmeabnahmestelle soweit abgekühlt, daß die Membrane des Ausdehnungsgefäßes keinen Schaden mehr nimmt.

Verwendet man dann noch ein nach unten geführtes Ausdehnungsgefäß, so daß übermäßig hohe Temperaturen nicht über Schwerkraft zur Gummimembrane gelangen, so bleibt die Membrane und damit das Ausdehnungsgefäß geschont und funktionsfähig.

Füll- und Entleerungshähne

Diese sind so zu montieren, daß ein vollständiges Entleeren der Anlage möglich ist. Hierbei ist besonders darauf zu achten, daß die Schwerkraftbremse in der Vorlaufleitung geöffnet werden kann, damit auch diese Leitung leer läuft.

Entleeren

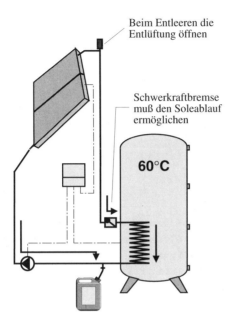

Schmutzfänger

Die Installation eines Schmutzfängers wird nicht empfohlen.

Schmutzfänger können eventuell verstopfen, dadurch den Fluidkreislauf zum Erliegen bringen und somit die Solaranlage außer Betrieb setzen.

Dies bedeutet nicht nur keinen Solarenergiegewinn, sondern auch die Gefahr, daß das Fluid zum "Kochen" kommt.

Wird dennoch ein Schmutzfänger installiert, dann müssen verschiedene Maßnahmen beachtet werden.

Das Sieb des Schmutzfängers sollte grob bzw. ein sogenanntes Einfachsieb sein.

Der Schmutzfänger muß nach den ersten vierzehn Betriebstagen gereinigt werden. Wird er nicht rechtzeitig gereinigt, kann er sich zusetzen, mit den oben geschilderten Folgen.

Wenn der Schmutzfänger dann im Abstand von je einem Monat noch etwa zweimal gereinigt wird, könnte dann sogar das Sieb des Schmutzfängers entfernt werden. Dies ist deshalb durchaus sinnvoll, weil das Sieb des Schmutzfängers einen beachtlichen Druckverlust erzeugt, was notgedrungen zu einem höheren Stromaufwand für die Umwälzpumpe führt.

Wichtige Details

Bei der Reinigung des Schmutzfängers muß verhindert werden, daß zu viel Fluid ausläuft und Luft in das Rohrnetz gelangt. Deshalb ist unmittelbar vor und nach dem Schmutzfänger je ein Absperrschieber zu installieren.

Manometer

Auf dem Manometer ist der jeweilige Betriebsdruck der Fluidflüssigkeit in der Solaranlage ersichtlich.

Anhand des Manometers ist auch zu erkennen ob das Fluidflüssigkeit nachgefüllt werden muss.

Bei einer Fluidtemperatur von 30°C im gesamten Solarkreis sollte der Manometer einen Betriebsdruck von mindestens 1 bar über statischer Höhe anzeigen.

Sie auch Kapitel Betriebsdruck.

Betriebsdruck

Der maximal zulässige Betriebsüberdruck der Solaranlage sollte 6 bar oder mehr betragen. Der Hintergrund für die Empfehlung eines höheren Betriebsdruckes als in der Heizungsinstallation üblich, liegt in der Tatsache begründet, daß bei einem Stillstand der Solaranlage und bei entsprechender solarer Einstrahlung schnell Temperaturen von weit über 100 °C erreicht werden.

Je höher nun der maximale Betriebsdruck der Solaranlage ist, umso höher können die Temperaturen der Solaranlage sein, bevor die Verdampfung der Fluid einsetzt.

Bei einem Betriebsüberdruck von maximal 2,5 bar beginnt die Verdampfung bei ca. 120 °C; bei einem Betriebsdruck von 6 bar bei ca. 160 °C und bei einem Betriebsdruck von 10 bar, beginnt die Verdampfung sogar erst bei ca. 190 °C.

Je höher also der zulässige Betriebsüberdruck, umso weniger besteht die Gefahr eines "Kochens" der Solaranlage.

Kommt die Anlage zum "Kochen", und die Solaranlage ist wie zuvor beschrieben montiert, so wird es zu keiner Störung kommen. Dabei ist noch wichtig, daß das Ausdehnungsgefäß so groß dimensoniert ist, daß es die Volumenerweiterung im Rohrnetz durch Temperaturerhöhung und zusätzlich den gesamten Flüssigkeitsinhalt der Sonnenkollektoren aufnehmen kann.

Dadurch kann verhindert werden, daß bei Überdruck in der Solaranlage Fluidverlust durch das Sicherheitsventil entsteht.

Beginnt das Fluid im Kollektor zu kochen, so entsteht durch die Gasbildung der Fluid eine erhebliche Volumenvergrößerung. Die gasförmige Fluid drückt deshalb die noch flüssige Fluid aus dem Kollektor.

Deshalb ist die Volumenerweiterung durch Verdampfen bei einer Solar- anlage tatsächlich überschaubar und berechenbar.

Zwar wird ein Teil des Dampfes auch in die Vorlauf-Verteilerleitung entweichen. Bei einer höheren Absicherung wird der Dampf jedoch dort sehr schnell wieder die Phasenumwandlung in den flüssigen Zustand vollziehen.

Der normale Betriebsdruck der Solaranlage liegt natürlich wesentlich unter dem zulässigen Betriebsüberdruck. Er sollte jedoch, bei abgekühlter Fluid mindestens 1 bar über statische Höhe betragen.

Ist der höchste Punkt der Solaranlage (Entlüftungstopf) z. B. 10 m höher als die Stelle des Manometers, so sollte die Anlage im kalten Zustand einen Betriebsdruck von 2 bar aufzeigen.

Ist die Solaranlage entsprechend der zuvor beschriebenen Vorschläge montiert, so wird sie, wenn das Fluidflüssigkeit bei nachlassender solarer Einstrahlung wieder in den flüssigen Zustand zurückkehrt, wieder störungsfrei arbeiten.

Während des Zustandes der Verdampfung wird jedoch keine Zirkulation erfolgen können, selbst wenn die Umwälzpumpe arbeitet.

Sicherheitsvorschriften

Da Solaranlagen Temperaturen von über 100 °C erreichen können, fallen sie, juristisch gesehen, unter die Vorschriften der Dampfkesselverordnung.

Das bedeutet, daß bei Kollektorfeldern mit mehr als 10 Litern Fluidinhalt die Kollektoren bauartzugelassen sein müssen oder ein TÜV-Sachverständiger eine Erstabnahme vornehmen muß. Bei bauartzugelassenen Kollektoren ist eine Erstabnahme erst ab 50 Liter Fluidinhalt erforderlich.

Diese Vorschriften gelten in manchen Bundesländern nur für Solaranlagen bei öffentlich zugänglichen Gebäuden. Hierunter fallen Schulen, Hotels, aber auch Gewerbebetriebe.

Für Solaranlagen wurde jedoch eine Erleichterung eingeführt.

Es können beliebig große Solaranlagen auch ohne Erstabnahme durch einen Sachverständigen in Betrieb genommen werden, wenn die Solaranlage in mehrere einzeln absperrbare Solarfelder aufgeteilt wird. Die einzelnen, absperrbaren Solarfelder dürfen maximal 10 Liter Fluidinhalt haben oder, bei bauartgeprüften Solaranlagen 50 Liter Fluidinhalt je Solarfeld.

Diese Kollektorflächen müssen dann einzeln mit Absperrschiebern absperrbar und mit einem Sicherheitsventil vor Überdruck gesichert sein.

Bei außenliegenden Verteilerleitungen empfiehlt sich wachsender Rohrdurchmesser (siehe Kapitel „Rohre so dün wie möglich")

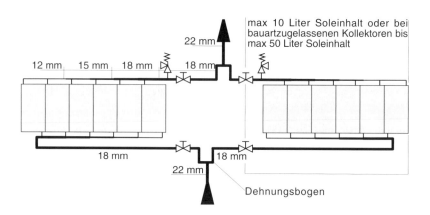

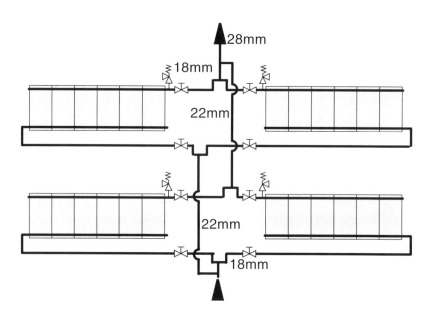

Wichtige Details

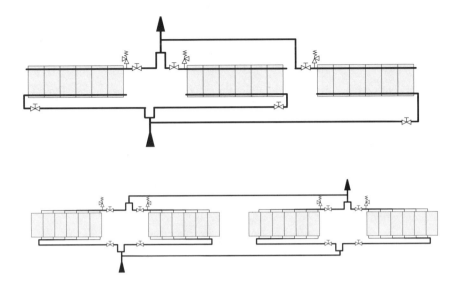

Einhaltung der Sicherheitsvorschriften bei großen Kollektorflächen durch entsprechende Aufteilung in einzelne Kollektorfelder.

Wichtige Details

Schutz vor Überhitzung

Die Sonne läßt sich nicht abschalten und die auf die Erdoberfläche auftreffende Solarenergie erreicht eine sehr unterschiedliche Intensität.

Tage mit sehr geringer Einstrahlung wechseln mit Zeiten sehr hoher solarer Einstrahlung.

Solaranlagen werden jedoch üblicherweise so ausgelegt, daß sie für das Anwendungsgebiet und den Zeitraum für den sie geplant sind, bei einer gut durchschnittlichen solaren Einstrahlung, den Energiebedarf zu 100 % decken.

Das bedeutet, daß an Tagen mit einer geringen solaren Einstrahlung über herkömmliche Energie nachgeheizt werden muß. Aber an Tagen mit einer sehr hohen solaren Einstrahlung wird dann auch Überschußwärme erzeugt.

Bei richtig ausgelegten Solaranlagen, bei denen der Wärmeverbrauch sowie die Größen der Wärmeabnahmestelle mit der Größe der Kollektorfläche übereinstimmt, wird die Gefahr der Überhitzung nur selten auftreten. Solche, richtig geplanten Solaranlagen, glätten dann quasi ein gewisses Überangebot an Solarenergie mit einem Unterangebot aus.

Dennoch kann, wenn auch bei gut geplanten Anlagen selten, hohe Überhitzungswärme entstehen.

Das einfachste wäre natürlich in diesem Falle, die Umwälzpumpe des Fluidkreislaufes einfach abzustellen. Bei den leistungsfähigen Kollektoren wie wir sie für die mitteleuropäischen Breiten benötigen, bedeutet dies jedoch, daß sich Temperaturen in den Kollektorfeldern entwickeln, die 200 °C und darüber betragen können.

Qualitativ hochwertige Sonnenkollektoren können durch den Einsatz der geeigneten Materialien und entsprechender Konstruktion, diese Temperaturen verkraften.

Das Problem liegt vielmehr bei der Fluid-Flüssigkeit, die bei Tempera- turen ab 130 °C (2,5 bar Absicherung) oder bei Temperaturen von 160 °C (6 bar Absicherung) den Siedepunkt erreicht, also zu kochen beginnt. Darüber hinaus verliert das Fluidflüssigkeit, wenn sie wiederholt Temperaturen ab 130 °C erreicht, ihren Korrosionsschutz.

Aus diesem Grund kann die Umwälzpumpe für den Fluidkreislauf nicht einfach abschalten. Nur über die Umwälzung des Fluidkreislaufes wird die Wärme der Sonnenkollektoren abgeführt und eine Überhitzung vermieden. Dies bedeutet jedoch wiederum, daß die Wärmeabnahmestelle zu heiß werden könnte.

Ein Abdecken der Sonnenkollektoren, um zu verhindern, daß die solare Strahlung diese weiter aufheizt, ist in der Praxis nicht machbar.

Es wäre viel zu unflexibel und vor allen Dingen viel zu teuer.

Wohin also mit der Überschußwärme?

Hierzu sollten wir uns die verschiedenen Anwendungsgebiete näher betrachten.

1. Schwimmbadwasser-Erwärmung

Hier verursacht eine zeitweilige Überschußenergie keine Probleme. Im Gegenteil, oft wird es sehr angenehm empfunden, wenn das Schwimmbad um ein bis zwei K höher temperiert ist als üblich. Das große Wasservolumen eines Schwimmbeckens stellt darüber hinaus einen gewissen Wärmepuffer dar. In Zeiten geringer solarer Einstrahlung kann das Schwimmbadwasser dann noch eine gewisse Zeit von den etwas höheren Temperaturen zehren.

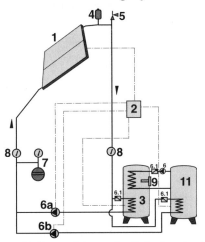

Zweikreis-Anlage z.B. Nutzwarmwasser und Heizungsspeicher

Pufferspeicher oder Schwimmbad nimmt Überschußenergie auf

2. Mehrkreisanlagen z. B. Nutz-Warmwasser und Raumheizung

Auch bei dieser Anwendung ist ein Überhitzungsproblem in der Regel nicht gegeben. Erreicht der Warmwasserspeicher die eingestellte Temperatur von z. B. 60 °C, schaltet die Solaranlage automatisch auf den zweitrangigen Puffer-speicher für die Raumheizung um. Selbst wenn dieser Pufferspeicher mit fast 100 °C nahezu den Siedepunkt erreichten würde, ist dies für die Anlage und den Anlagenbetreiber kein Problem, vorausgesetzt natürlich, daß eine ohnehin erforderliche Regelung zwischen Pufferspeicher und Raumheizung eingeplant wurde.

Da der Wirkungsgrad einer Solaranlage bei Temperaturen um 100 °C nur noch ein Viertel des Wirkungsgrades einer Solaranlage bei z. B. 50 °C erreicht, ist die Gefahr einer weiteren Überhitzung sehr gering. Oft halten sich, bei Temperaturen um 90 °C, der Energiegewinn der Sonnenkollektoren und der Wärmeverlust des Gesamtsystems die Waage.

3. Nutz-Warmwasserbereitung

Diese Anwendung stellt das eigentliche Problem der Überhitzung von Solaranlagen dar.

Das Nutz-Warmwasser, also Duschwasser usw., soll nicht über Temperaturen von 60 °C aufgeheizt werden, um eine starke Verkalkung zu vermeiden, aber auch um eine Verbrühung zu verhindern, besonders wenn Kinder Wasser nutzen.

Bei dieser Anwendung muß also die Temperatur des Nutz-Warmwassers begrenzt werden.

Der einfachste Weg, die Solaranlage einfach abschalten, ist, wie wir oben gehört haben, nicht machbar.

Hier bieten sich jedoch zwei andere Möglichkeiten an, die im übrigen auch für die oben genannten Anwendungen eingesetzt werden könnten.

3.1 Wärmeabführung zum Heizkessel

Da fast jede Solaranlage mit einem Öl/Gas-Kessel kombiniert ist, ist bereits eine Verbindung von Nutz-Warmwasserspeicher zum Heizkessel installiert.

Hier genügt es nun, einfach über ein zusätzliches Thermostat die Umwälzpumpe zum Heizkessel dann in Betrieb zu setzen, wenn das Nutz-Warmwasser eine Temperatur von z. B. 65 °C erreicht hat.

Die Wärme wird also aus dem Nutz-Warmwasserspeicher über den oberen Wärmetauscher zum Heizkessel hin übertragen. Der Heizkessel kann einen beachtlichen Teil dieser Wärme aufgrund seines Volumens und der relativ hohen Wärmeverluste durch Kaminzug, Brennerbereich, Rohranschlüssen usw. "vernichten". Genügt dies nicht, so kann zusätzlich Wärme über einen Heizkörper z. B. im Kellerraum oder im Bad, auch im Sommer abgeführt werden.

Wärmeabführung zum Heizkessel

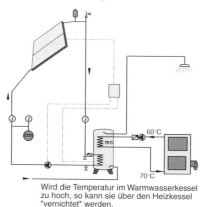

Wird die Temperatur im Warmwasserkessel zu hoch, so kann sie über den Heizkessel "vernichtet" werden.

Auf diese Art und Weise ist das Problem der Überhitzung gut zu bewältigen.

Bei dieser Lösung muß jedoch darauf geachtet werden, daß das Thermostat für die Wärmeabführung mindestens 10 K höher eingestellt ist, als das Thermostat für die Nachheizung durch den Heizkessel. Würde man diese Thermostate gleich hoch einstellen, so würde folgendes geschehen: Bei Überschreitung der Maximal-Temperatur würde die Wärme zum Heizkessel abgeführt. Die Speichertemperatur sinkt dann ab bis zum Ausschaltpunkt des Thermostates.

Besteht nun keine oder eine zu geringe Temperatur-Differenz zum Thermostat für die Speichernachheizung, so wird dann fälschlicherweise der Brenner und Heizkessel in Betrieb gesetzt, da ihm ja das zweite Thermostat einen Nachheiz-Impuls übermittelt.

3.2. Begrenzung durch Solar-Regelung

Der Autor hat u.a. eine Solar-Steuerung entwickelt, die den Warmwasserspeicher auf eine Temperatur von ca. 60-70 °C begrenzt, gleichzeitig jedoch die Überhitzung des Solarfeldes verhindert. Er bedient sich hier eines technischen Tricks, indem er die Wirkungsgradverluste bei hohen Temperaturen sowie die Wärmeverluste des Systems mit der eingestrahlten Son-nenenergie miteinander ausbalanciert.

Hat der Speicher die eingestellte Maximaltemperatur erreicht, so wird die Umwälzpumpe der Solaranlage abgeschaltet, der Fluidkreislauf steht also.

Die Solaranlage bleibt nun so lange im Stillstand, bis die Temperatur im Sonnenkollektor ca. 130 °C erreicht hat. Sobald die Sonnenkollektoren diese Temperatur erreicht haben, wird die Umwälzpumpe für einen kurzen Moment eingeschaltet, bis die Temperatur der Sonnenkollektoren auf etwa 100° C abgefallen sind.

Bei diesen hohen Temperaturen kühlt ja die, über die kalte Rücklaufleitung die Sonnenkollektoren erreichende Fluid, die Kollektoren schnell wieder ab. Das heiße Fluid hingegen wird kaum den Warmwasserspeicher erreichen, sondern wird zum größten Teil nur in die Vorlaufleitung transportiert und kann dort abkühlen.

Die Solaranlage ruht nun so lange, bis in den Sonnenkollektoren wiederum 130 °C erreicht sind. Erst dann geht sie wieder für einen kurzen Moment in Betrieb, um die Temperatur der Sonnenkollektoren erneut auf ca. 110 °C abzufahren.

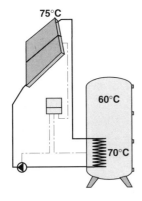

Der Warmwasserspeicher hat eine Temperatur von 60 °C erreicht. Die Solarsteuerung setzt die Umwälzpumpe außer Betrieb, sodaß keine Wärme mehr vom Sonnenkollektorfeld zum Nutzwasserspeicher transportiert wird.

Wichtige Details

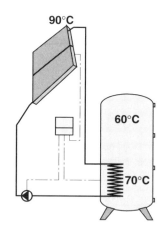

Dadurch steigt die Temperatur im Solarfeld an. Je höher jedoch die Temperatur im Sonnenkollektor desto schlechter wird der Wirkungsgrad. Die Temperaturerhöhung wird immer langsamer.

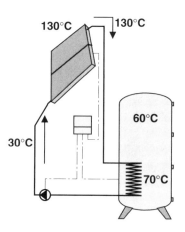

Erreicht das Kollektorfeld eine Temperatur von 130 °C, so schaltet die Solarsteuerung die Umwälzpumpe ein. Heiße Fluidflüssigkeit wird in die Vorlaufleitung gepumpt und 30 grädiges Fluid fließt vom Rücklauf in die Sonnenkollektoren nach.

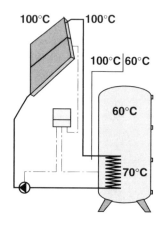

Ist das Solarfeld auf 100 °C abgekühlt, so wird die Umwälzpumpe wieder abgeschaltet. Die Solaranlage steht wieder so lange bis erneut 130 °C erreicht sind. Dann wiederholt sich der Vorgang. Die Speichertemperatur erhöht sich dabei nicht, da nur eine geringe Menge Fluid den Speicher erreicht.

Da bei so hohen Temperaturen der Wirkungsgrad der Sonnenkollektoren stark abfällt, benötigen die Sonnenkollektoren stets eine ganze Weile, bis sie sich von 100 auf 130 °C aufgeheizt haben. Die heiße Fluidflüssigkeit, die von den Sonnenkollektoren in die Vorlaufleitungen transportiert wurde, kühlt, aufgrund der sehr hohen Temperaturen, dort schnell ab. Wenn der nächste, kurze Zirkulationsschub beginnt, wird die im Rohr stehende Fluidflüssigkeit eine Temperatur erreicht haben, die nur noch wenig über 60 °C beträgt. Auf diese Art und Weise wird die Überhitzung der Kollektorfelder verhindert und gleichzeitig dem Speicher weder Wärme zugeführt noch entzogen. Die patentierte Solarsteuerung sorgt für ein Gleichgewicht im Gesamtsystem.

Verteilerleitungen, Steigleitungen

Tichelmann-Anschluß

Werden Sonnenkollektoren nicht richtig an die Verteilerleitungen angeschlossen, so werden die einzelnen Kollektoren mit unterschiedlich hoher Durchflußgeschwindigkeit und Menge durchströmt. Ungleichmäßig durchströmte Kollektoren führen zu einem erheblichen Leistungsabfall der Solaranlage, da ein Teil der Kollektoren die Wärme nicht abführt und/oder der andere Teil den Speicher auskühlt.

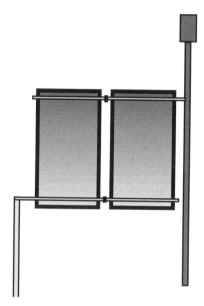

Deshalb sind die Kollektoren so an die Sammel- bzw. Verteilerleitung anzuschließen, daß sie mit gleichem Druckverlust durchströmt werden.

Hier empfielt sich das Tichelmann-System, bei dem der Kollektor mit dem kürzesten Anschluß an die Vorlaufleitung, den längsten Anschluß an die Rücklaufleitung hat und umgekehrt.

Verteilerleitungen/Steigleitungen

Verrohrung unregelmäßiger Kollektorflächen:

Einfache Verrohrung, jedoch hoher Druckverlust

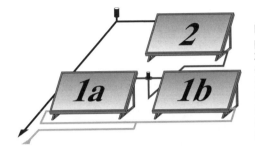

Die Kollektoren 1a und 1b werden parallel durchströmt, der Kollektor 2 jedoch dazu in Reihe. Die Hälfte des Fluidstromes zirkuliert durch Kollektor 1a, die andere Hälfte durch 1b und der gesamte Fluidstrom anschließend durch Kollektor 2. Hier entsteht auch der hohe Druckverlust.

Aufwendige Verrohrung, jedoch geringer Druckverlust

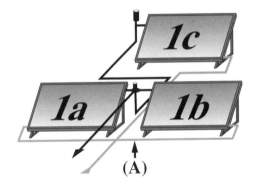

Alle Kollektoren sind parallel verrohrt.

Das Fluid durchströmt mit jeweils 1/3 des Fluidstromes parallel und mit gleichem Volumenstrom alle drei Kollektoren.

Gleicher Druckverlust in allen Kollektoren

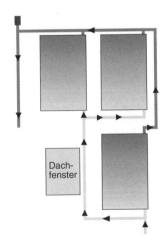

147

Verteilerleitungen/Steigleitungen

Rohre so dünn wie möglich

Verteilerleitungen und Steigleitungen sollten möglichst geringe Durchmesser aufweisen. Zu groß dimensionierte Verteiler- und Steigleitungen haben den Nachteil, daß der Rohrinhalt im Verhältnis zur Kollektorfläche ungünstig groß wird. Die Solaranlage wird träge und die Abkühlungsverluste der Rohre unnötig hoch. Besonders, wenn die Solaranlage ständig zirkuliert, wovon allerdings dringend abgeraten wird, stehen die Abkühlungsverluste im Rohrnetz in einem besonders ungünstigen Verhältnis zur Gesamtanlage.

Bei größeren Solaranlagen ist es deshalb ratsam, die Verteilerleitungen mit kleiner Rohrdimension zu beginnen, und allmählich die lichte Weite zu vergrößern. Im Rücklauf (kalte Leitung) natürlich in der umgekehrten Reihenfolge.

Das heißt, daß die Verteilerleitung mit einem Durchmesser von 12 mm beginnen sollte und bei Überschreitung der Fließgeschwindigkeit von 0,7 bis max. 1,0 m pro Sekunde auf, die nächst größere Rohrdimension, z. B. 15 mm, 18 mm und bei größeren Kollektorflächen weiter auf 22, 28, 35 m usw. ansteigt.

Im Kapitel "Berechnungs- und Auslegungsvorschläge" sind entsprechende Angaben zur Rohrdimensionierung genannt.

Zur Verdeutlichung wird nachfolgend an zwei Beispielen das Verhältnis der Oberfläche der Solar-Rohrleitungen in Vergleich gesetzt, zu der Oberfläche des Kollektorfeldes und von Warmwasserspeichern.

1. Eine Solaranlage für einen 4-Personen-Haushalt

    Kollektorfläche ca. 5 m^2 , Solarinhalt des Kollektorfeldes unter 4 Ltr.

    Richtig dimensioniert:

    Verteilerleitung 15 mm,

    Steigleitung 15 mm.

    Bei einer Rohrlänge von 35 m beträgt der Fluidinhalt der Rohre nur 4,66 Liter

    Die Rohroberfläche beträgt 1,65 m^2. Dies entspricht einem Warmwasser- speicher mit einem Inhalt 200 Litern.

    Zu groß dimensioniert:

    Die gleiche Solaranlage, jedoch "großzügiger dimensioniert" mit 22 mm starken Kupferrohren

    Füllinhalt der Rohre 11 Liter

    Oberfläche der Rohre 2,42 m^2 .

    Das entspricht einem Speicher mit einem Inhalt von 350 Ltr.

2. Großanlage

Kollektorfläche 100 m², Fluidinhalt des Kollektorfeldes unter 80 Ltr.

Rohrstrecke insgesamt 133 Meter

Gut dimensioniert:

Dimensionierung der Verteilerleitung von 12 auf 54 mm, Steigleitung 42 mm und 54 mm.

Rohrinhalt ca. 139 Liter

Rohroberfläche 11,47 m²

Zu groß dimensioniert:

Die gleiche Anlage, jedoch "großzügig dimensioniert", nämlich Verteilerleitung und Steigleitung mit einem 54 mm dicken Kupferrohr.

Rohrinhalt 271,72 Liters.

Oberfläche der Rohre 22 m²

Rohrinhalt und -oberfläche sind also ca. doppelt so hoch, als bei einer gut geplanten Rohrstrecke.

Zu dicke Rohrleitungen führen zu überhöhten Wärmeverlusten.

Isolierung für einen Warmwasser-Speicher mit 2,42m² Oberfläche

Isolierung für eine Rohrleitung mit 2,42m² Oberfläche

Bei gleicher Oberfläche weisen Rohrleitungen eine dünnere Isolierung auf, als ein gut wärmegedämmter Solarspeicher

Wenn man bedenkt, daß gute Solar-Speicher heute mit einer Wärmedämmung bis 100 mm ausgestattet sind, während die Rohrleitungen nur ein Bruchteil dieser Isolierstärke besitzen, wird deutlich, welche Bedeutung der Energieverlust im Rohrnetz, bei zu großer Dimensionierung auf den Energieertrag der Solaranlage hat.

Mit anderen Worten,

bei gleich großer Oberfläche von Rohrnetz und Warmwasserspeicher kühlt die im Rohrnetz befindliche Flüssigkeit wesentlich schneller ab als der Warmwasserspeicher.

Je größer nun die Rohrdimensionierung ist, umso größer sind auch die Abkühlungsverluste.

Verteilerleitungen/Steigleitungen

1. Eine größere Rohroberfläche führt zu höheren Abstrahlungsverlusten
2. Durch größeren Rohrinhalt kühlt auch mehr Flüssigkeit ab.

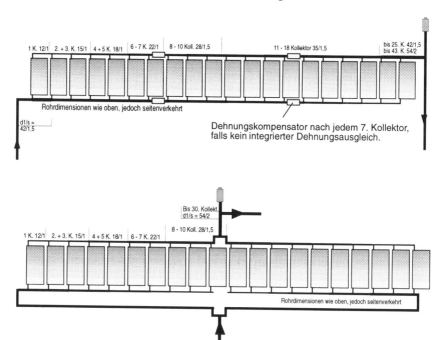

Verrohrung der Verteilerleitungen von Großanlagen mit dem Ziel, möglichst geringe Rohrquerschnitte zu erreichen.

Bei Großanlagen besteht die Gefahr, daß der Inhalt der Verteilerrohre zu hoch ist. Dies hat einen sehr negativen Einfluß auf die Leistung der Solaranlage. Die Solaranlage wird zu träge und der Energieaufwand zum Ausgleich der Wärmeverluste im Rohr ist sehr hoch.

Die Steigleitungen können jeweils zur Seite des Kollektorfeldes geführt werden, oder in der Mitte des Kollektorfeldes. Welche Ausführung gewählt wird, hängt von der weiteren Rohrführung zur Wärmeabnahmestelle ab.

Natürlich entstehen durch Verteilerleitungen mit unterschiedlichen Durchmessern, höhere Montagekosten. Diese werden aber durch die Einsparung der Fluid und die niedrigeren Materialkosten der dünneren Rohre, mehr als ausgeglichen.

Verteilerleitungen/Steigleitungen

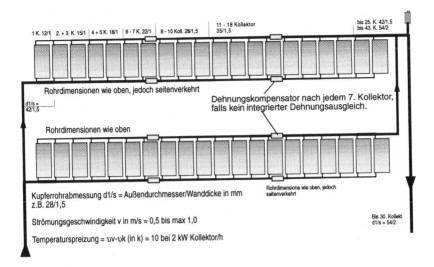

Außenliegende Verteilerleitungen mit geringstmöglichen Fluidinhalt bei mehreren Kollektorreihen. Bei diesen Verteilerleitungen beträgt der Füllinhalt 62 Liter.

Würden die Verteilerleitungen wie herkömmlich mit gleich dicken Rohren ausgeführt sein, so ergebe sich ein Volumen von 127 Litern, also mehr als doppelt soviel.

Das bedeutet deutlich höhere Abkühlverluste, die Anlage wäre träger und auch teurer.

Verteilerleitungen, innerhalb oder außerhalb der Kollektoren?

Die Verteilerleitung innerhalb der Kollektoren wird meist bei Kollektortypen mit harfenartiger Rohrführung eingesetzt. Dort geht es nicht anders, da die separaten, senkrechten Rohre eines Absorbers, unten und oben an der waagrechten Verteilerleitung angelötet werden müssen. Wird nun dieses Sammelrohr links und rechts aus dem Kollktor geführt, so hat man bereits automatisch die Verteilerleitung, die dann nur mit dem nächsten Kollektor verbunden werden muß.

Bei der serpentinenförmigen (Meander) Rohrführung, wird ein Sammelrohr im Kollektor nicht benötigt. Rohranfang und -ende können direkt nach außen geführt werden.

Trotzdem verlegen einige Kollektorhersteller die Verteilerleitung auch hier auf die Innenseite des Kollektors.

Dies ist kostengünstiger als außenliegende Verteilerleitungen, da die Rohrisolierung usw. entfällt.

Die Nachteile innerhalb der Kollektoren liegender Verteilerleitungen sind jedoch nicht zu übersehen:

Verteilerleitungen/Steigleitungen

1. So ist die Wärmedehnung der Verteilerleitung, besonders bei großen Kollektorfeldern, ein ernstes Problem. Bei einem Kollektorfeld von nur 20 m Breite, beträgt die Wärmedehnung der innenliegenden Verteilerleitung bis zu 65 mm. Das heißt, das ganze Kollektorfeld würde sich, je nach solarer Einstrahlung und Kolletortemperatur, um bis zu 65 mm bewegen. Da innenliegende Verteilerleitungen sehr starr sind, müßte nach jedem Kollektor ein Dehnungskompensator eingebaut werden, wenn man vermeiden will, daß das Kollektorfeld "schwimmt".

Bei außenliegenden Verteilerleitungen hingegen fangen die Rohrstutzen der Kollektorabgänge und der Anschlüsse für die Verteilerleitung eine gewisse Wärmedehnung der Verteilerleitung auf. Außerdem werden außenliegende Verteilerleitungen bei Stillstand der Solaranlage nicht mit so extrem hohen Temperaturen belastet, wie innenliegende Verteilerleitungen. Kollektorfelder mit außenliegenden Verteilerleitungen benötigen deshalb bis zu einer Breite von 10 m, keine Dehnungskompensatoren.

2. Bei nur wenigen Kollektoren sind die innenliegenden Verteilerleitungen mit der Unterseite des Absorbers wärmeleitend verbunden. Sie liegen, nicht selektiv beschichtet und ohne Isolierung, dicht unterhalb des Glases. Deshalb treten beachtliche Wärmeverluste auf, die von der Glasabdeckung des Kollektors nur mangelhaft reduziert werden können.

3. Der Durchmesser einer innenliegenden Verteilerleitung stimmt nur selten. Verteilerleitungen sollen so dünn wie möglich sein und einen geringen Fluidinhalt aufweisen, damit die Solaranlage flexibel auf wechselhafte Bewölkung reagieren kann. Andererseits muß der Rohrdurchmesser groß genug sein, damit die Fließgeschwindigkeit des Fluids und der Druckverlust nicht zu hoch werden.

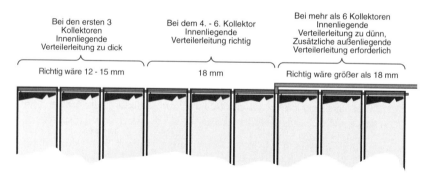

Die Durchmesser innen liegender Verteilerleitungen sind in den meisten Fällen nicht optimal

So sollte die Verteilerleitung bis zu 7m² Kollektorfläche etwa 10 mm betragen. Erst ab 12 m² Kollektorfläche wird ein Durchmesser der Verteilerleitung von 12 mm benötigt und ab 30 m² Kollektorfläche muß die Verteilerleitung auf 18 mm vergrößert werden.

Die innerhalb der Kollektoren liegenden Verteilerleitungen, die alle den gleichen Durch messer aufweisen, sind in den meisten Fällen zu dick, bei größeren Solarfeldern aber oft zu dünn.

Dennoch setzen sich die innenliegenden Verteilerleitungen gegenüber den außenliegenden Verteilerleitungen durch einige beachtliche Vorteile durch:

1. Die Montage ist wesentlich einfacher und schneller.
2. Innenliegende Verteilerleitungensind auf dem Dach nicht sichtbar.
3. Die problematische Isolierung außenliegender Verteilerleitungen entfällt.

Isolierung der außenliegenden Verteilerleitung bzw. außenliegender Steigleitungen

Eine gute temperatur- und witterungsbeständige Isolierung ist natürlich sehr wichtig.

Dies ist allerdings nicht so einfach.

Als Isoliermaterial mit einer Temperaturbeständigkeit bis ca. 200 °C kommt für diesen Anwendungsfall eigentlich nur Mineralfaserwolle in Frage.

Diese nimmt aber Feuchtigkeit sehr stark auf, so daß die Wärmedämmung stark gemindert wird. Bei Rohren, die der Witterung ausgesetzt sind, wie dies oft bei Solaranlagen der Fall ist, sind Rohrisolierungen aus Mineralfaser deshalb nur dann einzusetzen, wenn diese sorgfältig ummantelt werden.

Eine weitere Möglichkeit bietet eine zweifache Isolierung. Direkt auf dem Rohr eine temperaturbeständige Isolierung und darüber eine gut wärmedämmende, geschlossenzellige Schaumisolierung, die allerdings auch UV-beständig sein muß.

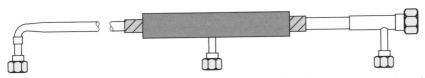

Verteilerleitung für drei Kollektoren mit wachsendem Rohrdurchmesser und zweifacher Isolierung (Ausschnitt).

Verteilerleitungen/Steigleitungen

Permanent oder taktbetriebene Solaranlage

Bei einer permanenten Umwälzung des Solarkreislaufes, wie er in Kapitel Solarsteuerung als besonders nachteilig beschrieben ist, sind die Abstrahlungsverluste deutlich höher als bei einem Takt-Betrieb.

Die Solaranlage muß, wie oben erwähnt, einen hohen Teil ihres Energiegewinnes alleine ins Rohrnetz "buttern", um das Rohrnetz auf Temperatur zu halten. Hier machen sich auch die hohen Abstrahlungsverluste der nicht isolierten Armaturen, Umwälzpumpen, Ventile, Thermometer usw. besonders negativ bemerkbar.

Bei einem Taktbetrieb des Solarkreislaufes hingegen (Flüssigkeit im Rohrnetz steht, wenn Solaranlage keine Energie zur Wärmeabnahmestelle liefert), ist der Wärmeverlust im Rohrnetz erheblich geringer. Die im Rohrnetz befindlichen Durchschnittstemperaturen sind ja deutlich niedriger.

Hinzu kommt, daß die Sonnenkollektoren bei einer Solaranlage mit einer Takt-Zirkulation wesentlich flexibler sind. Sie erreichen schneller hohe Temperaturen und können diese dann zur Wärmeabnahmestelle liefern.

Bei sorgfältig gewählter Rohrdimension ist der Flüssigkeitsinhalt der Rohrleitung so niedrig, daß auf jeden Fall Energie zur Wärmeabnehmestelle transportiert wird. Selbst wenn die Sonne nur für 10 Minuten mit höherer Energie einstrahlt, wird die taktbetriebene Solaranlage schneller Energie gewinnen können, als die permanent betriebene Solaranlage. Die Sonnenkollektoren heizen sich bei der taktbetriebenen Solaranlage nicht nur schneller auf, sie haben vor allen Dingen bereits eine höhere Ausgangstemperatur zu Beginn einer verstärkten Sonneneinstrahlung.

Die gewonnene Energie aufgrund der zuvor erfolgten, geringeren Einstrahlung wird beim Permanentbetrieb nämlich an den sich ständig abkühlenden Fluidkreislauf verloren gehen. Beim Taktbetrieb hingegen entstehen diese Verluste nicht.

Befüllen von Solaranlagen

Das Befüllen von Solaranlagen mit der Wärmeträgerflüssigkeit (Fluid) ist meist schwieriger als es zunächst den Eindruck erweckt.

So sollte das Befüllen einer Solaranlage nur dann erfolgen, wenn entweder die Sonnenkollektoren gegen Sonneneinstrahlung geschützt (abgedeckt) sind, oder aber die Sonneneinstrahlung nur gering ist.

Wird die Solaranlage bei hoher solarer Einstrahlung befüllt, so ist es sehr wahrscheinlich, daß der Kollektor-Absorber eine Temperatur oberhalb des Siedepunktes erreicht und das Fluid-Flüssigkeit, so wie sie in die Absorberkanäle gepumpt wird, verdampft.

Spülen vor der Erstbefüllung

Zunächst einmal muß jedoch, bevor man das Fluid in den Rohr-Kreislauf pumpt, die Anlage sorgfältig mit Wasser ausgespült werden.

Schmutzpartikel und Bearbeitungsspäne müssen restlos aus dem Solarkreislauf entfernt sein.

Schmutzpartikel im Fluid erhöhen den Abrieb an der Kupferwandung, denn sie wirken übertrieben ausgedrückt - wie Schmirgelpapier. Besonders an Bögen und Winkeln werden die in der Regel schwereren Schmutzpartikel zur äußeren Rohr-innenseite gedrückt und erzeugen dort Abrieb, der im ungünstigsten Fall zur Leckage an dieser Stelle des Rohres führen kann.

Bei der Mischbauweise, also der Verwendung verschiedener Materialien im Solar-Kreislauf, ist das Entfernen der Rückstände von Bearbeitungsspänen auch wichtig, um Lochfraß-Korrosion zu vermeiden. Eine intakte Fluid verhindert zwar eine Korrosion dieser Art, dennoch sollte das Risiko von kathodisch wirkenden Rückständen im Solar-Kreislauf nicht hingenommen werden.

Deshalb muß eine Solaranlage vor Befüllung mit dem Wärmeträger-Fluid sorgfältig mit Wasser ausgespült werden. Dies setzt natürlich voraus, daß ein zusätzlicher Entleerungshahn (mit Absperrschieber) installiert ist.

Gleichzeitig mit dem Spülen der Anlage ist eine Druckprüfung vorzunehmen. Ist die Anlage mit 6 bar abgesichert, so ist die Druckprüfung auch mit 6 bar vorzunehmen. Die Befüllpumpe muß deshalb eine Befüllung bis 6 bar ermöglichen. Achten Sie jedoch darauf, daß aufgrund von Sonneneinstrahlung der Anlagendruck nicht weiter ansteigt.

Beim Entleeren ist besonders darauf zu achten, daß das Spülwasser vollständig ausläuft, und daß Rückschlagventile den vollständigen Auslauf des Wassers nicht verhindern. Entweder müssen die Rückschlagventile geöffnet werden, oder aber ein KFE-Hahn vor dem Rückschlagventil installiert sein.

Bei nicht vollständiger Entleerung der Anlage, wird nach dem anschließenden, unvollständigen Befüllen der Solaranlage mit Fluid, der Frostschutz, aber auch der Korrosionsschutz nicht ausreichen.

Weiter ist beim Entleeren darauf zu achten, daß das Entlüftungshähnchen an der höchsten Stelle der Solaranlage geöffnet wird, denn die Anlage kann sich nur dann zuverlässig entleeren, wenn man einen evtl. entstehenden Unterdruck durch Nachströmen von Luft verhindert. Jeder der eine Wasserleitung, z. B. im Winter entleert, weiß, daß das Wasser nur dann vollständig ausfließt, wenn auf beiden Seiten der Wasserleitung sowohl der Zapfhahn als auch der Entleerungshahn geöffnet wird.

Beim Befüllen richtig entlüften.

Das Befüllen der Rohrleitung selbst sollte so erfolgen, daß die Solaranlage von unten nach oben gleichzeitig über beide Steigleitungen gefüllt wird. Dazu ist es erforderlich, daß man das Rückschlagventil in der Vorlaufleitung öffnet oder eine Entlüftung besitzt, damit die Luft im Wärmetauscher entweichen kann. Aber auch die Luft in den Steigleitungen, Armaturen, Verteilerleitungen und den Sonnenkollektoren muß vollständig entweichen.

Verteilerleitungen/Steigleitungen

Entleeren des Spülwassers

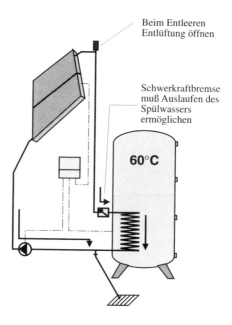

Dies ist recht einfach, wenn an der höchsten Stelle der Vorlaufleitung ein Entlüftungsstopf sitzt. Falls die Rücklaufleitung (kalte Leitung) nicht kontinuierlich steigend zum Kollektor verlegt ist, muß auch hier an der höchsten Stelle ein Entlüftungstopf angebracht werden.

Sind also diese Entlüftungstöpfe an der richtigen Stelle angebracht, so kann die Luft problemlos über die, während des Befüllens, geöffneten Lüftungstöpfe entweichen. Ist die Anlage befüllt, so werden die Lüftungstöpfe geschlossen und anschließend mittels der Auffüll-Druck-Pumpe weiter Fluid in die Anlage gepumpt, bis das Manometer einen Druck von ca. 1 bar über statischer Höhe anzeigt.

Wenn dann die Anlage nach einer dreimonatigen Betriebszeit nochmals entlüftet wird und ein Nachbefüllen auf mindestens 1 bar über statischer Höhe erfolgt, kann davon ausgegangen werden, daß die Solaranlage, sofern der Lüftungstopf groß genug gewählt wurde, für mehrere Jahre problemlos arbeitet.

Weit schwieriger ist das Befüllen der Solaranlage, wenn die Entlüftung nicht über einen Entlüftungstopf, sondern über eine Entlüftungsleitung vorgesehen ist.

Hier stellt das Entlüften stets ein größeres Problem dar.

Beachten Sie hierzu das Kapitel "Entlüftungsleitung".

Beim Nachfüllen der Solaranlage muß darauf geachtet werden, daß hierbei keine Luft in die Solaranlage gelangen kann. Dies kann z. B. geschehen, wenn die Luft aus dem Füllschlauch zwischen dem Einfüllhahn der Rohrleitung und der Befüll-Pumpe in die

Solaranlage gelangt. Es empfiehlt sich deshalb eine stationäre Befüll-Pumpe, die über einen stationären, sich nicht entleerenden Schlauch ständig mit der Solaranlage verbunden ist. Muß die Solaranlage nachgefüllt werden, so wird lediglich der Füllhahn geöffnet und das Fluid kann, ohne daß zuvor Luft in die Anlage eindringt, nachgefüllt werden. Diese Pumpen sind nicht sehr teuer, ermöglichen es aber dem Besitzer der Solaranlage, wenn der Anlagendruck unter einen Mindestdruck abgefallen ist, problemlos Fluid nachzufüllen.

Das Fluid hat neben dem Wärmetransport von der Solaranlage zu den Wärmeabnahmestellen zwei wichtige Aufgaben zu erfüllen:

1. Sie schützt die Solaranlage bis zu einer Temperatur von minus 30 °C vor der Eisbildung.
2. Sie schützt vor Korrosion.

Dies ist ein wichtiger Punkt, denn Solaranlagen sind häufig aus verschiedenen Materialien, wie Kupfer, Stahl, Messing, Guß etc. installiert. Die unterschiedlichen Potentiale dieser Materialien könnten ohne Korrosionsschutz zu elektrochemischer Korrosion führen.

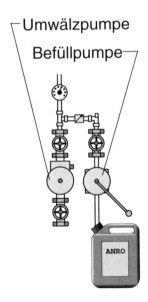

Fest an den Solarkreis angeschlossene Auffüllpumpe verhindet, daß Luft beim Nachfüllen in die Anlage eindringt.

Unter ungünstigen Umständen jedoch kann sich der Korrosionsschutzanteil des Fluids abbauen. Dies ist besonders dann gegeben, wenn die Solaranlage häufig nicht in Betrieb ist und die Wärme der Sonnenkollektoren nicht abgeführt wird. Bei Temperaturen ab 130 °C beginnt das Fluid seine korrosionsschützenden Eigenschaften zu verlieren.

Da der Glykolanteil im Fluid die Bildung einer Deckschicht bzw. Schutzschicht auf der Innenseite der Rohre verhindert, ist besonders bei Alurohren aber auch bei Kupferrohren eine Korrosionsgefahr gegeben.

Aus diesem Grund ist es erforderlich, daß etwa alle zwei Jahren ca. 0,25 Liter der Flüssigkeit aus der Anlage entnommen und zur Analyse zum Hersteller der Solaranlage eingesandt werden.

Neue Erkentnisse zum Fluidkreislauf

Strömungsrichtung von oben nach unten

Die Durchflußrichtung des Fluids durch den Solarabsorber ist im allgemeinen von unten nach oben.

Dies ist bei Thermo-Siphon-Anlagen (Schwerkraft) nicht anders möglich.

Bei Solaranlagen mit Pumpenumwälzung des Fluids wurde diese Durchflußrichtung des Fluid von den Thermo-Siphon-Anlagen (Schwerkraft) übernommen. Auch die Annahme, daß das warme Fluid nach oben steigt, man also tunlichst nicht gegen, sondern mit dem natürlichen thermischen Auftrieb den Fluidkreislauf betreiben solle hat zu dieser allgemein üblichen Technik geführt.

Deshalb mag auf den ersten Blick der Eindruck entstehen, die Umwälzpumpe müsse bei Durchfluß von oben nach unten den natürlichen thermischen Auftrieb der Solaranlage zusätzlich überwinden.

Dies ist jedoch nicht gegeben. Die Umwälzpumpe muß in beiden Fällen gleichermaßen den thermischen Auftrieb der im Kollektor erwärmten Fluidflüssigkeit überwinden. Denn es ist völlig gleichgültig, ob die Umwälzpumpe die heiße Fluidflüssigkeit vom höchsten Punkt der Solaranlagen über die heiße Vorlaufleitung nach unten zum Speicher transportiert, oder aber durch das Solarfeld und die anschließende, kürzere Vorlaufleitung, zum Speicher.

Auch innerhalb des Kollektors selbst, ist im Stillstand eine Schwerkraftzirkulation oder deutliche Erwärmung des oberen Kollektorteils nicht gegeben.

Die dünnen Kanäle des Solarabsorbers bei Sonnenkollektoren für mitteleuropäische Breiten, verhindern eine Schwerkraftzirkulation innerhalb des Solarabsorbers weitgehendst. Lediglich der thermische Auftrieb der Luft zwischen Absorber und Glasabdeckung des Kollektors, würde eine geringfügige Temperaturerhöhung im oberen Teil des Solarkollektors nach sich ziehen. Da sich ein thermischer Auftrieb nur bei flüssigen und gasförmigen Medien vollziehen kann, beeinflussen andere Bauteile des Sonnenkollektors, wie das Metall des Absorbers, die Temperaturbildung im Kollektor nicht.

Bauliche Voraussetzungen

Es gibt also, bis auf die geringfügige Temperaturanhebung im oberen Teil des Absorbers durch die Luft, keinen zwingenden Grund, Solaranlagen mit Pumpenumwälzung so zu betreiben, daß das Fluid von unten nach oben durch den Kollektor zirkuliert.

Es gibt jedoch eine Reihe handfester Gründe, weshalb es besser ist, eine Solaranlage in umgekehrter Richtung zu betreiben, d. h. das Fluid tritt oben in den Kollektor ein und durchfließt den Absorber von oben nach unten.

Besonders vier Vorteile sind hervorzuheben:

1. Die Wärmeverluste des Kollektors werden reduziert.

2. Die Wärmeverluste im Rohrnetz sind geringer.

3. Keine nächtliche Auskühlung des Warmwasserspeichers

4. Keine Verschleppung der Kollektorwärme in die Vorlauf-Sammelleitung

1. Die Wärmeverluste des Kollektors werden reduziert

Fließt das Fluid im herkömmlichen Verfahren von unten nach oben durch den Solarabsorber, so entsteht eine Temperaturdifferenz zwischen dem unteren und dem oberen Kollektorteil. Diese Temperaturdifferenz beträgt durchschnittlich ca. 10K.

Sie bewirkt eine Beschleunigung der Luftzirkulation im Zwischenraum zwischen Absorber und Glas.

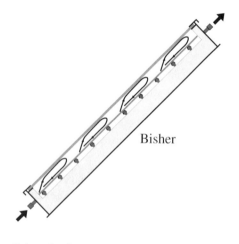

Bisher

Da die, aufgrund der Schwerkraft von unten nach oben zirkulierende Luft, durch den nach oben ständig heißer werdenden Absorber, fortlaufend neue Auftriebsenergie erhält, ist sowohl ihre Geschwindigkeit als auch die Strecke, die sie am Glas auf dem Weg nach oben zurücklegt, groß. Eine höhere Luftgeschwindigkeit bedeutet jedoch gleichzeitig einen deutlich höheren Wärmeübergang von der Luft zum Glas, von wo aus die Wärme dann an die Umgebung verloren geht.

Bauliche Voraussetzungen

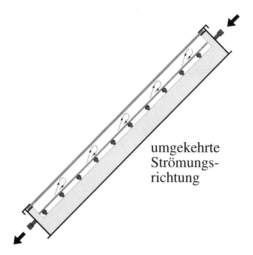

umgekehrte Strömungsrichtung

Wird der Solarabsorber hingegen von oben nach unten durchströmt, wird sich die Temperaturdifferenz im Sonnekollektor in umgekehrter Richtung aufbauen, nämlich oben die niedrigeren und unten die höheren Temperaturen.

Zwar wird auch hier eine Luftzirkulation entstehen, jedoch in geringerem Umfang. Der thermische Auftrieb der Luft erhält auf dem Weg nach oben keine neue Energie zugeführt, weil die Temperatur nach oben hin abnimmt. Die Luft wird deshalb sehr viel langsamer an der Abdeckscheibe entlangströmen, so daß die Wärmeverluste des Sonnenkollektors aufgrund der Luftzirkulation erheblich geringer sind.

2. Geringere Wärmeverluste im Rohrnetz

Bei einer durchschnittlichen Temperaturdifferenz von 10K im Sonnenkollektor wird zwangsläufig die heiße Vorlaufleitung auch etwa 10K wärmer sein, als die Rücklaufleitung zum Kollektor. Die dadurch höheren Wärmeverluste werden jedoch dann etwas reduziert, wenn die heiße Vorlaufleitung von der Kollektorunterseite zum Warmwasserspeicher führt, also einen kürzeren Weg aufweist. Natürlich muß dann, wo immer dies bautechnisch möglich ist, vermieden werden, die Vorlaufleitung erst nach oben zum Dachraum zu führen, da sich dann sogar eine Verlängerung der Vorlaufleitung ergibt.

Eine weitere Reduzierung des Wärmeverlustes wird außerdem noch dadurch erreicht, daß der Lüftungstopf sowie das Sicherheitsventil an der "kalten" Rücklaufleitung und nicht an der "heißen" Vorlaufleitung angebracht sind.

Bauliche Voraussetzungen

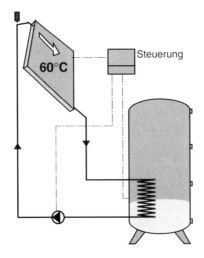

Solaranlage mit Strömungsrichtung von oben nach unten.

3. Keine nächtliche Auskühlung des Warmwasserspeichers

Nachts oder bei kühler Witterung, verbunden mit starker Bewölkung sind die Sonnenkollektoren auf dem Dach häufig kälter als der untere, zumindest teilweise aufgeheizte Bereich des Warmwasserspeichers. Ist im Rohrnetz keine Schwerkraftbremse eingebaut, so wird bei der bisherigen Fließrichtung eine Schwerkraftzirkulation entstehen. Die wärmere Fluidflüssigkeit wird in der Vorlaufleitung nach oben strömen, "auf der anderen Seite" im Sonnenkollektor abkühlen und über den Rücklauf, also in umgekehrter Richtung wieder zum Speicher zurückströmen. In der Praxis werden leider viele Solaranlagen ohne Schwerkraftbremse montiert, oder diese schließen nach mehreren Jahren der Betriebszeit nicht mehr dicht, ohne daß dies der Besitzer, der in der Regel ein Nichtfachmann ist, feststellt. Deshalb entstehen hier unbemerkt, teilweise beachtliche Energieverluste.

Bei der Strömungsrichtung von oben nach unten kann diese Schwerkraftzirkulation, selbst ohne Schwerkraftbremse, dagegen nicht entstehen. Die thermischen Auftriebskräfte des wärmeren Fluids aus dem Wärmetauscher im Speicher, reichen nicht aus, das kühlere Fluid im Kollektor nach oben zu schieben. Deshalb kann eine Schwerkraftzirkulation hier nicht entstehen.

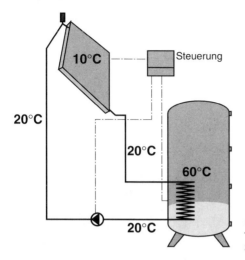

Keine Gefahr der Schwerkraftzirkulation und Auskühlung des unteren Speicherbereichs.

4. Keine Verschleppung der Kollektorwärme in die Vorlauf-Sammelleitung

Zuvor wurde erwähnt, daß sich aufgrund der dünnen Absorberkanäle keine Schwerkraftzirkulation innerhalb des Absorbers bilden wird.

Im Gesamtsystem einer Solaranlage kann jedoch eine Schwerkraftzirkulation bei dem bisherigen Verfahren eintreten, und zwar bei Stillstand der Solaranlage aufgrund nicht ausreichend hoher Temperaturdifferenz zwischen Sonnenkollektor und Warmwasserspeicher.

Nehmen wir an, die Temperatur im unteren Bereich des Warmwasserspeichers beträgt 40 °C, die im Sonnenkollektor 48 °C und die Temperaturdifferenz zwischen Speicher und Sonnenkollektor, bei der die Solaranlage anlaufen soll, ist auf 10K eingestellt.

Dann tritt folgende Situation ein:

Aufgrund der Schwerkraft wird das um 8K wärmere Fluid das Bestreben haben, im Absorber nach oben zu zirkulieren und von dort in die Vorlaufleitung. Dort wird sie aufgrund der geringen Strömungsgeschwindigkeit bald wieder abkühlen und dadurch dem aus dem Kollektor nachfließenden, heißeren Fluid Platz machen.

Nur eine Schwerkraftbremse mit Feder (Rückschlagventil), kann bei herkömmlichen Solaranlagen diese Situation verhindern, kostet aber zusätzliche Energie in Form von Strom für eine stärkere Umwälzpumpe.

Bei dem hier vorgeschlagenen Verfahren der Fluidzirkulation von oben nach unten, tritt natürlich die gleiche Situation ein. Da jedoch der Kreislauf in umgekehrter Richtung zirkuliert, wird das Schließen der Schwerkraftbremse und damit das Unterbinden der Schwerkraftzirkulation zusätzlich gefördert.

Jeder einzelne, der hier beschriebenen Vorteile, führt zu einer kleinen Verbesserung der Leistungsfähigkeit einer Solaranlage. Zusammengenommen wird die Fließrichtung von oben nach unten, den Wirkungsgrad einer Solaranlage um ca. 5 % verbessern.

Da diesen Vorteilen keine Nachteile und keine Mehrkosten gegenüber stehen, sollte die Fließrichtung von oben nach unten, breite Anwendung finden.

Berechnung der Größe von Solaranlagen

Einfluß des Neigungswinkels auf den Wirkungsgrad

Der Wirkungsgrad einer Solaranlage ist neben der solaren Einstrahlung, der Temperaturdifferenz zwischen Sonnenkollektor und Umgebung und der Windgeschwindigkeit in starkem Maße auch davon abhängig, in welchem Winkel der Sonnenkollektor zur Sonne steht.

Strahlt die Sonne senkrecht auf den Sonnenkollektor mit einer Intensität von 1000 Watt/m^2, so treffen diese 1000 Watt voll auf den Kollektor auf. Je mehr jedoch die Kollektorneigung von der senkrechten Solareinstrahlung abweicht, um so mehr reduziert sich die vom Kollektor aufgenommene Solarstrahlung.

Weicht der Sonnenkollektor z. B. 45 Grad von der direkten Solarstrahlung ab, so treffen nur noch 70 % der Sonnenstrahlen den Kollektor. Die restlichen 30 % gehen am Kollektor "vorbei".

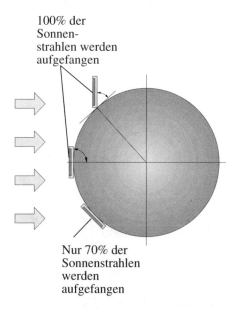

Berechnung der Größe von Solaranlagen

Bei einer Solarstrahlung von 1000 Watt je m²/h erreichen also nur noch 700 Watt m²/h den Kollektor. Die Intensität der Sonnenstrahlung wird also um 30 % reduziert.

Der Wirkungsgrad eines Sonnenkollektors reduziert sich hierbei jedoch um ca. 40 % also deutlich höher als die verringerte Solareinstrahlung von 30 % ausmacht.

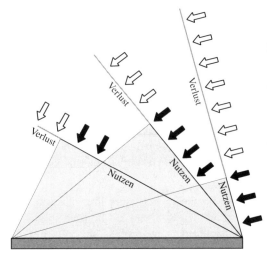

Je größer die Winkelabweichung des Kollektorfeldes zur direkten Einstrahlung von 90°, desto mehr "verdünnt" sich die solare Strahlung auf das Kollektorfeld, umso geringer wird der Energiegewinn.

Auswirkung der Winkelabweichung des Solarfeldes zum Sonnenstand

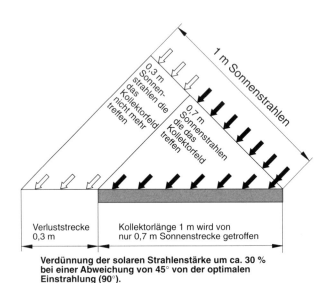

Verdünnung der solaren Strahlenstärke um ca. 30 % bei einer Abweichung von 45° von der optimalen Einstrahlung (90°).

Wie wir nämlich aus dem Wirkungsgraddiagramm entnehmen können, reduziert sich der Wirkungsgrad überproportional zur reduzierten Solareinstrahlung, und zwar je mehr, um so höher die Temperaturdifferenz zwischen Sonnenkollektor und Umgebungstemperatur ist.

Aus diesem Grund empfielt es sich dringend, den Sonnenkollektor möglichst gut zur Sonne auszurichten.

Das ist jedoch nur selten möglich.

Der Einstrahlwinkel verändert sich nämlich im Tagesablauf zweimal um 90 Grad und im Jahresablauf zwischen dem Tiefststand am 21. Dezember und dem Höchststand am 21. Juni, um 47 Grad. Die Ausrichtung des Sonnenkollektors zur Sonne hin ist deshalb problematisch.

Drehgestelle, mit denen die Sonnenkollektoren dem sich ändernden Sonnenstand folgen, bringen den höchsten Effekt. Sie haben jedoch so große Nachteile, daß sie in der Praxis kaum anzutreffen sind.

Sie sind nicht nur relativ aufwendig und teuer, sondern sie bergen auch die Gefahr häufiger Defekte und Probleme. Darüberhinaus kann man an sich vom architektonischen Standpunkt aus auch kaum solche Konstruktionen auf den mitteleuropäischen Satteldächern vorstellen.

Bei Flachdächern oder auf ebenem Boden wären Drehgestelle, die dem Tagesablauf des Sonnenstandes folgen, eher denkbar und sind in der Praxis anzutreffen.

Anzustreben ist jedoch die jahreszeitliche Ausrichtung des Sonnenkollektors zur Sonne hin, von der gewünschten Nutzungszeit abhängig zu machen.

Dies ist bei einem Flachdach am unproblematischsten. Die Sonnenkollektoren können notfalls "über Eck" nach Süden ausgerichtet und auch der Neigungswinkel kann der Anwendungszeit entsprechend gewählt werden.

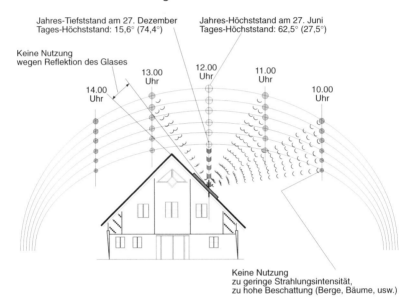

Bei Satteldächern (Schrägdächern) ist hingegen der Spielraum eng begrenzt. Dachneigung und Himmelsrichtung des Daches bestimmen die Ausrichtung des Sonnenkollektors zur Sonne hin.

Aus architektonischen Gründen läßt sich der Neigungswinkel nur um wenige Grad durch Anhebung der Kollektoroberseite verbessern.

Bei einem Ost- oder Westdach sind einer besseren Ausrichtung nach Süden durch Anhebung einer Kollektorseite, noch engere Grenzen gesetzt.

Findet man keinen optimalen Standort für die Solaranlage, z. B., einen schattenfreien Platz im Garten, so muß ein mehr an Kollektorfläche die weniger günstige Ausrichtung zur Sonne ausgleichen.

Der Winkel des Sonnenkollektors zur Sonne ist aber nicht nur ausschlaggebend für die maximale Nutzung der Sonnenenergie, sondern kann auch dazu beitragen, ein Überangebot der Sonne auszugleichen.

So könnte man z. B. die Sonnenkollektoren für ein Hallenbad, das im Hochsommer (Juni bis August) nicht genutzt wird, auf eine Neigung von ca. 70 Grad ausrichten. Da die in den drei Sommermonaten einstrahlende Sonnenenergie durch diesen steilen Winkel nur zu einem geringen Teil genutzt wird, kann eine Überhitzung vermieden werden, während im Herbst, Winter und Frühjahr eine optimale solare Einstrahlung gegeben ist.

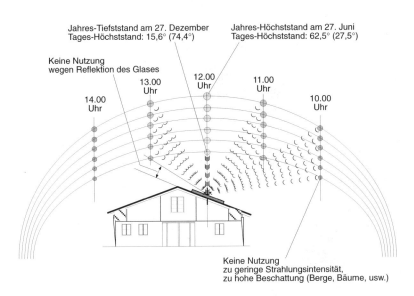

Dachrichtung : Osten

Jahres-Tiefststand am 27. Dezember
Tages-Höchststand: 15,6° (74,4°)

Jahres-Höchststand am 27. Juni
Tages-Höchststand: 62,5° (27,5°)

Keine Nutzung wegen Reflektion des Glases

14.00 Uhr, 13.00 Uhr, 12.00 Uhr, 11.00 Uhr, 10.00 Uhr

Keine Nutzung
zu geringe Strahlungsintensität,
zu hohe Beschattung (Berge, Bäume, usw.)

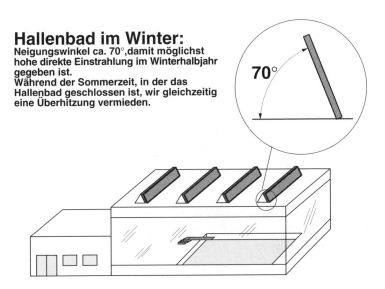

Hallenbad im Winter:
Neigungswinkel ca. 70°, damit möglichst hohe direkte Einstrahlung im Winterhalbjahr gegeben ist.
Während der Sommerzeit, in der das Hallenbad geschlossen ist, wir gleichzeitig eine Überhitzung vermieden.

Bei einem Freibad, das nur von Mitte Mai bis Mitte September genutzt wird, muß dagegen der Neigungswinkel wesentlich niedriger, z. B. nur 30 Grad sein. Hier erzielt der für die sommerliche Nutzungszeit günstige Neigungswinkel einen höheren Energiegewinn. Gleichzeitig verhindert er eine Belastung des Kollektorfeldes durch hohe Temperaturen in der nutzungsfreien Zeit, in der ja die auf die Kollektoren auftretende Solarenergie nicht verbraucht wird.

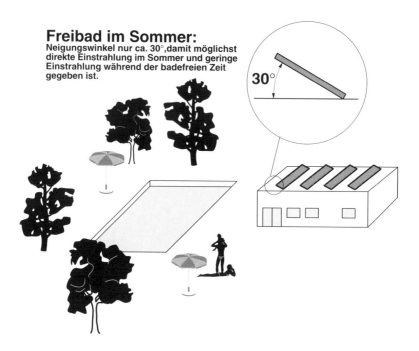

Freibad im Sommer:
Neigungswinkel nur ca. 30°, damit möglichst direkte Einstrahlung im Sommer und geringe Einstrahlung während der badefreien Zeit gegeben ist.

Optimaler Neigungswinkel, abhängig von der Nutzungszeit.

Bei der Ermittlung des optimalen Neigungswinkels der Kollektoren darf man jedoch keinesfalls ausschließlich den Tageshöchststand der Sonne heranziehen. Wenn z. B. ein Sonnenstand von 60 Grad im Juni erreicht ist, ist nicht gleichzeitig die Ausrichtung des Kollektors auf 30 Grad am besten. Es muß nämlich einkalkuliert werden, daß dieser Höchststand ja nur für die kurze Mittagszeit gilt.

Die Sonne geht um diese Jahreszeit bereits morgens gegen 5 Uhr mit einer Neigung von 1 Grad auf. Der optimale Neigungswinkel, so könnte man zunächst annehmen, liegt in der Mitte zwischen 0 Grad und dem Tageshöchststand.

Da jedoch die Strahlungsintensität am frühen Vormittag, oder späten Nachmittag gering ist, sollten erst ab einem Sonnenstand von ca. 15 Grad ein Mittelwert angenommen werden.

Außerdem erreicht die Sonne bei einem nach Süden gerichteten Sonnenkollektor, vormittags und nachmittags, in einem ungünstigen, seitlichen Winkel die Kollektorflächen.

Deshalb ist der Sonnenstand zur Mittagszeit doppelt zu gewichten.

Bei einem Tageshöchststand der Sonne von 60 Grad (Anfang Juni), würde der ideale Neigungswinkel der Kollektoren demnach für diesen Tag betragen:

90 - (15 + 60 + 60) : 3 = 45

(Alle Zahlen in Winkelgraden)

45 Grad sind also der optimale Kollektorwinkel für diesen Tag

Da es nur selten möglich ist, den Neigungswinkel der Kollektoren dem jeweiligen Sonnenstand im Jahresablauf anzupassen, sollte ein Neigungswinkel gewählt werden, der bei einer gegebenen Kollektorfläche die maximale Energieleistung in der sonnenschwächsten Zeit ermöglicht.

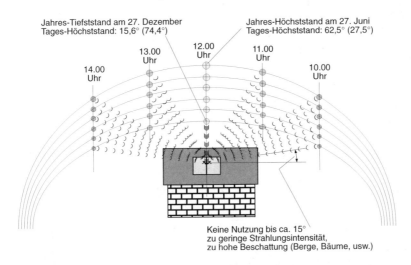

Will man also während der heizfreien Zeit das Freibecken vom 15. Mai - 15. September erwärmen, so sollte man den in diesem Zeitraum niedrigsten Sonnenstand als Grenzwert heranziehen. Dies wäre der 15. September mit einem Sonnenstand zur Erdoberfläche von ca. 55 Grad.

Der ideale Neigungswinkel ist hier:

90 - (15+55+55) : 3 = 41,67 Grad

Bei einem Solarfeld mit diesem Neigungswinkel erreicht also die Sonne am 15. September mit dem besten Einstrahlungswinkel im Tagesablauf das Kollektorfeld.

Da während des gesamten Nutzungszeitraumes vom 15. Mai bis 14. September die solare Einstrahlung länger und intensiver ist, jedoch der Neigungswinkel ungünstiger ausfällt, ist ein gewisser Ausgleich, auch gegen eine Überhitzung der Solaranlage, gegeben.

Natürlich wird nur selten der ideale Neigungswinkel möglich sein. Eine etwas größere Kollektorfläche und eine kluge Anlagenkonzeption können dies aber ausgleichen.

Berechnung von Solaranlagen

Bei der Berechnung von Solaranlagen sind gute Ergebnisse zu erreichen, wenn man die Erfahrungswerte der Hersteller (oder neutrale Messungen von Fach-Instituten) heranzieht. Um "Mißverstände" auszuschließen sollte man sich jedoch diese Werte vom Hersteller garantieren lassen.

Der Hersteller oder Anbieter muß definieren, welcher solare Deckungsanteil mit der angebotenen Solaranlage erreicht wird. Es ist ein wesentlicher Unterschied, ob der Anbieter bei seinen Leistungsdaten nur von einem solaren Deckungsanteil von 30 % ausgeht, oder aber einen solaren Deckungsanteil von 60 % annimmt. Aber auch bei gleichem solaren Deckungsanteil werden, je nach Leistungsfähigkeit der Kollektoren, die Kollektorflächen unterschiedlich ausfallen.

So ist es durchaus möglich, daß für die Brauchwarmwassererwärmung eines 4-Personen Haushaltes mit 200 Liter Warmwasser täglich, besonders leistungsfähige Kollektoren mit 5 m^2 Kollektorfläche auskommen, während weniger leistungsfähige Sonnenkollektoren für die gleiche Leistung 8 m2 Kollektorfläche benötigen. Deshalb kann niemals der Preis pro Quadratmeter Kollektorfläche das entscheidende Auswahlkriterium sein, sondern die Gesamtkosten der kompletten Anlage für ein bestimmtes Objekt. Allerdings muß ebenso deutlich festgestellt werden, daß für die Schwimmbad-Erwärmung, insbesondere bei Freibädern, Hochleistungskollektoren nicht erforderlich sind. Für ein Freibad, das zum Beispiel nur 4 Monate im Sommer genutzt wird, genügen einfache Kunststoff-Absorber, die bereits zwischen DM 60,- DM 120,- je Quadratmeter zu erhalten sind. Da in einem Freibad nur eine Durchschnittstemperatur von 23 bis 25 °C benötigt wird und während der Sommermonate die Außentemperatur und die solare Einstrahlung sehr hoch ist, erfüllen unter diesen günstigen Bedingungen die Freibad-Absorber den gleichen Zweck wie Hochleistungs Kollektoren. Die Frei-Absorber, in der Regel aus Kunststoff, bieten außerdem den Vorteil, daß das Schwimmbadwasser direkt durch den Kollektor geleitet werden kann und teuere Gegenstrom-Wärmetauscher und die erforderlichen Armaturen eines geschlossenen Kreislaufes entfallen (siehe Kapitel »Die verschiedenen Sonnenkollektoren«).

Auch für die Schwimmbadwasser-Erwärmung liegen Erfahrungswerte der Hersteller vor, nach denen sich der Planer richten sollte, wobei auch hier, der von den Herstellern vorgesehene solare Deckungsanteil berücksichtigt werden sollte.

Die Berechnung einer Solaranlage ist deshalb relativ einfach und beschränkt sich auf das Multiplizieren einer Größenreihe oder dem Ablesen eines Diagrammes.

Rechnen mit Basisdaten

Sehr schwierig, aber auch meist unnötig ist es, eine Solaranlage zu berechnen, indem Wirkungsgrade solarer Einstrahlungswerte, Verbrauchswerte u. a. in die Berechnung mit einbezogen werden.

Dies führt sogar meist zu falschen Ergebnissen.

So ist zwar häufig die eingestrahlte Solarenergie insgesamt bekannt, nicht jedoch, wie sich diese auf die verschiedenen Einstrahlungsstärken zwischen 300 und 1000 Watt je m² aufteilen, wie die Differenztemperatur Sonnenkollektor-Umgebung ist, die Windgeschwindigkeit u.a. wichtige Werte.

Dies wird an den folgenden Beispielen verdeutlicht:

Einstrahlung in einer Zeiteinheit z. B. 1 Tag 3600 Watt/m²

1   Umgebungstemperatur 10 °C

    Kollektortemperatur 60 °C

    Temperaturdifferenz = 50 K.

1.1 Angenommene Zusammensetzung der Einstrahlungsstärke je Stunde

    3 Stunden à 1000 Watt, Wirkungsgrad 0,64 = 1920 Watt

    3 Stunden à 100 Watt, Wirkungsgrad 0,0 = 0 Watt

    <u>6 Stunden à 50 Watt, Wirkungsgrad 0,0 = 0 Watt</u>

    =12 Stunden 3600 Watt. Gesamt-Energie-Gewinn 1,920 Watt/m²/Tag

1.2 Bei diesem Bespiel ändert sich nun die Zusammensetzung der Einstrahlungsdaten. Die Tageseinstrahlung von 3600 Watt/m² insgesamt bleibt jedoch gleich.

    12 Stunden à 300 Watt, Wirkungsgrad 0,23 = 828 Watt/m²/Tag

Statt 1.920 Watt/m²/Tag, wie zuvor, wird in diesem Beispiel nur ein Energiegewinn von 828 Watt/m²/Tag erzielt.

Obwohl also, die dem Planer bekannten Daten der Einstrahlungsintensität pro Tag gleich sind, ergeben sich im Energiegewinn Unterschiede von über 50 %. Diese Unterschiede sind bei den aufgeführten Beispielen ausschließlich auf die unterschiedliche Strahlungsstärke je Stunde zurückzuführen.

Aber auch bei gleichen Einstrahlungsstärken je Stunde ergibt sich wiederum ein völlig anderer Energiegewinn, wenn sich die Temperaturdifferenz zwischen Umgebung und Kollektor ändert.

Nehmen wir an, daß statt einer Temperaturdifferenz von 50 K, wie im Beispiel zuvor, nun eine Temperaturdifferenz von nur 0 K (Umgebungstemperatur 25 °C, Kollektortemperatur ebenfalls 25 °C) vorliegt.

Dies kann z. B. bei der Schwimmbaderwärmung oder während der Aufheizung des 10 °C kalten Wassers der Fall sein.

Dann stellt sich bei gleicher solarer Einstrahlung folgender, wesentlich höherer Energiegewinn dar.

3 Stunden à   1000,0 Watt, Wirkungsgrad 0,81 = 2.430 Watt/m^2

3 Stunden à   100,0 Watt, Wirkungsgrad   0,81 = 243 Watt/m^2

6 Stunden à   50,0 Watt, Wirkungsgrad   0,81 = 243 Watt/m^2

Gesamt Energie-Gewinn 2.916,0 Watt/m^2/Tag

An diesen drei Beispielen wird deutlich, wie groß der Einfluß der stundenweisen Strahlungsintensität und der Temperaturdifferenz auf den Energiegewinn ist. Obwohl die gesamt eingestrahlte solare Energie dieses Tages in allen drei Beispielen gleich ist und es sich um eine identische Solaranlage handelt, sind die erzielten Energie-gewinne höchst unterschiedlich. Sie liegen zwischen 828 Watt/m^2 Tag und 2916 Watt/m^2 Tag und es wird deutlich, wie schwierig es ist, eine Solaranlage mit unvollständigen Daten exakt zu berechnen.

Detailliertere Daten der verschiedenen Einstrahlungsstärken liegen jedoch normalerweise nicht vor.

Windgeschwindigkeit, Verschmutzung, Abweichung aus der Südrichtung und vom idealen Neigungswinkel sind weitere Faktoren die großen Einfluß auf den Energiegewinn haben, hier aber noch nicht einmal berücksichtigt wurden.

Auch der Wirkungsgrad der restlichen Solaranlage (Rohrnetz, Speicher etc.), müßte in die Berechnung mit einfließen, ist aber ebenfalls meist nicht bekannt.

Deshalb sollte nur dort, wo keine Erfahrungswerte der Hersteller vorliegen, die Solaranlage neu berechnet werden.

Dabei empfielt es sich jedoch, von den bekannten Daten der Hersteller auszugehen und diese lediglich auf die neue Situation hochzurechnen. Sind z. B. die Werte des Herstellers bei 1000 W/m^2/Jahr bekannt, und werden neue Werte für eine andere Region um 1200 Watt/m^2/Jahr benötigt, so kann vorausgesetzt die gleiche Anwendung - hochgerechnet werden.

    (4)   Energieverbrauch

    (1),(2),(3) Energieleistung von Solaranlagen bei unterschiedlich großer Kollektorfläche

(1) zu groß dimensionierte Solaranlage, zu viel Überschußenergie, zu teuer, unwirtschaftlich

(2) richtig dimensionierte Solaranlage. Obwohl in den Monaten Mai bis Anfang September die nutzbare Solarenergie größer ist als der Energie-Bedarf, kann eine richtig dimensionierte Solaranlage den Energiebedarf in dieser Zeit nur zu 95% decken. Dies liegt daran, daß 2-3 tägige Schlechtwetterperioden eine geringfügige Temperaturanhebung des Speichers durch herkömmliche Energie (Öl) unumgänglich machen. Auch ein gewisses Maß an Überschußenergie ist nicht vermeidbar. Die eingestrahlte Sonnenenergie ist eben auch im Sommer sehr unterschiedlich

(3) zu klein dimensionierte Solaranlage, Heizkessel muß in der heizfreien Zeit zu oft in Betrieb gehen, zu hoher Schadstoffanfall. Ungünstiges Verhältnis von Zubehör und Montageaufwand zur Kollektorfläche. Deshalb unwirtschaftlich.

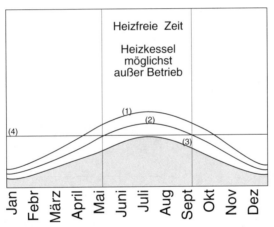

Von gutem Kollektorwirkungsgrad nicht täuschen lassen

Immer wieder wird die Meinung vertreten, man solle die Solaranlage ganz klein dimensionieren, um einen hohen Wirkungsgrad des Kollektorfeldes und damit eine hohe Wirtschaftlichkeit zu erreichen. Diese Überlegungen sind falsch. Natürlich wird mit einer kleineren Solaranlage ein höherer Wirkungsgrad erreicht (Beachten Sie hierzu das Kapitel Solaranlagentest, Grenzen der Aussagefähigkeit). Dafür wird jedoch das Wasser nicht mehr warm genug und es muß ständig nachgeheizt werden. Eine solche Solaranlage ist trotz gutem Kollektorwirkungsgrad unwirtschaftlich, weil nämlich der Heizkessel ständig mit besonders schlechtem Wirkungsgrad nachheizen muß und dann natürlich auch einen hohen Schadstoffausstoß verursacht.

Da die Kosten für eine etwas größere Kollektorfläche und eine etwas größeren Warmwasserspeicher deutlich unterproportional zu den Gesamtkosten sind, sollte die Solaranlage so ausgelegt werden, daß in der heizfreien Zeit mindestens 90 % des Energiebedarfes über Sonnenenergie gedeckt werden kann.

Berechnungsbeispiele - Auslegungsvorschläge

Nachdem im vorhergehenden Kapitel von einer, von Grund auf eigenen Berechnung abgeraten wurde, sondern empfohlen wurde, die Berechnungsdaten der Hersteller oder Anbieter als Grundlage zu verwenden, sollen in diesem Kapitel Beispiele für die Berechnung und Auslegung von Solaranlagen vorgestellt werden.

Die Berechnungsdaten und die Berechnungsmethode der verschiedenen Firmen ist sehr unterschiedlich.

Deshalb hat sich der Verfasser entschieden, die von ihm entwickelte Berechnungsmethode, die sich in der Praxis bestens bewährt hat, aufzuzeigen.

Dabei wird von einem solaren Deckungsanteil von 60% ausgegangen.

Berechnung der Größe von Solaranlagen

Berechnungshilfe für leistungsfähige Flachkollektoren

Die benötigte Kollektoranzahl läßt sich mit Hilfe dieser Tabelle sehr einfach berechnen. Tragen Sie bitte in Spalte 5 die Anzahl ein, z.B. bei einem Haus mit 4 Personen die Zahl 4. Multiplizieren Sie nur noch die Faktoren der Spalten 1-3 und dieses Ergebnis mit der jeweiligen Bedarfsanzahl und dem Kollektorbedarf.

❶ Sonneneinstrahlung nach Zonen entsprechend Aufstellung auf der Rückseite	❷ Dachneigung und Abweichung aus der Südrichtung	❸ Bedarf gering ↔ hoch 1 = mittel	❹ Zwischen-ergebnis	❺ Nutzungsart und Bezugsgröße (z.B. Anzahl Personen)	❻ Kollektor-bedarf *7	❼ Erforderliche Gesamtfläche der Kollektoren in m²
Sonneneinstrahlung J/∅ Faktor bis 2000 0,8 bis 1900 0,9 bis 1800 1,0 bis 1700 1,1 bis 1600 1,2 (sieheKapitel Sonnenscheindauer u. Energieeinstrahlg.)	**Warmwasser, Freibad,** Dachneigung Abweichung aus der Südrichtung Süd SO Ost oder oder SW West ------Faktor------ 45° 1,2 1,2 1,3 25° 1,1 1,2 1,4 35° 1,0 1,2 1,5 45° 1,0 1,1 1,5 55° 1,1 1,2 1,6 65° 1,2 1,3 1,7 75° 1,3 1,4 1,8	Faktor 0,6 0,8 1,0 1,2 1,5	1,44	Warmwasser Privathaush. Anzahl der Hausbewohner *5 ....4........ Duschwasser für Sportanl. Anzahl der Personen die duschen, gesamt je Woche *2 Pensionen, Hotels Anzahl der belegten Betten Ø im Sommerhalbjahr ges. je Woche *2 Sonstige Gewerbe 1 Liter bei 40°C 1 Liter bei 50°C Freibad Wasseroberfläche in qm	........1 m²........ 0,08 m² 0,12 m² 0,018 m² 0,025 m² Hochleistungs kollektoren 0,3 m² *4 Kunststoff-absorber 0,4 m² *3	*8 ....=5,76 m²........ *6
Sonneneinstrahlung J/∅ Faktor bis 2000 0,8 bis 1900 0,9 bis 1800 1,0 bis 1700 1,1 bis 1600 1,2	**Raumheizg., Hallenbad** Dachneigung Abweichung aus der Südrichtung S SO O oder oder SW W ------Faktor------ 15° 1,4 1,4 1,6 25° 1,2 1,2 1,6 35° 1,0 1,2 1,6 45° 1,0 1,2 1,6 55° 1,0 1,3 1,6 65° 1,1 1,3 1,7 75° 1,2 1,4 1,8	Faktor 0,6 0,8 1,0 1,2 1,5		Hallenbad Wasseroberfläche in qm Heizungsunterstützung Raumfläche in qm *1 Summe der Kollektoren für alle Anwendungen	0,25 m² 0,25 m²	(auf- od. abrunden) *8 Berechnungsbeispiel für einen 4-Personen Haushalt in München. Dachneigung 35° Süd/Ost bei erhöhtem Warmwasserbedarf: ....(siehe gepunktete Verbindungslinien)........

*1 Nur die Räume ansetzen, die im Sommerhalbjahr häufig beheizt werden sollen, z.B. Toiletten, Bäder, Kinderzimmer u. sonstige Arbeitsräume im Keller, Nordräume von Alten-, Pflege- und Krankenhäusern, u.a.
*2 Addiert für die gesamte Woche.
*3 3 Becken abgedeckt, nur bei Hallenbad Entfeuchtungswärmepumpe.
*4 In Verbindung mit Warmwasser und/oder Zusatzheizung, sonst Kunststoffabsorber einsetzen.
*5 Nur die Personen ansetzen, die regelmäßig anwesend sind. Bei größeren Wohneinheiten Abzug für Abwesenheit durch Urlaub etc.
*6 Nicht zur Gesamtsumme addieren. *7 Bei 60% solarem Deckungsanteil.

Berechnung der Größe von Solaranlagen

Berechnungshilfe für Speichergröße

Der benötigte Speicherinhalt läßt sich mit Hilfe dieser Tabelle sehr einfach berechnen. Tragen Sie bitte in Spalte 2 die Anzahl ein z. B. bei einem Haus mit 4 Personen die Zahl 4. Multiplizieren Sie nur noch den Faktor der Spalte Bedarf und dieses Ergebnis mit dem Speicherinhalt per Einheit.

❶ Nutzungsart	❷ Bezugsgröße	❸ Bedarf gering ←→ hoch	❹ Speicherinhalt per Einheit	❺ Speicher-bedarf
Nutzwarmwasser für Privathaushalte	Personen-Anzahl ___	Faktor 0,6 0,8 1,0 1,2 1,5	75 Liter	*2
Duschwasser für Sportanlagen	maximale Anzahl der Personen die an einem Tag duschen ___	Faktor 0,6 0,8 1,0 1,2 1,5	30 Liter	
Nutzwarmwasser für Pensionen, Hotels	maximale Anzahl der belegten Betten an einem Tag ___	Faktor 0,6 0,8 1,0 1,2 1,5	40 Liter	
Heizungsunterstützung	Raumfläche in qm ___ *1	Faktor 0,6 0,8 1,0 1,2 1,5	20 - 40 Liter	

So ermitteln Sie die Speichergröße:

Beispiel Brauchwarmwasser:

4 Personen, überdurchschnittlicher Bedarf

Brauch-warmwasser	Personen-Anzahl	Bedarf	Speicherbedarf je Person in Ltr.	Speicherbedarf
	4	x 1,2	x 75	= 360 Liter

Das gesamte Speichervolumen für diesen Anwendungszweck sollte mindestens 360 Liter umfassen.

*1 Nur die Räume ansetzen, die im Sommerhalbjahr häufig beheizt werden sollen, z. B. Toiletten, Bäder, Kinderzimmer u. sonstige Arbeitsräume im Keller, Nordräume von Alten-, Pflege- und Krankenhäusern, u.a.
*2 Ab einem Volumen von 3000 Litern kann das Speichervolumen zwischen 10-40 % reduziert werden.

Berechnung der Größe von Solaranlagen

Beispielhafte Aufstellung der erforderlichen Bauteile für eine Solaranlage, abhängig vom Bedarf und der Dachrichtung

Komplette Bauteilliste von Solaranlagen

Komponenten einer Solaranlage für Nutz-Warmwasser		Schrägdach Aufdachmontage				Schrägdach Integration in Ziegelfl.				Flachdach	
		3 - 4 Personen = 200 Ltr.		5 - 6 Personen = 300 Ltr.		3 - 4 Personen = 200 Ltr.		5 - 6 Personen = 300 Ltr.		3 - 4 | 5 - 6 Personen Haushalt	
Bezeichnung	Notizen	Aufstellwinkel 30 - 50°+ Dachr. südlich		Aufstellwinkel unter 30°+ Dachr. südlich		Aufstellwinkel 30 - 50°+ Dachr. südlich		Aufstellwinkel unter 30°+ Dachr. südlich		Aufstellwinkel 45°+ Dachr. südlich	
		ja	nein	ja	nein	ja	nein	ja	nein	ja	nein
Kollektorfläche in m²		5m²	7,5m²	7,5m²	10m²	5m²	7,5m²	7,5m²	10m²		
Kollektoren f. Flachdach										5m²	7,5m²
Aufstellgerüst										x	x
Montagegerüst		x	x	x	x						
Dachanschlußrahmen						x	x	x	x		
Fluid (ca. 20 Ltr.)		x	x			x	x			x	
Fluid (ca. 30 Ltr.)				x	x			x	x		x
Speicher 300 Ltr. mit 2 Wärmetauschern		x	x			x	x			x	
Speicher 400 Ltr. mit 2 Wärmetauschern				x	x			x	x		x
Solarsteuerung		x	x	x	x	x	x	x	x	x	x
Pumpen-und Armarurengruppe		x	x	x	x	x	x	x	x	x	x
Lüftungstopf mit Sicherheitsventil		x	x	x	x	x	x	x	x	x	x

179

Berechnung der Größe von Solaranlagen

Beispielhafte Aufstellung der erforderlichen Bauteile für eine Solaranlage, abhängig vom Bedarf und der Dachrichtung

Komplette Bauteilliste von Solaranlagen

Solaranlage Zusatzausstattung für Heizungsunterstützung		Schrägdach Aufdachmontage				Schrägdach Integration in Ziegelfl.				Flachdach	
		für 24 m² Wohnfläche		für 36 m² Wohnfläche		für 24 m² Wohnfläche		für 36 m² Wohnfläche		für 24 m² 36 m² Wohnfläche	
Bezeichnung	Notizen	Aufstellwinkel 30 - 50°+ Dachr. südlich ja	nein	Aufstellwinkel unter 30°+ Dachr. südlich ja	nein	Aufstellwinkel 30 - 50°+ Dachr. südlich ja	nein	Aufstellwinkel unter 30°+ Dachr. südlich ja	nein	Aufstellwinkel 45°+ Dachr. südlich ja	nein
Kollektorfläche in m²		5m²	7,5m²	7,5m²	10m²	5m²	7,5m²	7,5m²	10m²		
Kollektoren f. Flachdach										5m²	7,5m²
Aufstellgerüst										x	x
Montagegerüst		x	x	x	x						
Dachanschlußrahmen						x	x	x	x		
Fluid (ca. 10 Ltr.)		x	x	x	x	x	x	x	x	x	x
Puffer-Speicher 500 Ltr.		x	x			x	x			x	
Puffer-Speicher 1000 Ltr.				x	x			x	x		x
Zweikreissteuerung		x	x	x	x	x	x	x	x	x	x
Pumpen-Armaturengruppe für 2 Kreise				x	x			x	x		x
Zusatzausstattung für Hallen-Schwimmbad		für 24 m² Beckenfläche		für 30 m² Beckenfläche		für 24 m² Beckenfläche		für 30 m² Beckenfläche		für 24 m² 30 m² Beckenfläche	
Kollektorfläche in m²		5m²	7,5m²	7,5m²	10m²	5m²	7,5m²	7,5m²	10m²		
Kollektoren f. Flachdach										5m²	7,5m²
Aufstellgerüst										x	x
Montagegerüst		x	x	x	x						
Dachanschlußrahmen						x	x	x	x		
Fluid (ca. 20 Ltr.)		x	x	x	x	x	x	x	x	x	x
Gegenstrom Wärmet. 8 kW bei 40/30		x				x				x	
Gegenstrom Wärmet. 16 kW bei 40/30			x	x	x		x	x	x		x
Mehrkreissteuerung (2 od. 3 Kreise)		x	x	x	x	x	x	x	x	x	x
Pumpen-Armaturengruppe für 2 od. 3 Kreise		x	x	x	x	x	x	x	x	x	x

Berechnung der Größe von Solaranlagen

Dimensionierung sonstiger erforderlicher Bauteile

Neben der Auswahl der Produkte und der Größendimensionierung ist auch die richtige Dimensionierung der Zubehöre für die Kosten, Leistungsfähigkeit und damit der Wirtschaftlichkeit von Solaranlagen von großer Bedeutung.

Eine zu große Umwälzpumpe z. B. kostet mehr in der Anschaffung, benötigt mehr elektrischen Strom ohne einen Vorteil hinsichtlich des solaren Energiegewinnes zu bieten.

Anlagenauslegung (Vorschlag) Mindestgrößen dürfen nicht unterschritten werden

Kollektorfläche	$7,5 \text{ m}^2$	$12,5 \text{ m}^2$	$22,5 \text{ m}^2$	35 m^2	55 m^2	86 m^2	145 m^2	210 m^2
Steigleitung Rohrdimension Kupfer in mm	10x1	12x1	15x1	18x1	22x1,5	28x1,5	35x1,5	42
Betriebsdruck	\multicolumn{8}{c}{1 bar über statischer Höhe}							
Membran Ausdehnungsgefäß in Liter Vordruck mind. 1,5 bar Betriebsüberdruck siehe Sicherheitsventil	12	15	18	25	50	80	120	180
Solarkreis Umwälzpumpe Grundfos	UPS 25-20	UPS 25-40	UPS 25-40	UPS 25-60	UPS 25-60	UPS 32-80	UPS 32-80	UPS 32-80
DAB	VA 35/180	VA 35/180	VA 35/180	A 65/180	A 65/180	A 80/180	A 80/180	A 80/180
Wilo	RS 25/50	RS 25/60	RS 25/60	RS 25/70R	RS 30/70R	RS 30/100R	RS 20/100R	RS 30/100R
Entlüftungstopf in Liter	0,2	0,2	0,2	0,6	1,0	2,0	2,0	3,0
Wärmeaustauscher in m^2 Heizfläche (senkrecht)	1,5	2,5	4,5	7	11	17	29	42
Sicherheitsventil in bar	\multicolumn{8}{c}{wahlweise 2,5 / 6 oder 10, vorzugsweise 6 bar}							

Berechnung der Größe von Solaranlagen

Warmwasserbedarf im Gewerbe
bei 50°C Speichertemperatur

Gaststätten	Liter/Tag	Bezogen je
Waschbecken	17	Gast
Vollbad	115	Gast
Duschbad	60	Gast
Zimmerreinigung	6	Zimmer
Küche ohne Spülen	6	Essen
(Produktion und Reinigung)		
Hotels	**Liter/Tag**	**Bezogen je**
Zimmer mit Bad und Dusche	150 bis 220	Gast
Zimmer mit Bad	110 bis 180	Gast
Zimmer mit Dusche	60 bis 120	Gast
Sonstige Hotels, Pensionen, Heime	30 bis 60	Gast
Friseurbetriebe	**Liter/Tag**	**Bezogen je**
Herrensalon, Naßplatz	50	Naßplatz
Damensalon bis 14 Naßplätze	100	Naßplatz
Betriebsreinigung	0,6	1 m>² Betriebsfläche

Warmwasserbedarf Privathaushalte

Bedarf	Warmwasserbedarf und Nutztemperatur	Warmwassermenge bei 50 °C Speichertemperatur
Küche/Hausarbeitsraum Geschirrspülen je Beckenfüllung	10...12 ....50 ° C	ca. 10 - 12 l
Händewaschen stark verschmutzt	10 l ....37 ° C	ca. 8 l
Wohnungspflege je Eimer Putzwasser	10 l ....50 ° C	ca. 10 l
Bad/Dusche/WC:		
Händewaschen	2,5 bis 5 ....37 ° C	ca. 2 - 4 l
Kopfwäsche	10 bis 15 ....37 ° C	ca. 8-15 l
Duschbad	30 bis 50 .l.....37 ° C	ca. 20-40 l
Duschbad mit 1 Kopf- und 2 Seiten-Brausen	100 l...............37 ° C	ca. 70 l
Vollbad	150 bis 180 l..40 ° C	ca. 120-150 l

Warmwasserbedarf	Liter/Tag. Person Warmwassertemperatur	
	60 ° C	50 ° C
Niedriger Bedarf	10 bis 20	15 bis 30
Mittlerer Bedarf	20 bis 40	30 bis 60
Hoher Bedarf	40 bis 80	60 bis 120

Berechnung der Größe von Solaranlagen

Wirtschaftlichkeitsberechnung

Will man den Kosten einer Solaranlage nun eine Wirtschaftlichkeitsberechnung gegenüberstellen, so ist dringend von der bisher praktizierten Vorgehensweise abzuraten, alles in einen Topf zu werfen, und mit Durchschnittswerten zu arbeiten.

An dem nachfolgenden Beispiel für die Berechnung der Öleinsparung für die Nutzwasserbereitung wird deutlich, daß nur eine differenzierte Berechnung unter Berücksichtigung der unterschiedlichen Wirkungsgrade zwischen Sommer - und Winterzeit zu realistischen Werten führt.

Beispiel: Energieverbrauch durch Ölheizkessel	1. Differenzierte Berechnung	2. Durchschnittsberechnung
Nutzungssgrad des Heizkessels im Sommer (5 Monate heizfreie Zeit) in %	30,0 %	65,0 %
Ergibt bei 2500 kWh Nutzenergie einen rechnerischen Energieverbrauch von:	8333,0 kWh	3846,0 kWh
Nutzungsgrad des Heizkessels im Winter in %	90,0 %	65,0 %
Ergibt bei 3500kW/h Nutzenergie einen tatsächlichen Energieverbrauch von	3889,0 kWh	5384,0 kWh
Jahres-Gesamtenergieverbrauch	12222,0 kWh	9230,0 kWh

1. Einsparung durch Solaranlage bei <u>differenzierter</u> Berechnung:
Wirkungsgrad der Solaranlage:
Im Sommerhalbjahr 95 % des Energiebedarfes und
im Winterhalbjar 45 %.

95,0 % von	8333,0 kWh =	7916,0 kWh Einsparung
45,0 % von	<u>3889,0</u> kWh =	<u>1750,0 kWh Einsparung</u>
	12222,0 kWh =	9666,0 kWh Einsparung

2. Einsparung der gleichen Solaranlage bei der Durchschnittsberechnung:
Wirkungsgrad 65,0 % von 9230,0 ≈   6460,0 kWh Einsparung

Wichtige Details

Der Energieverbrauch eines 4 Personen-Haushaltes für die Erwärmung des Nutz-Warmwassers beträgt ca. 6000 kWh Nutzenergie pro Jahr.

Hierbei ist berücksichtigt, daß neuere Wasch- und Spülmaschinen einen Warmwasseranschluß haben. Außerdem kommt der Energieverlust für Zirkulation bzw. ablaufen lassen von im Rohr abgekühlten Wasser hinzu, sowie die Speicherverluste.

Wie man sieht, führen die beiden, verschiedenen Rechenarten bei ansonsten gleichen Voraussetzungen zu Ergebnissen, die deutlich auseinander liegen.

Die Durchschnittsberechnung führt zu 20% - 40% schlechteren Ergebnissen für die Solartechnik, je nach Gegebenheit und Qualität des Heizkessels.

Nur die differenzierte Berechnung kann zu realistischen Ergebnissen führen.

Die Durchschnittsberechnung ist abzulehnen. Sie führt zu unrichtigen und für die Solaranlage ungünstigen und damit unwirtschaftlichen Werten.

Weiter muß bei der Wirtschaftlichkeitsberechnung beachtet werden:

1. Die Bauteile einer Solaranlage die auch für die herkömmliche Heizung benötigt werden, dürfen nur mit den Mehrkosten angesetzt werden, die zusätzlich für die Solaranlage anfallen. Ein Warmwasserspeicher und die erforderliche Montage, wird für jede zentrale Warmwasserversorgung benötigt. Der Mehrpreis für einen Solar-Warmwasserspeicher macht bestenfalls 30 % aus.

2. Grundgebühren für Strom und Gas müssen anteilsmäßig auf die Energiekosten aufgeschlagen werden. Die Strategie der Grundgebühren durch die Strom- und Gaswerke ist energiepolitisch äußerst bedauerlich. Je mehr Energie gespart wird, umso höher wird der Energiepreis je Einheit, da die Grundgebühr selbst bei "Null" Energieverbrauch, bestehen bleibt.

3. Solaranlagen sind langlebige Investitionsgüter. Sonnenkollektoren mit einer Lebensdauer von zwischenzeitlich 20 Jahren sind keine Seltenheit mehr. Die immer noch gute Leistung dieser Anlagen läßt noch eine weitere Betriebszeit von einem Jahrzehnt erwarten.

4. Bei der Berechnung der Einsparung in Geldwert, sind wiederum zwei Berechnungen durchzuführen.

a) Für den Verbraucher.

Hier ist die Einsparung von einem Liter Öl mit dessen Bezugspreis zu multiplizieren.

b) Für die volkswirtschaftliche Wirtschaftlichkeitsberechnung ist das Ergebnis a) mit dem Faktor 2 zu multiplizieren um die Kosten der Umweltbelastung durch Schadstoffausstoß bei der Ölheizung etc. mit zu erfassen.

Bauliche Voraussetzungen

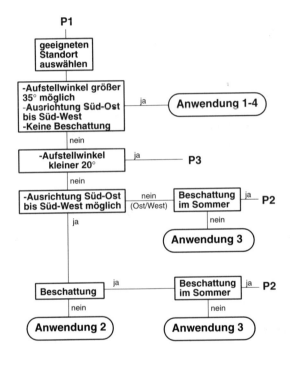

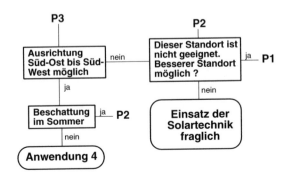

Bauliche Voraussetzungen

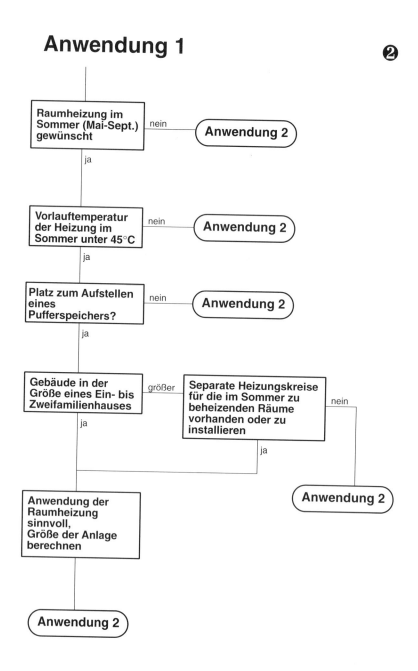

Bauliche Voraussetzungen

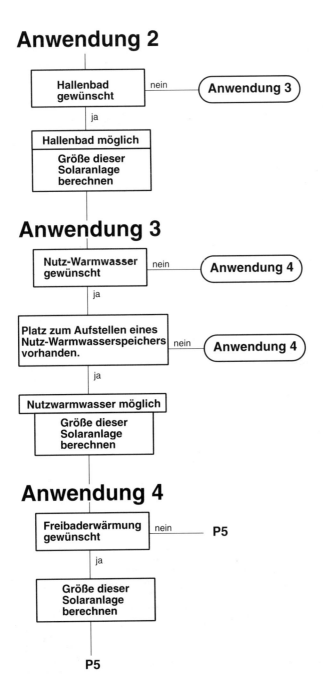

Bauliche Voraussetzungen

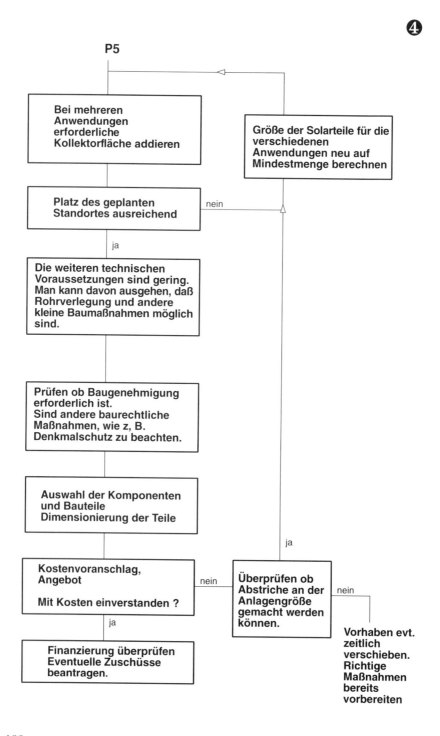

Maßnahmen für den späteren Einbau einer Solaranlage

Obwohl die Mehrkosten einer Solaranlage (Nutz-Warmwasser) nur 1-2 % der Gesamt-Baukosten betragen, stellen nach wie vor viele Bauherren die Anschaffung einer Solaranlage zurück.

Zwar ist es allemal kostengünstiger, bei knapper Kapitaldecke, eine Solaranlage einzubauen und an sonstige Möglichkeiten der Kostenreduzierung zu denken, aber der Bauherr entscheidet oft nach anderen Kriterien.

Der kluge Planer, bzw. Montagefachbetrieb wird den Bauherrn jedoch zukunftsorientiert und energiebewußt beraten, die erforderlichen Maßnahmen ergreifen und Produkte auswählen, die einen späteren Einbau der Solaranlage kostengünstig ermöglichen.

Die wichtigsten Vorbereitungen für den kostengünstigen, nachträglichen Einbau einer Solaranlage sind:

1. Zwei Steigleitungen, möglichst aus Kupfer und besonders gut isoliert vom Heizraum in die Nähe des späteren Kollektorfeldes. Der Rohr-durchmesser ist abhängig von der vorgesehenen Nutzung. Beachten Sie hierzu die Tabelle Anlagenauslegung Kapitel Berechnung der Auslegungsvorschläge.

2. Ein mindestens 2-adriges Elektrokabel, Querschnitt 0,75 mm, ist ebenfalls vom Heizkeller zum späteren Standort der Solaranlage zu verlegen.

3. Der Nutzwasserspeicher sollte ein senkrecht stehender, schlanker Speicher sein, mit hervorragender Wärmedämmung, allen notwendigen konstruktiven Merkmalen zur Erhaltung der Wärmeschichtung, und mit der Einbaumöglichkeit von mindestens zwei Wärmetauschern. Der Hausbesitzer spart bei der späteren Installation, dann mindestens DM 4.000,-, wenn es um eine einfache Solaranlage für die Warmwasserbereitung geht.

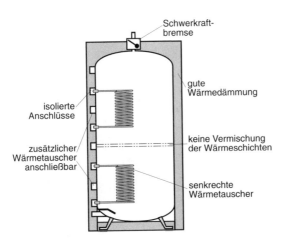

Nutz-Warmwasserspeicher

der alle Voraussetzungen für den Anschluß einer Solaranlage erfüllt.

Warmwasserabgang mit Rückschlagventil.

Falls die Solaranlage auch für die Raumheizung im Sommerhalbjahr eingesetzt werden soll, so empfiehlt sich zusätzlich:

1. Für die während dieser Zeit zu beheizenden Räume sollte ein separater Heizkreis installiert werden.

2. Die Heizflächen für diese Heizkreise sollten so ausgelegt werden, daß mit niedrigen Vorlauftemperaturen geheizt werden kann.

3. Im Heizraum oder in unmittelbarer Nähe sollte Platz für einen Pufferspeicher von mindestens 1000 Liter Inhalt vorgesehen werden.

Eine so installierte Heizungsanlage wird wenig mehr kosten. Sie ermöglicht aber dem Hausbesitzer zu einem beliebigen, späteren Zeitpunkt, kostengünstig eine Solaranlage zu installieren.

Checkliste für Komponenten und Fehler

Checkliste für Kollektoren

(Es ist selbstverständlich, daß in Ländern mit höherer solarer Einstrahlung, wie z. B. Israel, Australien, weniger hohe Anforderungen zu stellen sind).

Nehmen Sie bitte Wirkungsgraddiagramme nur dann ernst, wenn Sie von einem anerkannten Institut, z. B. TÜV- Bayern oder Uni Stuttgart ermittelt wurden.

Zu viele Anbieter "zeichnen" Kennlinien und "addieren" Wirkungsgraddiagramme mit nur einem Ziel. Auf dem Papier soll es besser aussehen als die "Konkurrenz".

Aussagen wie "Wirkungsgrad bis 95 %" nehmen Sie am besten nicht zur Kenntnis oder aber, sehen Sie darin den Versuch des Anbieters, Sie zu verschaukeln. Auch ein schlechter Sonnenkollektor kann dies erreichen. Wenn z. B. die Umgebungstemperatur höher ist als die Nutztemperatur, Windstille herscht, und wenn die Sonne vom Himmel "knallt", daß sich die Balken biegen, erreicht auch ein minderwertiger Kollektor so gute Ergebnisse. Bei unseren mitteleuropäischen Breiten kommt es jedoch auf gute Leistung bei anderen Witterungsbedingungen an.

Prüfen Sie auch, ob die Wirkungsgradangaben für den angebotenen Kollektortyp gelten. Liegen entsprechend fundierte Wirkungsgraddiagramme vor, so kann auf die Bewertung der Punkte 2 - 9 verzichtet werden.

Die Analyse der Punkte 10 bis 19 ist jedoch unabhängig vom Wirkungsgrad erforderlich, da sie Aufschluß über Lebensdauer und Montagefreundlichkeit geben.

Zeichenerklärung: < Dieses Zeichen bedeutet kleiner als
                           > Dieses Zeichen bedeutet größer als

A: **Leistungsfähigkeit**	P	gut	P	mäßig	P	schlecht
1 Wirkungsgrad bei 30K Temperaturdifferenz Umgebung zu Kollektor Bezogen auf die Aperturfläche (Einstrahlfläche						
Einstrahlung 800 W/m^2	20	> 65 %	10	= 60 %	0	< 55 %
Einstrahlung 300 W/m^2	20	> 45 %	10	= 35 %	0	< 30 %
. wenn Wirkungsgrad bekannt, weiter mit Punkt 10 . wenn Wirkungsgrad nicht bekannt, weiter mit Punkt 2						
Absorber 2 Absorberfläche	8	geschlossene Fläche aus Kupfer, Alu.	4	Stahl	0	Kunststoff

Checkliste

			P	gut	P	mäßig	P	Schlecht
3	Oberfläche		8	glatt	4	gewellt, uneben	0	gerippt
4	Absorberrohre		6	Kupfer, Edelstahl	3	Stahl	0	Alu, Kunststoff
5	Absorber-Rohrverbindung Wieviel % der Rohroberfläche haben direkten Kontakt mit dem Absorberblech		6	> 70 % Flächenverbindung	3	40 % Flächenverbindung	0	< 20 % Flächenverbindung
6	Rohrabstand		8	< 120 mm	4	150 mm	0	> 180 mm
7	Rohrdurchführungen durch Gehäuse thermisch isoliert		4	ja, z. B. Gummitülle			0	nein, z.B Metallfixierung
8	Füllinhalt je m²		6	< 1 Liter	3	2 Liter	0	> 3 Liter
9	Transparenz der Abdeckung (solare Durchlässigkeit)		8	> 90 %	4	85 %	0	< 80 %

B: Qualität, Lebensdauer

			P	gut	P	mäßig	P	Schlecht
10	Bauartenzulassung		20	ja	0	nein	0	nein
11	Verbindungsstellen der Absorberrohre Hartlot oder verschweißt		6	ja	0	Weichlot	0	Weichlot
12	Kollektorrahmen		8	Rostfrei, z. B. Alu, Edelst, hochwert Kunstst., z.B. GFK	4	verzinktes. Blech	0	Blech, Kunststoff, Holz
13	Isolierung, temperaturbeständig, dauerhaft		8	>= 180 °C			0	< 140 °C
14	Isolierstärke der Rückseite bei Lambda 0.040		8	≥ 80 mm	4	50 mm	0	30 mm
15	Sichtseite farbig eloxiert oder beschichtet		5	ja			0	nein

	P	gut	P	mittel	P	schlecht
16 Abdeckung, Glas	6	Sicherheitsglas entspiegelt	3	kein Sicherheitsglas oder nicht entspiegelt	0	kein Sicherheitsgl., nicht entspieg., Plexiglas
17 Druckausgleich und Entfeuchtung des Kollektorinnenraumes	8	nur Druckausgleich mit Luftfilter	4	ständig belüftet aber ohne Luftzirkulation	0	ständige Luftzirkulation
C: Montagefreundlichkeit						
18 Anbindestellen für Eindeckrahmen oder Montagegerüst	6	vorhanden			0	nicht vorhanden
19 Ausbildung der Rohranschlüsse des Kollektors	6	Verschraubung	3	Gewindestutzen	0	Schlauchtüllen
20 Kollektorgröße	5	ca 2,0 m²	3	ca 1,5 m²	0	ca 1,0 m²
21 Kollektorgewicht	8	< 30 kg	4	<50 kg	0	> 70 kg
22 Kollektor komplett fertig (incl. Verglasung)	8	ja			0	nein
23 **Optischer Eindruck**	8	gut	4	mäßig	0	schlecht

Summe alle Punkte für Produkt, Firma, Typ

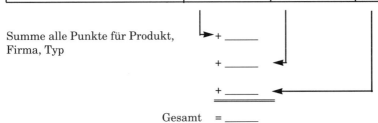

Gesamt = _____

Checkliste für Solar-Nutzwasserspeicher für Privathaushalte

Auch hier helfen Testergebnisse anerkannter Institutionen wie TÜV oder Stiftung Warentest, sofern die Speicher als Solarspeicher mit deren besonderen Anforderungen getestet und bewertet wurden.

Zeichenerklärung: < Dieses Zeichen bedeutet kleiner als

> Dieses Zeichen bedeutet größer als

		P	gut	P	mäßig	P	schlecht
1	Brutto-Inhalt je Person (Nettoinhalt: ca 10-15% unter Bruttoinhalt.	10	ca. 60-80 Liter	5	ca. 50 oder 100 Liter	0	< 40 oder > 110 ltr.
2	Speicherform	10	senkrecht schlank	5	senkrecht dick	0	liegend
3	Isolierung	10	≥ 80 mm PU-Hart- od. Weichsch. (FCKW-frei) bei Mineralfaserwolle 100mm	5	60 mm, Mineralfaser 80 mm	0	40 mm, Mineralfaserwolle 60 mm
4	Anschlüsse (Muffen) in Isolierung liegend, nicht benötigte Muffen von Isolierung abgedeckt	8	ja	4	teilweise	0	nein
5	Warmwasserabgang mit Schwerkraftbrmse	8	ja			0	nein
6	Prellplatte und seitlicher Kaltwassereinlauf	8	ja	4	nur Prellplatte	0	nein
7	Einbau von mehreren Wärmetauscher bzw. Heizungsarten möglich	8	3 Stück	5	2 Stück	0	1 Stück
8	Wärmetauscher für Nachheizung im oberen Speicherdrittel	8	ja	4	deutlich niedriger	0	nein

		P	gut	P	mittel	P	schlecht
9	Wärmetauscher für Solar	8	im unteren Drittel	4	in unterer Hälfte	0	nicht über unt. Hälfte hinausrag.
10	Große Solarwärmetauscher je 100 Ltr. Speichergröße	8	$0,5\ m^2$	4	$0,35\ m^2$	0	$0,2\ m^2$
11	Inhalt Wärmetauscher je m^2	8	bis 4 Ltr.	4	> 10 Ltr.	0	über 10 Ltr.
12	Muffe für Regelung vorhand.	6	ja			0	nein
13	Fühler -Muffen für Regelung jeweils in der Mitte zwischen Vor- und Rücklauf der Wärmetauscher	6	in der Mitte	3	nicht in der Mitte	0	über Vorlauf oder unter Rücklauf
14	Reinigungs- und Kontrollflasch vorhanden	4	ja			0	nein
15	Wärmetauscher	8	senkrecht	4	waagrecht	0	extern
16	Optischer Eindruck	8	gut	4	mäßig	0	schlecht

Summe alle Punkte für Produkt, Firma, Typ

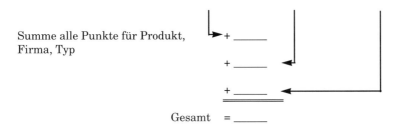

Gesamt = _____

Checkliste für Solarregelung

	P	gut	P	mäßig	P	schlecht
1 Paarigkeit der Fühler im Temperaturbereich von 10 - 70 °	8	98 %	4	95 %	0	90 %
2 Wo wird Fühler befestigt	8	im Kollektor am Absorber	6	Tauchfühler in Sammelleitung	0	Anlegefühler außerhalb
3 Temperaturbegrenzung	8	für Kollektor und Speicher			0	nur für Speicher oder keine
4 Temperaturanzeige für Sonnenkollektor und Speicher vorhanden	8	ja			0	nein
5 Gehäuse feuchtigkeitsfest	8	ja			0	nein
6 Alle wichtigen Werte frei einstellbar	6	ja	3	teilweise	0	nein
7 Sicherung leicht austauschbar	4	ja			0	nein
8 Fühler und Gerät mit Überspannungsschutz (Blitzschutz)	8	ja			0	nein
9 Optischer Eindruck	8	gut	4	mäßig	0	schlecht

Summe alle Punkte für Produkt, Firma, Typ

+ _____

+ _____

+ _____

Gesamt = _____

Beurteilung von Angeboten

Solaranlagen sind in der Regel auf Zusatzheizungen, wie Öl/Gasheizungen angewiesen, die bei schlechter solarer Einstrahlung "einspringen".

Deshalb ist es neben dem Preis z. B. auch außerordentlich wichtig zu wissen, wieviel Prozent des Gesamt-Energiebedarfes über die Solarenergie gedeckt wird und wieviel Prozent des Energieaufwandes mit Öl, Gas, Elektro zugeschossen werden muß.

Eine Solaranlage die DM 5.000,- kostet, mit einem solaren Deckungsanteil von nur 30 % ist letztendlich teurer als eine Solaranlage die DM 7.000,- kostet, aber 60 % des Gesamt-Energiebedarfes deckt.

Diese und andere wichtige Kriterien sind nachfolgend aufgeführt:

Wichtige Angaben, die neben dem ohnehin für jedes Angebot geltenden Daten, wie Preis, Montage etc. in einem Angebot beinhaltet sein sollten:

1. Durchschnittlicher solarer Deckungsanteil

   a) während der Zeit der Hauptanwendung in %

   (z. B. bei der Warmwasserbereitung von ca. Mai-September, also der heizfreien Zeit)

   b) während der restlichen Zeit des Jahres in %

   Diese differenzierte Angabe ist erforderlich, um überprüfen zu können, ob die Anbieterangaben stimmen.

2. Auf welche durchschnittliche Nutz-Temperatur ist die Solaranlage ausgelegt?

   Wird z. B. ein Hallen-Schwimmbecken nur auf 24 ° C geplant, so wird nur ca. die Hälfte der Kollektorfläche benötigt, als bei einer Wassertemperatur von 27 ° C.

   Eine Nutz-Warmwassertemperatur von nur 40° C bedarf ebenfalls nur der Hälfte der Kollektorfläche einer Nutz-Warmwassertemperatur von 60 ° C. (Eine Durchschnittstemperatur für Nutz -Warmwasser von nur 40 ° C ist jedoch aus verschiedenen Gründen zu gering und deshalb abzulehnen).

3. Wie wird die Nachheizung (Temperaturanhebung bei Bedarf) ausgeführt? Z. B. im Sommer Elektroheizung, im Winter mit Ölkessel.

4. Wie lange kann die Solaranlage eine Schlechtwetterperiode überbrücken, ohne mit herkömmlicher Energie nachheizen zu müssen?

5. Bei mehreren Nutzungsarten wie Nutzwasser und Schwimmbad, differenzierte Aufteilung der angebotenen Komponenten.

6. Bei Schwimmbädern: Ist die angebotene Kollektorgröße für ein abgedecktes oder nicht abgedecktes Becken berechnet?
   Abgedeckte Schwimmbecken oder Schwimmhallen mit Entlüftungswärmepumpe benötigen nur die Hälfte der Kollektorfläche gegenüber Schwimmbädern ohne diese Einrichtung.

7. Für Nutz-Warmwasser: Ist eine Warmwasserzirkulation berücksichtigt oder nicht? Bei herkömmlichen Warmwasserzirkulationen ist je nach Dauer und Rohrlänge bis zur doppelten Kollektorfläche erforderlich, bedingt durch Energieverlust und Zerstörung der Wärmeschichtung.

8. Werden die Sonnenkollektoren über die Dachziegel aufgesetzt oder ähnlich einem Dachfenster in das Ziegeldach integriert.

9. Wie ist die optische Gestaltung des Solarfeldes, z. B. farblich angepaßter Eindeckrahmen, entspiegeltes Glas, Rohrführung unter der Ziegelfläche etc.

10. Garantiedauer der angebotenen Produkte

11. Welche Materialien sind vom Montagefachbetrieb zusätzlich zu stellen?

    z. B. Rohre, Isolierung, Fittings, evtl. Sicherheitsarmaturen, Eindeckrahmen, regeltechnische Einrichtungen.

12. Welche Leistung ist bauseits zu erbringen?

    z. B. Deckendurchbrüche, Wände schlitzen, Kran und/oder Gerüst bereitstellen.

13. Werden Lieferkosten und Verpackungskosten berechnet oder nicht?

14. Wie ist der Service der Liefer- und Montagefirma?

15. Kann die Anlage später erweitert werden?

Fehlerhafte Solaranlagen

Während bei den traditionellen Öl/Gasheizungen, Montage- oder auch Gerätefehler oft nicht bemerkt werden weil sie durch ein Mehr an Energieeinsatz kompensiert werden, sind Fehler bei Solaranlagen sehr schnell durch Minderleistung oder gar Ausfall der Solaranlage bemerkbar.

90 % dieser Störungsfälle sind auf eine geringe Anzahl typischer Montagefehler zurückzuführen.

Deshalb sind in diesem Kapitel die wichtigsten Ursachen, die zu erheblichen Störungsfällen oder zu Minderleistungen von Solaranlagen führen, anhand einer Fehleranalyse dargestellt.

Kann die Ursache der Leistungsminderung nicht anhand der nachfolgenden Fehleranalyse festgestellt werden, so kann das Kapitel "Detaillierte Beschreibung der Bauteile einer Solar-anlage" eventuell Hinweise geben.

Fehler Analyse

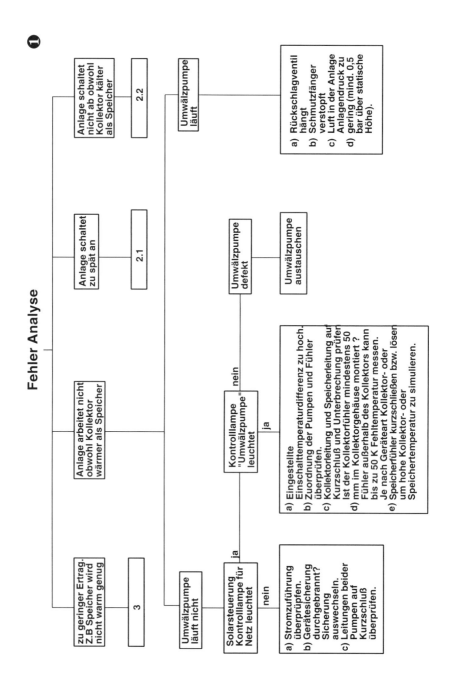

Fehler Analyse

❷

2.2 Anlage schaltet nicht ab obwohl Kollektor kälter als Speicher

- Zuordnung der Pumpen und Fühler überprüfen
- Kollektorleitung auf Unterbrechung- und Speicherleitung auf Kurzschluß prüfen
- Klemmleisten richtig befestigt?
- Fühlerwiderstände prüfen

- Speicherfühler unterhalb des Solar-Wärmetauschers angebracht Speicherfühler erhitzen, wenn Anlage nicht abschaltet ist Fühler oder Steuerung defekt.
- Kollektoren nicht gleichmäßig durchströmt.
- Kein Tichelmann und /oder Querscnittverengung des Fühler-Kollektors z.B durch Einsatz eines Tauchfühlers im Kollektorabgang

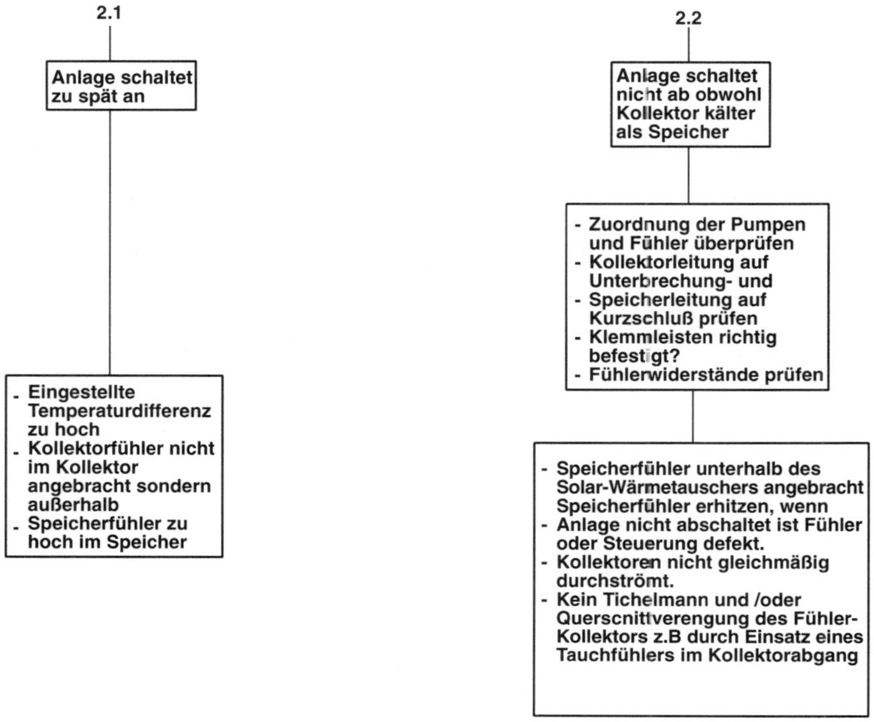

2.1 Anlage schaltet zu spät an

- Eingestellte Temperaturdifferenz zu hoch
- Kollektorfühler nicht im Kollektor angebracht sondern außerhalb
- Speicherfühler zu hoch im Speicher

201

Fehler Analyse

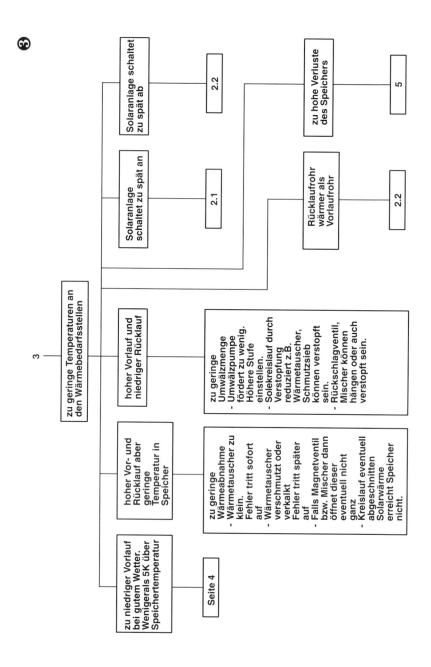

202

Fehler Analyse

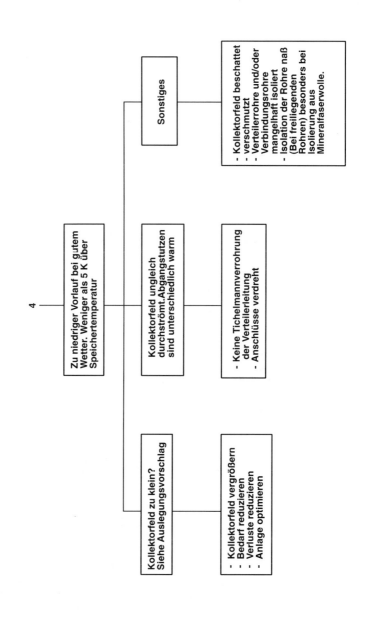

Fehler Analyse

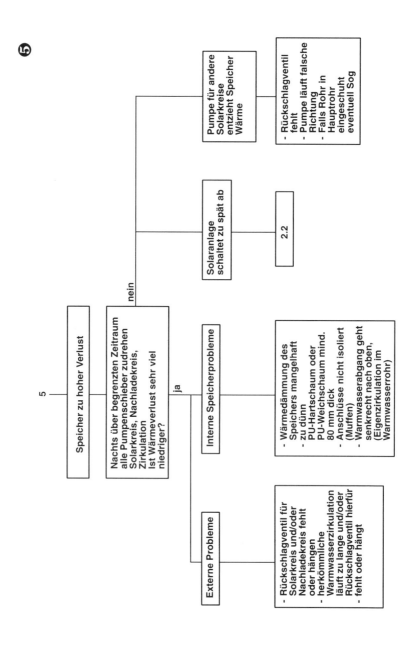

204

Übersicht der Anwendungsbeispiele

Warmwasser.
Nachheizung über Öl-/Gasheizkessel. 207
Warmwasser und zusätzliche Raumheizung für geringen Wärmebedarf.
Nachheizung über Öl-/Gasheizung. 208
Warmwasser.
Nachheizung mit Elektro-Heizeinsatz. 209
Warmwasser.
Altanlagen mit Kombi-Kessel. 210
Warmwasser
Altanlage mit einem seperat stehenden Alt-Warmwasser-Speicher 211
Warmwasser-Anlage mit Gas- oder Elektro-Durchlauferhitzer 212
Warmwasser-Altanlage mit direktbefeuertem Gas-Speicher 213
Warmwasser-Anlage mit Warmwasser-Wärmepumpe 215
Warmwasser Altanlage (Feststoffkessel). 216
Schwimmbeckenerwärmung - Freibad 217
Schwimmbeckenerwärmung - Hallenbad 218
Warmwasser und Schwimmbad 219
Warmwasser und Raumheizung 220
Warmwasser und Raumheiz. mit kesselnachbeheiztem-Pufferspeicher. .221
Warmwasser, Raumheizung, Schwimmbad 222
Warmwasser-Großanlage mit 2 Speichern in Reihe 223
Warmwasser-Großanlage mit 3 Speichern in Reihe und Parallel 224
Warmwasser-Großanlage mit 4 Speichern in Reihe und Parallel 225
Warmwasser-Großanlage mit 4 Speichern in Reihe 226
Warmwasser-Großanlage mit Nachtstrom 227
Warmwasser-Raumheizung (Schwimmbad) mit Wärmepumpe 228
Warmwasser mit 2 Wärmetauschern 229
Legionellen-Desinfektion 230
Legionellen-Desinfektion bei Großanlagen .231
Warmwasser und Raumheizung mit Latentspeicher 232

Anwendungsbeispiele

Die Leistungsfähigkeit und Wirtschaftlichkeit einer Solaranlage wird, wie in diesem Buch deutlich dargestellt wurde, von der Qualität der eingesetzten Komponenten, dem Einsatzzweck und von den örtlichen Gegebenheiten, entscheidend beeinflußt.

Ebenso wichtig ist es jedoch, die einzelnen Komponenten so miteinander zu einer Gesamtanlage zu verbinden, daß deren Leistungsfähigkeit voll zur Geltung kommt.

Werden die Einzelkomponenten nicht so zusammengefügt, daß jedes einzelne seine volle Leistungsfähigkeit entfalten kann, wird sich die Amortisationszeit der Solaranlage verlängern und die Wirtschaftlichkeit in Frage gestellt sein.

Es kommt also darauf an, die Solaranlagen im Zusammenwirken der einzelnen Bauteile und im Zusammenwirken mit der herkömmlichen Heizung zu optimieren.

Nachfolgend sind eine große Zahl von Anwendungsbeispielen dargestellt, die im Wesentlichen alle in der Praxis vorkommenden Anwendungen beinhalten. Diese Anwendungsbeispiele beinhalten ganz konsequent das System: *Steuerung mit Hilfe von Umwälzpumpen*. Dadurch ist es auch einfach möglich, nach dem gleichen System, die Anlage zu einem späteren Zeitpunkt zu erweitern.

Legende

1	Sonnenkollektor	17	Schwimmbad
2	Temperatur-Differenz-Steuerung	20	Gegenstrom-Wärmetauscher Heizung
3	Warmwasserspeicher	21	Heizkessel
4	Entlüftungstopf und	22	Heizungsverteiler
5	Sicherheitsventil	23	Fußbodenheizung / Heizkörper
6	Umwälzpumpe mit Absperrschiebern	24	Elektro-Warmwasser-Speicher
		25	Im Heizkessel integrierter Warmwasser-Speicher
7	Befüllpumpe		
8	Thermometer	26	Nebenstehender, nicht ausbaufähiger Warmw. Speicher.
9	Manometer		
10	Membran-Ausdehnungsgefäß	27	Schwimmbad als Niedertemperatur-Speicher
11	Spezial Rückschlagventil mit Entlüftung und Durchlauf bei Entleerung		
		28	direktbefeuerter, atmosphärischer Gasspeicher
12	Entleerungshahn		
13	Thermostat	29	Feststoffkessel
14	Elektroheizeinsatz	30	Gas- oder Elektrodurchlauferhitzer
15	Pufferspeicher		
16	Gegenstrom-Wärmetauscher Solar	31	Wärmepumpen-Warmwasserspeicher

Achtung: Aus Gründen der besseren Übersicht sind die erforderlichen Sicherheitseinrichtungen und Armaturen nur bei der Solaranlage eingezeichnet.

Anwendungsbeispiele

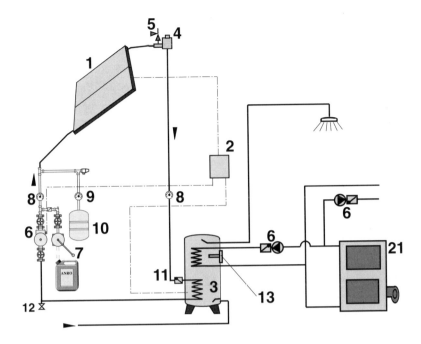

Anwendung Nr. 1

Warmwasser.

Nachheizung über Öl-/Gasheizkessel.

Dies ist die traditionelle Solaranlage für Nutz-Warmwasser.

Wichtig: Wird die Raumheizung nicht mehr benötigt, so sollte der Heizkessel außer Betrieb gesetzt werden. Nur wenn die Solaranlage nicht die erforderliche Temperatur erreicht und das Thermostat 13 (bzw. Boilervorrangschaltung) Wärme nachfordert, wird der Heizkessel kurzzeitig in Betrieb genomen. Aber nur so lange bis die gewünschte Temperatur im oberen Teil des Warmwasserspeichers erreicht ist.

Die Solarsteuerung (Temperatur-Differenz-Steuerung) schaltet automatisch die Umwälzpumpe (6) ein, wenn im Sonnenkollektor höhere Temperaturen als im Warmwasserspeicher (3) sind.

Die Fluidflüssigkeit zirkuliert dann vom heißen Sonnenkollektor zum Speicher und gibt dort Wärme ab.

Sinkt die Temperatur im Kollektor so weit, daß sie nur noch wenig über der Temperatur des Speichers liegt, so wird die Pumpe (6) wieder abgeschaltet.

Anwendungsbeispiele

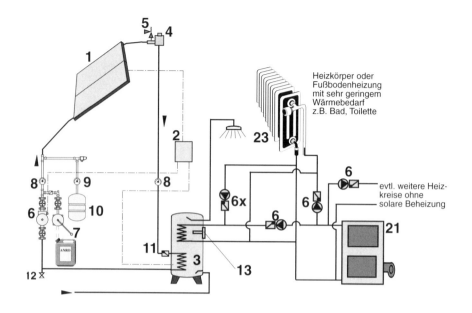

Anwendung Nr. 2

Warmwasser und zusätzliche Raumheizung für geringen Wärmebedarf.

Nachheizung über Öl-/Gasheizung.

Diese Solaranlage arbeitet wie bei Anwendung Nr. 1. Sie bietet jedoch zusätzlich die Möglichkeit geringfügig die Raumheizung zu unterstützen. Dabei ist jedoch darauf zu achten, daß ein 2. Thermostat den Wärmeentzug über Pumpe 6 x abschaltet sobald eine Mindesttemperatur im Brauchwasserspeicher unterschritten wird. Damit ist sichergestellt, daß die Mindestnutztemperatur des Wassers (z. B. 40 °C) für den eigentlichen Zweck der Warmwassernutzung nicht unterschritten wird.

Die beiden Umwälzpumpen, die auf den gleichen Wärmetauscher arbeiten, sind unbedingt mit einem Rückschlagventil auszustatten.

Auf keinen Fall darf der Wärmestrom über den Heizkessel fließen, da der Wärmeverlust des Heizkessels zu hoch ist (Kaminzug usw).

Sind mehrere getrennte Heizkreise vorhanden, so ist der Solarspeicher nur mit dem Rohrstrang zu verbinden, über den die Heizkörper solarbeheizt werden.

Anwendungsbeispiele

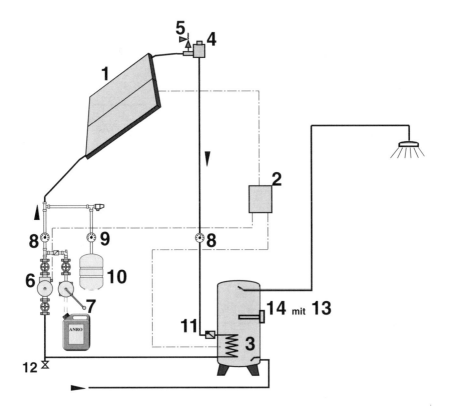

Anwendung Nr. 3

Warmwasser.

Nachheizung mit Elektro-Heizeinsatz.

Empfehlenswert bei großzügig ausgelegter Solaranlage mit geringerem Nachheizbedarf.

Eine Nachheizung von z. B. 38 °C auf 45 °C ist mit einem Elektro-Heizstab trotz teurem Strom wirtschaftlicher als den Heizkessel in Betrieb zu setzen.

Nur der obere Bereich des Speichers wird, falls die gewünschte Temperatur nicht erreicht wird, elektrisch nachgeheizt.

Da ein Elektroheizstab mit 3 oder 6 kW/h nicht so schnell nachheizen kann wie ein Öl/Gaskessel mit z. B. 20 kW/h, sollte der Elektroheizstab etwas tiefer im Speicher eingebaut sein.

209

Anwendungsbeispiele

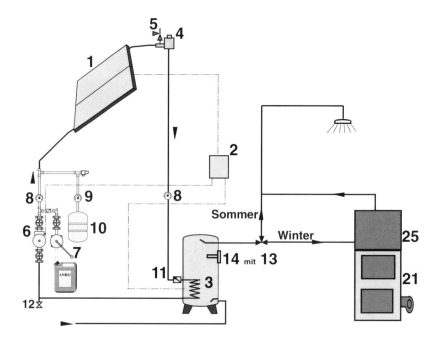

Anwendung Nr. 4

Warmwasser.

Altanlagen mit Kombi-Kessel.

Die Solarenergie wird in einen neuen Warmwasser-Speicher eingespeist. Die Nachheizung erfolgt über den vorhandenen Warmwasser-Speicher, der im Kessel integriert ist.

Das Warmwasserrohr zwischen Solar- und Altspeicher muß besonders gut isoliert sein und sollte möglichst kurz sein. Sonst wird das in diesem Rohr befindliche Wasser, bei den vielen kurzen Zapfvorgängen immer wieder abkühlen.

Hat der im Kessel integrierte Speicher hohe Wärmeverluste, empfiehlt es sich, das Warmwasser im Sommer direkt vom Solarspeicher zu den Zapfstellen zu führen und die Nachheizung (nur im Sommer) über einen Elektroheizeinsatz vorzunehmen.

Bei Inbetriebnahme des Warmwasserspeichers im Heizkessel ist dann zu Beginn der Heizperiode dieser völlig zu entleeren. Danach ist er thermisch zu desinfizieren, indem er auf Temperaturen von mind. 80° C aufgeheizt und entleert wird. Ist eine sehr häufige Nachheizung auch im Sommerhalbjahr erforderlich, so könnte man die Anlage auch ähnlich dem Anwendungsbeispiel Nr. 5 planen.

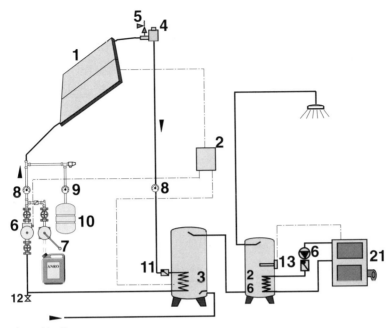

Anwendung Nr. 5

Warmwasser-Altanlage

mit einem separat stehenden Alt-Warmwasser-Speicher

Die Solarenergie wird in einen neuen Warmwasser-Speicher(Solarspeicher) eingespeist. Die Nachheizung erfolgt über den vorhandenen separaten Warmwasser-Speicher.

Bei dem vorhandenen Alt-Warmwasserspeicher kann bis auf den Kaltwasseranschluß die komplette Verrohrung bestehen bleiben.

Schlecht isolierte Speicher sind nachzuisolieren.

Darauf achten, daß ein Rückschlagventil zum Kessel eingebaut ist.

Außerhalb der Heizperiode sollte der Heizkessel nur in Betrieb gesetzt werden, wenn der Thermostat 13 vom Alt-speicher Nachheizung anfordert.

Das Warmwasserrohr zwischen Solar- und Altspeicher muß besonders gut isoliert und möglichst kurz sein. Sonst kühlt das in diesem Rohr befindliche Wasser bei den vielen kurzen Zapfvorgängen immer wieder ab.

Anwendungsbeispiele

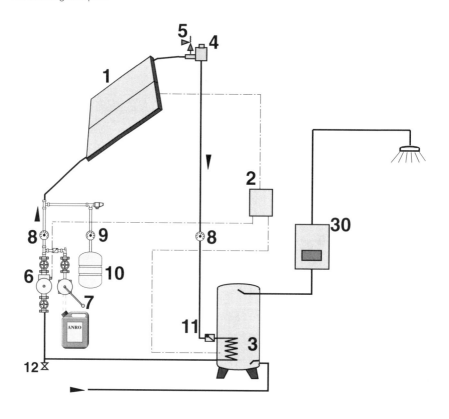

Anwendung Nr. 6

Warmwasser-Anlage mit Gas- oder Elektro- Durchlauferhitzer

Wird für die evtl. erforderliche Nachheizung ein Durchlauferhitzer herangezogen, so muß dieser thermisch gesteuert sein.

Die herkömmlichen Durchlauferhitzer, die aufgrund der Wasser-Durchlaufmenge heizen, sind ungeeignet, da sie die bereits mit der Solarenergie erzeugte Temperatur des einfließenden Wassers nicht berücksichtigen.

Das Warmwasserrohr zwischen Solarspeicher und Durchlauferhitzer muß besonders gut isoliert und möglichst kurz sein. Sonst wird das in diesem Rohr befindliche Wasser , bei den vielen kurzen Zapfvorgängen, immer wieder abkühlen.

Anwendungsbeispiele

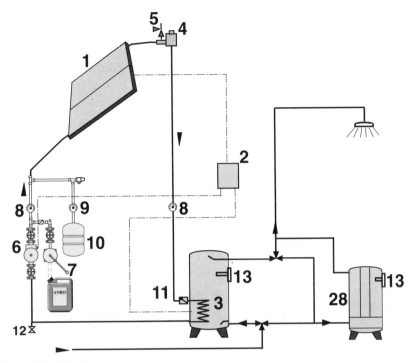

Anwendung Nr. 7

Warmwasser-Altanlage mit direktbefeuertem Gas-Speicher

Die Warmwasserbereitung kann ebenso wie bei der Anwendung Nr. 4 mit einer Sommer/Winter-Umstellung betrieben werden.

Ist die Nachheizung im Sommer jedoch sehr häufig, so daß eine elektrische Nachheizung u.U. nicht ausreicht, so empfiehlt es sich, die Nachheizung über den Gas-Speicher vorzunehmen.

Im Gegensatz zu der Altanlage mit einem kesselbeheizten Beistell-Speicher kann aufgrund der hohen Wärmeverluste eines Gas-Speichers das vom Solarspeicher vorgewärmte Wasser nicht grundsätzlich durch den Gas-Speicher fließen. Die Wärmeverluste wären im Gas-Speicher zu groß, so daß es erforderlich wäre, die Warmwassertemperatur im Gas-Speicher immer wieder anzuheben.

Deshalb empfiehlt es sich, das Wasser nur dann über den Gas-Speicher zu leiten, wenn die Temperatur im Solarspeicher eine Mindesttemperatur unterschreitet.

Achten Sie darauf, daß die Umschaltung zum Gas-Speicher erst dann erfolgt, wenn dieser eine bestimmte Temperatur erreicht hat.

Wenn der Solarspeicher die gewünschte Mindesttemperatur wieder überschritten hat, ist die Anlage so zu regeln, daß das im Gas-Speicher bevorratete Warmwasser auch noch genutzt wird. Dies kann auf folgende Art geschehen:

1. Sobald der Thermostat 13 im Solarspeicher die Unterschreitung einer Mindesttemperatur feststellt, erhält der Gas-Brenner die Freigabe zum Brennen. Die Umschaltung des Warmwasserstromes über den Gas-Speicher erfolgt jedoch erst dann, wenn der Gas-Speicher eine Mindesttemperatur von z.B 40 °C überschritten hat. Dies wird durch das Thermostat 13 am Gas-Speicher festgestellt.

2. Hat der Solarspeicher die gewünschte Mindesttemperatur wieder überschritten, so wird zunächst das noch im Gas-Speicher befindliche Warmwasser genutzt. Das Dreiweg-Ventil im Kaltwasserzulauf schaltet um auf die Direktbeschickung des Gas-Speichers. Der Dreiweg-Mischer in der Warmwasserleitung schaltet um und verriegelt die Leitung zwischen Solarspeicher und Gas-Speicher. Wird nun Warmwasser gezapft, so erfolgt dies direkt aus dem Gas-Speicher, und kaltes Wasser direkt aus dem Netz fließt in den Gas-Speicher nach.

In dem Moment, wo der Thermostat 13 im Gas-Speicher eine Mindesttemperatur, 40 °C, unterschreitet, wird das Dreiweg-Ventil in der Kaltwasserleitung wieder umgeschaltet, und das Kaltwasser fließt in den Solarspeicher. Da bereits der Dreiweg-Mischer in der Warmwasserleitung entsprechend eingestellt ist, fließt nun das Warmwasser aus dem Solarspeicher zur Zapfstelle.

Diese Schaltung ist nur dann interessant, wenn nur ein kleiner Solarspeicher zur Verfügung steht und mit einer sehr häufigen Nachheizung durch einen großen Gas-Speicher zu rechnen ist. Zu bedenken sind hier eine eventuelle Brackwasser-Bildung im Gas-Speicher (siehe Anwendung Nr. 4) und unterschiedliche Temperaturen beim Umschalten der jeweiligen Speicher.

Deshalb sollte, die Anwendung ähnlich Beispiel Nr. 4 vorgezogen werden.

Anwendungsbeispiele

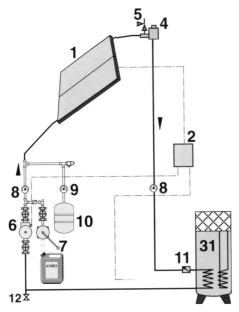

Anwendung Nr. 8

Warmwasseranlage mit Warmwasser-Wärmepumpe

Auch wenn eine Warmwasser-Wärmepumpe das Warmwasser erzeugt, ist eine Solaranlage, wenn die übrigen Voraussetzungen günstig sind, durchaus sinnvoll.

So haben Warmwasser-Wärmepumpen nur eine sehr mäßige Leistungsziffer. Stiftung - Warentest ermittelte, daß Warmwasser-Wärmepumpen nur eine Leistungsziffer von 1,5 - 2 erreichen, die sich mit zunehmender Betriebsdauer noch verschlechtert.

Da elektrischer Strom die teuereste Energie ist und ein kWh Strom ein Mehrfaches von einem kWh Öl kostet (1 Liter Öl besitzt 10 kWh Heizleistung), ist warmes Wasser mit der Wärmepumpe teurer als warmes Wasser vom Ölkessel.

Viele Warmwasserspeicher mit Wärmepumpe besitzen einen zweiten Anschluß für einen weiteren Wärmeerzeuger. Hier kann man die Solaranlage anschließen.

Da der Wärmetauscher der Wärmepumpe bis in den unteren Teil des Speichers reicht, ist auch das Thermostat für die Wärmepumpe im unteren Bereich des Speichers angebracht. Hier empfiehlt es sich, das Thermo-stat nach oben zu versetzen und zwar etwa in die Mitte des Speichers. Dadurch vermeiden Sie, daß die Wärmepumpe immer dann wenn Wasser gezapft wird zu arbeiten beginnt und die Solaranlage dadurch nur einen Teil ihrer Leistung erreichen kann.

Die Solaranlage sollte thermisch begrenzt werden, damit das Wasser im Speicher keine Temperaturen über 60° C erreicht, die eventuell das Wärmepumpenaggregat gefährden könnten.

Anwendungsbeispiele

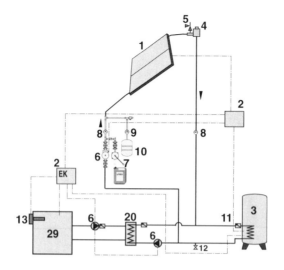

Anwendung Nr. 9
Warmwasser-Altanlage (Feststoffkessel).

Bei Heizungen mit Feststoffkesseln sind die Nutz-Warmwasserspeicher meist groß genug dimensioniert, so daß sie auch für Solaranlagen ausreichen. Leider ist jedoch in den meisten dieser Warmwasserspeicher kein weiterer Wärmetauscher für den Anschluß der Solaranlage vorhanden. Dieser Nachteil reduziert zweifellos die Möglichkeiten der Solaranlage. Muß man jedoch auf einen separaten Solar-Warmwasserspeicher (Siehe Anwendung Nr. 5) verzichten, z. B. aus Platzgründen, bleibt nur noch die Möglichkeit, den vorhandenen Warmwasserspeicher auch für die Solaranlage zu nutzen. Der Wärmetauscher ist dann gleichzeitig auch für die Solaranlage anzuschließen.

Da die Solaranlage mit einer Wärmeträgerflüssigkeit gefüllt ist, wird der Feststoffkessel über einen Gegenstromwärmetauscher mit dem Warmwasser-Speicher verbunden.

Eine Temperatur-Differenz-Steuerung (EK) stellt sicher, daß die Umwälzpumpen vom Feststoffkessel nur dann arbeiten, wenn im Speicher niedrigere Temperaturen sind, als im Feststoffkessel und die Solaranlage keinen Beitrag zur Wassererwärmung liefern kann.

Geht man davon aus, daß im Sommer mit dem Feststoffkessel nicht ständig nachgeheizt wird, so befindet sich im unteren Speicherbereich stets das einfließende Kaltwasser. Die Solaranlage kann dann mit gutem Wirkungsgrad arbeiten.

Im Winterhalbjahr jedoch wird die Leistung der Solaranlage auf einen niedrigen Prozentsatz absinken, da eine häufige Beheizung vom Feststoffkessel erforderlich ist. In diesem Fall ist der untere Speicherbereich bereits aufgeheizt. Die Solaranlage hat dann nur noch selten die Möglichkeit, das einfließende Kaltwasser vorzuheizen.

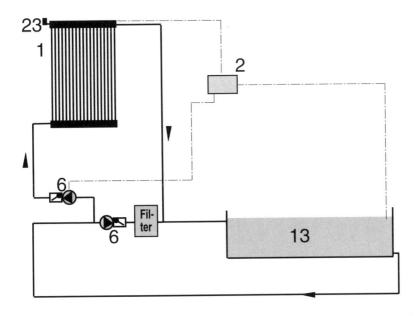

Anwendung Nr. 10

Schwimmbeckenerwärmung - Freibad

Für die Erwärmung eines Freibades verwendet man am wirtschaftlichsten Kunststoff-Solarabsorber. Für die Freibadsaison im Sommer sind diese einfachen Schwimmbadabsorber fast genauso leistungsfähig wie Hochleistungs-Sonnenkollektoren, jedoch wesentlich preiswerter.

Die Vor- und Rücklaufleitung der Solaranlage werden, wie in der Zeichnung ersichtlich, in die vorhandenen Rohre des Filterkreislaufes integriert.

In den Filterkreislauf muß zusätzlich ein Rückschlagventil eingebaut werden.

Dieses verhindert eine Fehlzirkulation der beiden Kreisläufe und erspart das teure und störungsanfällige Dreiwegeventil.

Da normalerweise nachts gefiltert wird und tagsüber die Solaranlage arbeitet, stören sich die beiden Kreise nicht.

Nach Ende der Badesaison ist das Solarfeld sowie die Vor- und Rücklaufleitung komplett zu entleeren, um ein Einfrieren des Wassers im Solarkreis im Winter zu verhindern.

Anwendungsbeispiele

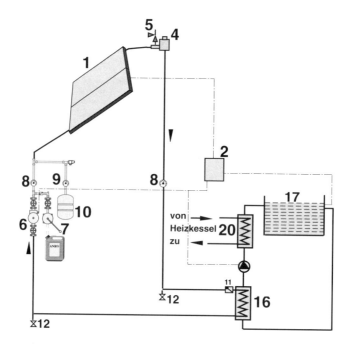

Anwendung Nr. 11

Schwimmbeckenerwärmung - Hallenbad

Hallenbäder können, da sie ganzjährig betrieben werden, nicht wie Freibäder mit preiswerten Kunststoff-Absorbern beheizt werden.

Deshalb müssen bei einer Hallenbad-Solaranlage die gleichen technischen Einrichtungen für die Sonnenkollektoren vorhanden sein, wie z. B. bei der Warmwasserbereitung.

Zusätzlich zum vorhandenen Wärmetauscher zur Beheizung des Schwimmbades über den Ölkessel, wird in den bestehenden Kreislauf noch ein Gegenstrom-Wärmetauscher für die Solaranlage eingebaut. Dieser muß in Fließrichtung vor dem Gegenstrom-Wärmetauscher des Ölkessels montiert werden, um ein Verschleppen von Wärme zu verhindern.

Wenn die Steuerung eine positive Temperaturdifferenz feststellt (Sonnenkollektoren sind wärmer als das Beckenwasser), wird nicht nur die Umwälzpumpe für den Solarkreis in Betrieb genommen, sondern zusätzlich auch die Umwälzpumpe des Schwimmbadkreislaufes.

Anwendungsbeispiele

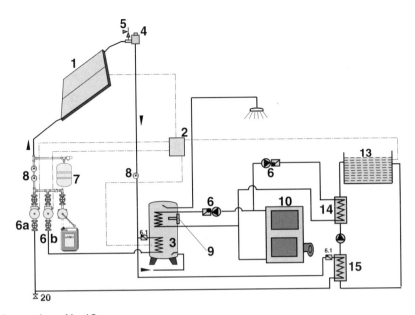

Anwendung Nr. 12

Warmwasser und Schwimmbad

Die Beheizung des Nutz-Warmwassers erfolgt wie in Anwendung 1 beschrieben.

Zusätzlich wird jedoch über einen Solar-Gegenstromwärmetauscher ein Schwimmbad beheizt (wie in Anwendung Nr. 11).

Bei Hallenbädern sollte die Nachheizung des Schwimmbeckens (Winter) über einen weiteren Gegenstrom-Wärmetauscher (20) durch den Heizkessel möglich sein.

Die Solar-Steuerung (2) beheizt vorrangig den Warmwasser-Speicher (3). Wenn der Warmwasser-Speicher die gewünschte Temperatur erreicht hat, setzt die Steuerung die Pumpe 6a für den Warmwasser-Speicher außer Betrieb und schaltet die Pumpe 6b für den Gegenstrom-Wärmetauscher (16) des Schwimmbades an.

Dasselbe geschieht, wenn der Warmwasser-Speicher zwar noch nicht die gewünschte Temperatur erreicht hat, die Sonnenkollektoren jedoch nicht mehr die bereits im Speicher befindliche Temperatur erreichen. Dann prüft die Solar-Steuerung (2), ob noch Wärme dem Schwimmbad zugeführt werden kann. Ist dies der Fall, wird die Pumpe (6b) für den Gegenströmer eingeschaltet.

Anwendungsbeispiele

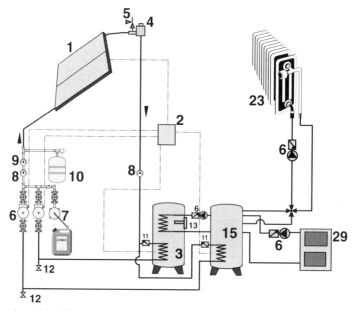

Anwendung Nr. 13

Warmwasser und Raumheizung

Die Beheizung des Nutzwarmwassers erfolgt wie in Anwendung 1 beschrieben.

Hat der Warmwasser-Speicher die eingestellte Temperatur erreicht, so schaltet die Solarsteuerung (2) automatisch auf den Pufferspeicher (15) um. Dies geschieht, indem die Umwälzpumpe (6a) abschaltet und, sofern im Kollektor höhere Temperaturen sind als im Pufferspeicher, die Umwälzpumpe (6b) in Betrieb gesetzt wird.

Siehe auch Beschreibung der Anwendung Nr. 12.

Die Entladung des Pufferspeichers erfolgt nach dem Entweder-Oder Prinzip. Sind im Pufferspeicher so hohe Temperaturen, daß die Raumheizung damit bedient werden kann, so ist das Drei-Wegeventil so geschaltet, daß der Wasserstrom unter Umgehung des Heizkessels über den Pufferspeicher fließt. Der Heizkessel ist ausgeschaltet und darf keineswegs durchströmt werden, da hierdurch zuviel Wärmeverluste entstehen würden.

Hat der Pufferspeicher jedoch nicht mehr genügend hohe Temperatur, so sperrt das Dreiwegeventil den Weg über den Pufferspeicher (15) und führt statt dessen den Wasserstrom durch den dann in Betrieb befindlichen Öl-/Gaskessel (21).

Anwendungsbeispiele

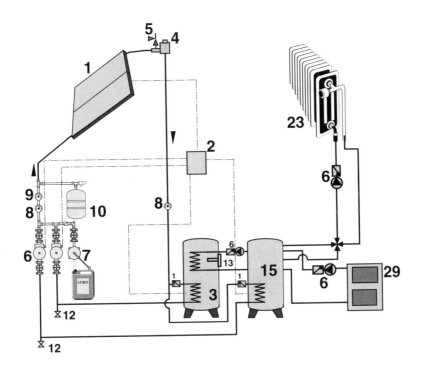

Anwendung Nr. 14

Warmwasser und Raumheizung mit kesselnachbeheiztem Pufferspeicher.

Diese Anwendung unterscheidet sich von Anwendung 13 dadurch, daß der Kessel nicht direkt auf die Heizkörper- bzw. Fußbodenheizung angeschlossen ist, sondern ausschließlich auf den Pufferspeicher.

Erreicht die Solaranlage nicht die gewünschte Wärme im Pufferspeicher, so heizt hier der Kessel den Pufferspeicher nach und die Heizkörper- bzw. Fußbodenheizung wird ausschließlich vom Pufferspeicher bedient.

Dieser Anwendung wird man beim Einsatz eines Feststoffkessels den Vorzug geben, da hier ein Pufferspeicher ohnehin vorgeschrieben ist.

Anwendungsbeispiele

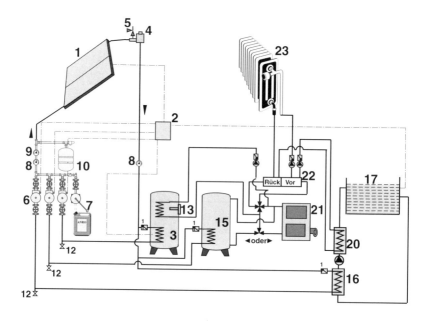

Anwendung Nr. 15

Warmwasser, Raumheizung, Schwimmbad

Drei Solar-Umwälzpumpen werden von der Solar-Steuerung (2) so gesteuert, daß zunächst der Brauchwarmwasser-Speicher (3), sodann der Pufferspeicher (15) und dann das Schwimmbad (17) über den Gegenstromwärmetauscher (16) bedient werden. Die Umschaltung zur nächsten Warmwasserabnahmestelle erfolgt, wenn

die vorrangige Warmwasserabnahmestelle ihre eingestellte Temperatur erreicht hat, oder

die Temperatur in der Solaranlage, die Temperatur in der vorrangigen Warmwasserabnahmestelle nicht mehr erhöhen kann und der Fühler im Sonnenkollektor eine höhere Temperatur meldet als in der nächstrangigen Wärmeabnahmestelle vorherrscht.

Die Entladung des Pufferspeichers erfolgt nach dem Entweder-Oder Prinzip (siehe Anwendung 13).

Diese Anwendung ist eine Kombination aus denAnwendungen 1, 12 und 13. Ebensogut können jedoch alle anderen zuvor beschriebenen Anwendungen miteinander kombiniert werden.

Anwendungsbeispiele

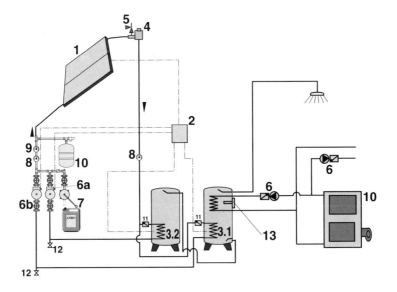

Anwendung Nr. 16

Warmwasser-Großanlage mit 2 Speichern in Reihe

Bei größeren Solaranlagen werden häufig mindestens 2 Warmwasserspeicher benötigt. Die Solaranlage bedient zunächst den der Zapfstelle am nächsten stehenden Speicher (3.1).

Hat dieser die eingestellte Temperatur erreicht, so schaltet die Solarsteuerung (2) automatisch auf den 2. Warmwasserspeicher (3.2) um. Dies geschieht, indem die Umwälzpumpe (6b) abgeschaltet wird und, sofern im Kollektor noch höhere Temperaturen sind als im Warmwasserspeicher 3.2, die Umwälzpumpe (6a) in Betrieb gesetzt wird.

Erreicht das Wasser im Speicher 3.2 nicht die gewünschte Temperatur von z. B. 50° C, dann wird dieses Wasser, das zwangsläufig durch den Speicher 3.1 fließen muß, dort nachgeheizt. Dies geschieht mit dem Heizkessel über den oberen Wärmetauscher.

Siehe auch Anwendung 1

Wo immer es möglich ist, sollte ein großer Speicher für Solar und Nachheizung der Installation mehrer Speicher vorgezogen werden.

Die Aufstellung mehrerer Speicher führt zu folgenden Nachteilen:

1. Die Anlage wird deutlich teurer.

2. Größere Wärmeverluste, da mehrere Speicher eine größere Oberfläche und auch mehr "Verlustlöcher" aufweisen als nur ein großer Speicher

3. Abkühlung des Wassers in den Rohrleitungen zwischen den Speichern.

223

Anwendungsbeispiele

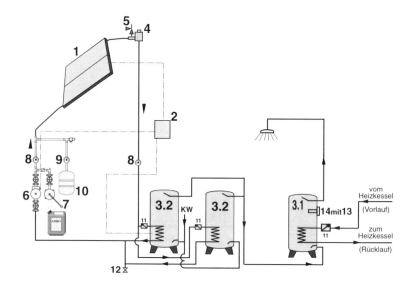

Anwendung Nr. 17

Warmwasser-Großanlage mit 2 Speichern in Reihe

Warmwasser-Großanlagen müssen oft schon aus Platzgründen mit mehreren Warmwasserspeichern ausgestattet werden.

Bei diesem Anwendungs-Beispiel sind 3 Warmwasserspeicher eingesetzt. 2 Speicher werden gleichmäßig (parallel) von der Solaranlage aufgeheizt. Das aufgeheizte bzw. vorgeheizte Wasser fließt dann von der Speichergruppe (3.2, Warmwasserabgang) zum Kaltwasserzulauf des dritten Speichers (3.1).

Ist das Warmwasser von der Solaranlage nicht auf die gewünschte Temperatur aufgeheizt (z. B. 50° C), so wird die Nachheizung mit dem Heizkessel über den Wärmetauscher 3.1 durchgeführt.

Sowohl der Anschluß der Kaltwasser-Warmwasserleitung der Speichergruppe 3.2 als auch der Anschluß der Solarkollektoren sind nach dem Tichelmann-System vorzunehmen.

(Bitte beachten Sie den letzten Absatz der Anwendung Nr. 5 und 16).

Anwendungsbeispiele

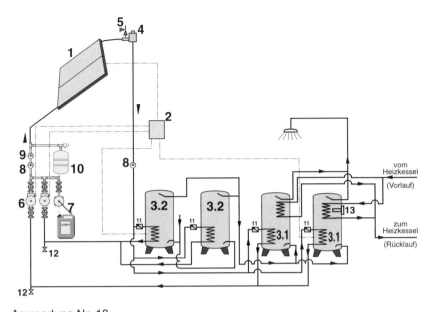

Anwendung Nr. 18

Warmwasser-Großanlage mit 4 Speichern in Reihe und Parallel

Bei diesem Anwendungs-Beispiel sind 4 Warmwasserspeicher eingesetzt. Diese 4 Speicher sind parallel und in Reihe geschaltet. D. h., es werden immer 2 Speicher gleichmäßig (parallel) von der Solaranlage aufgeheizt. Das aufgeheizte bzw. vorgeheizte Wasser fließt dann von einer Speichergruppe (3.2,Warmwasserabgang) zum Kaltwasserzulauf der anderen Speichergruppe (3.1). (Reihenschaltung)

Ist das Warmwasser von der Solaranlage nicht auf die gewünschte Temperatur aufgeheizt (z. B. 50° C), so wird die Nachheizung über 2 Wärmetauscher (je 1 Wärmetauscher pro Speicher), die im oberen Bereich der Speichergruppe 3.1 eingebaut sind, über herkömmliche Energie (Öl/Gas) nachgeheizt.

Sowohl der Anschluß der Kaltwasser-Warmwasserleitung je Speichergruppe als auch der Anschluß der Nachheizung sind nach dem Tichelmann-System anzuschließen.

Diese Anwendung ist der Anwendung Nr. 17 vorzuziehen, wenn:

1. kurzfristig sehr viel Warmwasser benötigt wird und die Durchgangsgröße der Kaltwassereintritts- und Warmwasserabgangsmuffe zu klein wäre oder

2. eine große Solaranlage eine so große Wärmetauscherfläche benötigt, daß 2 Speicher gleichzeitig angefahren werden müssen.

(Bitte beachten Sie den letzten Absatz der Anwendung Nr. 5 und 16).

225

Anwendungsbeispiele

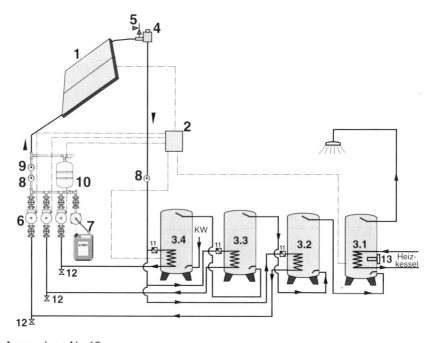

Anwendung Nr. 19

Warmwasser-Großanlage mit 4 Speichern in Reihe

Dieses Beispiel zeigt eine Solaranlage zur Warmwasserbereitung mit 4 Warmwasserspeichern.

3 Warmwasserspeicher (3.2 bis 3.4) werden direkt von der Solaranlage beheizt, während der 4. Speicher (3.1) bei Bedarf von der herkömmlichen Heizung (z.B Heizkessel) nachgeheizt wird. Die von der Solaranlage beheizten Speicher werden in der Reihenfolge aufgeheizt. Immer der, der Zapfstelle am nächsten stehende Speicher wird vorrangig bedient. In dieser Abbildung wird die Solaranlage also zuerst den Speicher 3.2, dann 3.3 und zum Schluß 3.4 aufheizen.

Erreicht das Wasser im Speicher 3.2 nicht die gewünschte Temperatur von z.B 50° C, dann wird dieses Wasser, das zwangsläufig durch den Speicher 3.1 fließen muß, dort mit herkömmlicher Energie (Öl/Gas) nachgeheizt.

(Bitte beachten Sie den letzten Absatz der Anwendung Nr. 5 und 16).

Anwendungsbeispiele

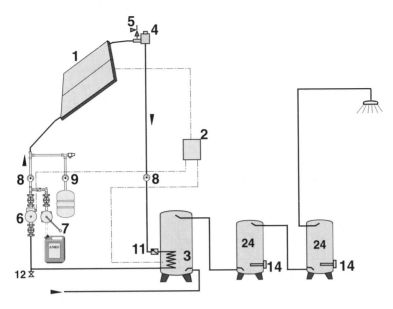

Anwendung Nr. 20
Warmwasser-Großanlage mit Nachtstrom

Dieses Anwendungsbeispiel entspricht dem Anwendungsbeispiel Nr. 5, jedoch mit dem Unterschied, daß der Warmwasserspeicher Nr. 24 nicht mit dem Öl/Gaskessel nachgeheizt wird, sondern mit einem Elektro-Heizeinsatz.

Da jedoch für die elektrische Heizenergie in der Regel nicht die Heizkapazität zur Verfügung steht, die es ermöglicht, innerhalb kürzester Zeit den Warmwasserbedarf auf die gewünschte Temperatur nachzuheizen, muß das Volumen des Elektro-Boilers (24) entsprechend groß gewählt werden, oder es sind mehrere Elektro-Boiler parallel oder in Reihe zu installieren.

Bei einer Anlage mit Nachtstrom müssen der/die Elektro-Boiler ein Volumen besitzen, das den maximalen Warmwasserbedarf eines Tages beinhaltet.

Das Warmwasserrohr zwischen den Speichern muß besonders gut isoliert sein und sollte möglichst kurz sein. Sonst wird das in diesem Rohr befindliche Wasser, besonders bei kurzen Zapfvorgängen immer wieder abkühlen.

Anwendungsbeispiele

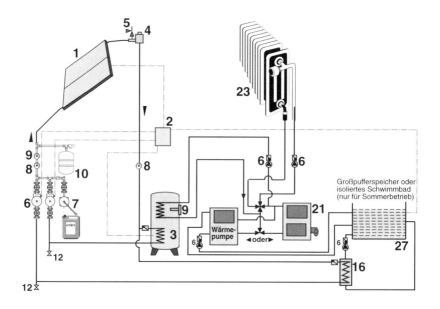

Anwendung Nr. 21

Warmwasser-Raumheizung (Schwimmbad) mit Wärmepumpe

Dieses Beispiel zeigt, wie eine Wärmepumpe die Wärmeenergie des solarbeheizten Pufferspeichers oder Schwimmbeckens für die Raumheizung zusätzlich nutzt. Sinkt die Wasserwärme des Pufferspeichers unter 30°C, so ist eine Beheizung, selbst einer Fußbodenheizung, nicht mehr möglich. Mit einer Wärmepumpe ließe sich jedoch die Energie des Pufferspeichers weiter nutzen. Die Wärmeenergie des Pufferspeichers könnte man bis zu einer Warmwassertemperatur von +5 °C nutzen, bei einer noch tragbaren Leistungsziffer der Wärmepumpe. Bedenken sollte man jedoch, daß die elektrische Energie mit Abstand am teuersten ist.

Ein Liter Heizöl hat z. B. einen Energieinhalt von 10 kWh. Selbst bei einem Ölpreis von DM 1,- würde 1 kWh Heizenergie aus Heizöl nur DM 0,10 kosten. Da Heizöl / Gas also erheblich billiger ist als elektrischer Strom, sollte diese Anwendung nur für Sonderfälle zum Einsatz kommen.

Diese Anwendung entspricht der Anwendungen Nr. 12 hinsichtlich der Solareinspeisung und Anwendung Nr. 15 hinsichtlich der Wärmenutzung. Hier steht jedoch statt des Pufferspeichers 11 eine Wärmepumpe, die ihre Energie aus dem großvolumigen Wärmereservoir entnimmt. Das Wärmereservoir (Pufferspeicher od. Schwimmbecken) wird jedoch nur über Solarenergie beheizt.

Anwendungsbeispiele

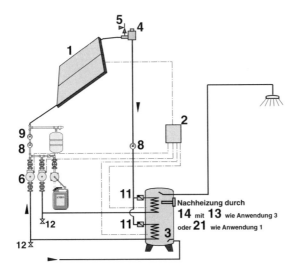

Anwendung Nr. 22

Warmwasser mit 2 Wärmetauschern

Bei dieser Anwendung wird dem Nutz-Warmwasserspeicher zunächst im oberen Speicherbereich Wärme zugeführt. Ist im oberen Drittel des Speichers die gewünschte Wassertemperatur erreicht, schaltet die Steuerung auf den unteren Wärmetauscher um.

Das Gleiche geschieht, wenn die Temperatur im Sonnenkollektor nicht mehr ausreicht, um im oberen, wärmeren Bereich des Speichers Wärme zuzuführen, jedoch im unteren, kälteren Bereich des Speichers noch Wärme zugeführt werden kann. Auch dann wechselt die Anlage auf den unteren Wärmetauscher.

Diese Anwendung mit zwei Wärmetauschern und einer Zweikreis-Steuerung ist relativ aufwendig und ist nur in Ausnahmefällen wirtschaftlich.

Diese Ausnahmen können z. B. sein:

- unverhältnismäßig großer Warmwasserspeicher
- keine flexible Nachheizung mit herkömmlicher Energie im oberen Bereich, wie dies z. B. bei Einsatz eines im Sommer außer Betrieb befindlichen Feststoffkessels der Fall ist
- Nachheizen nur mit relativ teurem elektrischen Strom

Bei diesem Anwendungsbeispiel ist weiter zu bedenken, daß der Anwender in der Regel das obere Drittel des Speichers stets mit der gewünschten Temperatur bevorratet haben muß, um jederzeit warmes Wasser zapfen zu können.

229

Anwendungsbeispiele

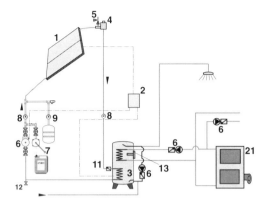

Anwendung Nr. 23

Legionellen-Desinfektion

Die Desinfektion von Legionellen-Bakterien und sonstigen Bakterien in Warmwasserspeichern und Rohrleitungen ist in der Praxis nur thermisch sinnvoll.

Das Ziel einer solchen thermischen Legionellen-Desinfektion kann nicht sein, die Legionellen restlos zu beseitigen. Diese würden ohnehin mit dem einfließenden Kaltwasser wieder eingeschwemmt, um sich dann wieder zu vermehren.

Deshalb wird nur angestrebt die Legionellen auf eine so niedrige Konzentration zu reduzieren, daß von ihnen keine Gefahr für die Gesundheit mehr ausgeht.

Da bei Solaranlagen der untere Bereich des Speichers, vor allen Dingen im Winterhalbjahr bei zu knapp bemessenen Sonnenkollektorflächen, über längere Zeit nur Temperaturen von unter 50° C erreicht, ist eine zusätzliche thermische Desinfektion erforderlich.

Dies geschieht, mit einer Verbindung vom Warmwasserabgang zum Kaltwasserzulauf.

Mit einer Umwälzpumpe wird dann in bestimmten Abständen, z. B. 14-tägig, der gesamte Speicherinhalt umgewälzt bei gleichzeitigem Betrieb des Heizkessels. So wird erreicht, daß der Warmwasserspeicher auch im unteren Bereich eine Temperatur von 70°C erreicht.

Unmittelbar nach Erreichen der gewünschten Temperatur im Warmwasserspeicher kann die thermische Desinfektion beendet werden.

Diese Desinfektion kann mit einer Zeitschaltuhr vorgenommen werden. Es ist jedoch darauf zu achten, daß sowohl der Heizkessel, die Umwälzpumpe vom Heizkessel zum oberen Speicher-Wärmetauscher und die Umwälzpumpe zwischen Warmwasser- und Kaltwasserrohr gleichzeitig in Betrieb sind. Es empfiehlt sich diese thermische Desinfektion ca. 1-2 Std. vor den Zapfzeiten vorzunehmen, damit eine ausreichende Verweildauer des 70 grädigen Wassers im Speicher gegeben ist.

Anwendungsbeispiele

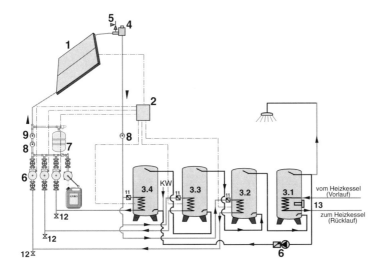

Anwendung Nr. 24

Legionellen-Desinfektion bei Großanlagen

Ähnlich wie bei Anwendung Nr. 23 erfolgt bei diesem Beispiel die thermische Desinfektion der Legionellen-Bakterien.

Der Unterschied zur Anlage 23 besteht in der Verbindung zwischen Warmwasseranschluß und Kaltwasseranschluß. Die Verbindung ist hier vom Warmwasserabgang des Speichers (3.1), der mit dem Heizkessel aufgeheizt wird, zum Kaltwassereintritt des Speichers (3.4) herzustellen, in den das Kaltwasser vom öffentlichen Netz einfließt. Bitte beachten Sie deshalb zunächst die Anwendung Nr. 23.

Auf diese Art und Weise wird der gesamte Inhalt aller Speicher auf eine so niedrige Legionellen-Konzentration desinfiziert, daß keine Infektion mehr zu befürchten ist.

Diese Anwendung gleicht der Anwendung Nr. 13 jedoch kommt hier, statt eines Wasser-Heizungsspeichers (Pufferspeicher) ein Latentspeicher (siehe Kapitel »Wärmespeicher für die Raumheizung«) zum Einsatz.

Der Latentspeicher ist auf eine Phasenänderungstemperatur von 55°C eingestellt.

Um den Wirkungsgrad derSolaranlage zu maximieren, ist auch hier im Warmwasserspeicher ein separater Wärmetauscher eingesetzt. Die Solarkollektoren können dann, selbst bei Kollektortemperaturen unterhalb 55° C das in den Wärmespeicher einfließende Kaltwasser (ca. 10°C) vorwärmen (siehe Kapitel »Wärmebedarfsstellen dezentralisieren«).

Weitere Details entnehmen Sie bitte der Anwendung 13 ohne bzw. der Anwendung 15 mit Schwimmbad.

231

Anwendungsbeispiele

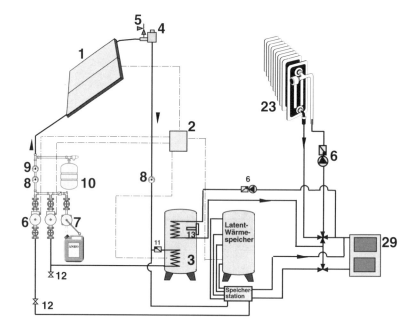

Anwendung Nr. 25

Warmwasser und Raumheizung mit Latentspeicher

Diese Anwendung gleicht der Anwendung Nr. 13 jedoch kommt hier, statt eines Wasser-Heizungsspeichers (Pufferspeicher) ein Latentspeicher (siehe Kapitel »Wärmespeicher für die Raumheizung«) zum Einsatz.

Der Latentspeicher ist auf eine Phasenänderungstemperatur von 55°C eingestellt.

Um den Wirkungsgrad der Solaranlage zu maximieren, ist auch hier im Warmwasserspeicher ein separater Wärmetauscher eingesetzt. Die Solarkollektoren können dann, selbst bei Kollektortemperaturen unterhalb 55° C das in den Wärmespeicher einfließende Kaltwasser (ca. 10°C) vorwärmen (siehe Kapitel »Wärmebedarfsstellen dezentralisieren«).

Weitere Details entnehmen Sie bitte der Anwendung 13 ohne bzw. der Anwendung 15 mit Schwimmbad.

Anwendungsbeispiele

Tabelle Sonneneinstrahlung auf den Kollektor

Zum ersten Mal wird hier in Tabellenform der prozentuale Anteil der Globalstrahlung, die das Kollektorfeld erreicht, detailliert dargestellt.

Dabei wurden unterschiedliche Winkelabweichung und Sonnenstand berücksichtigt.

Bei einem Sonnenstand zwischen 50° und 10° ist die Strahlungsenergie zwischen 2 % und 30 % reduziert, als Ausgleich des Verlustes bei der Durchdringung der Atmosphäre.

Beispiel:

Abweichung des Daches aus der Südrichtung nach Osten um 90° (Ostdach),

Aufstellwinkel 0° (Kollektor liegt flach). Tabelle 1 (siehe unten)

Bei dieser Voraussetzung erreichen im Januar um 1100 Uhr 21 % der Globalstrahlung das Kollektorfeld. 79 % der Globalstrahlung gehen "am Kollektor vorbei".

Bei einem durchschnittlichen Januartag erreichen unter diesen Voraussetzungen 11,4 % der Globalstrahlung das Kollektorfeld.

Wird, wie in Tabelle 2 ermittelt, das Kollektorfeld von 0° auf 15° zur Sonne geneigt, so steigt der Anteil der Globalstrahlung die das Kollektorfeld erreicht.

Um 1100 Uhr von 21 % (Tabelle 1) auf 25 %, und der Tagesdurchschnitt von 11,4 auf 11,7 %

```
Abweichung aus der Suedrichtung :  90.0 Grad nach Osten
Aufstellwinkel Kollektor         :   0.0 Grad (Flachdach)

                    Uhrzeit (ohne Sommerzeit)
        05  06  07  08  09  10  11  12  13  14  15  16  17  18  19   Durchschn.
       =========================================================================
Jan.    0   0   0   3   12  18  21  30  21  18  12  3   0   0   0    11.4
Febr.   0   0   1   12  20  33  39  41  39  33  20  12  1   0   0    20.9
Maerz   0   0   8   21  38  51  57  63  57  51  38  21  8   0   0    34.4
April   0   8   21  38  55  68  73  78  73  68  55  38  21  8   0    50.2
Mai     6   19  35  52  67  78  84      84  78  67  52  35  19  6    63.9
Juni    12  22  39  56  70  81  87  89  87  81  70  56  39  22  12   68.7
Juli    6   19  35  52  67  78  84  86  84  78  67  52  35  19  6    63.9
Aug.    0   8   21  38  55  68  73  78  73  68  55  38  21  8   0    50.2
Sept.   0   0   8   21  38  51  57  63  57  51  38  21  8   0   0    34.4
Okt.    0   0   1   12  20  33  39  41  39  33  20  12  1   0   0    20.9
Nov.    0   0   0   3   12  18  21  30  21  18  12  3   0   0   0    11.4
Dez.    0   0   0   0   6   14  18  20  18  14  6   0   0   0   0     8.0

Jahresdurchschnitt :     29.22
```

234

Tabelle Sonneneinstrahlung

```
Abweichung aus der Suedrichtung  :  90.0 Grad nach Osten
Aufstellwinkel Kollektor         :  15.0 Grad
```

	05	06	07	08	09	10	11	12	13	14	15	16	17	18	19	Durchschn.
Jan.	0	0	0	13	23	26	25	29	16	9	0	0	0	0	0	11.7
Febr.	0	0	13	27	32	43	44	39	32	20	7	0	0	0	0	21.4
Maerz	0	0	19	36	52	61	62	61	49	37	21	5	0	0	0	33.6
April	0	19	37	55	70	78	77	75	64	53	36	18	4	0	0	48.9
Mai	17	35	54	70	82	87	87	83	75	63	47	30	15	2	0	62.2
Juni	27	38	57	73	85	90	90	86	77	66	52	35	19	6	0	66.7
Juli	17	35	54	70	82	87	87	83	75	63	47	30	15	2	0	62.2
Aug.	0	19	37	55	70	78	77	75	64	53	36	18	4	0	0	48.9
Sept.	0	0	19	36	52	61	62	61	49	37	21	5	0	0	0	33.6
Okt.	0	0	13	27	32	43	44	39	32	20	7	0	0	0	0	21.4
Nov.	0	0	0	13	23	26	25	29	16	9	0	0	0	0	0	11.7
Dez.	0	0	0	0	14	22	21	19	13	6	0	0	0	0	0	7.9

Jahresdurchschnitt : 28.69

```
Abweichung aus der Suedrichtung  :  90.0 Grad nach Osten
Aufstellwinkel Kollektor         :  30.0 Grad
```

	05	06	07	08	09	10	11	12	13	14	15	16	17	18	19	Durchschn.
Jan.	0	0	0	22	33	32	27	26	10	0	0	0	0	0	0	12.5
Febr.	0	0	24	40	41	50	45	35	23	7	0	0	0	0	0	22.1
Maerz	0	0	30	48	63	68	62	55	37	20	3	0	0	0	0	32.2
April	0	30	51	69	80	83	76	67	50	35	14	0	0	0	0	46.3
Mai	27	48	69	83	91	91	85	74	60	44	25	7	0	0	0	58.7
Juni	40	50	71	86	93	93	87	76	63	47	29	11	0	0	0	62.3
Juli	27	48	69	83	91	91	85	74	60	44	25	7	0	0	0	58.7
Aug.	0	30	51	69	80	83	76	67	50	35	14	0	0	0	0	46.3
Sept.	0	0	30	48	63	68	62	55	37	20	3	0	0	0	0	32.2
Okt.	0	0	24	40	41	50	45	35	23	7	0	0	0	0	0	22.1
Nov.	0	0	0	22	33	32	27	26	10	0	0	0	0	0	0	12.5
Dez.	0	0	0	0	20	28	23	17	7	0	0	0	0	0	0	8.0

Jahresdurchschnitt : 27.59

```
Abweichung aus der Suedrichtung  :  90.0 Grad nach Osten
Aufstellwinkel Kollektor         :  45.0 Grad
```

	05	06	07	08	09	10	11	12	13	14	15	16	17	18	19	Durchschn.
Jan.	0	0	0	30	41	36	27	21	3	0	0	0	0	0	0	13.2
Febr.	0	0	33	50	48	54	43	29	13	0	0	0	0	0	0	22.5
Maerz	0	0	39	58	69	70	58	45	23	2	0	0	0	0	0	30.2
April	0	39	61	78	85	82	70	55	33	14	0	0	0	0	0	43.1
Mai	35	59	79	91	94	89	77	61	42	21	1	0	0	0	0	53.9
Juni	51	60	80	92	95	90	79	63	44	24	5	0	0	0	0	56.8
Juli	35	59	79	91	94	89	77	61	42	21	1	0	0	0	0	53.9
Aug.	0	39	61	78	85	82	70	55	33	14	0	0	0	0	0	43.1
Sept.	0	0	39	58	69	70	58	45	23	2	0	0	0	0	0	30.2
Okt.	0	0	33	50	48	54	43	29	13	0	0	0	0	0	0	22.5
Nov.	0	0	0	30	41	36	27	21	3	0	0	0	0	0	0	13.2
Dez.	0	0	0	0	26	32	24	14	1	0	0	0	0	0	0	8.1

Jahresdurchschnitt : 26.04

Bauliche Voraussetzungen

```
Abweichung aus der Suedrichtung :   90.0 Grad nach Osten
Aufstellwinkel Kollektor         :   60.0 Grad
               Uhrzeit (ohne Sommerzeit)
      05  06  07  08  09  10  11  12  13  14  15  16  17  18  19  Durchschn.
==================================================================================
Jan.   0   0   0  35  46  38  25  15   0   0   0   0   0   0   0     13.3
Febr.  0   0  40  57  52  54  38  20   1   0   0   0   0   0   0     21.9
Maerz  0   0  45  63  71  67  50  31   7   0   0   0   0   0   0     27.8
April  0  45  67  81  84  76  59  39  14   0   0   0   0   0   0     38.7
Mai   41  65  83  92  91  80  63  43  21   0   0   0   0   0   0     48.2
Juni  58  65  83  92  91  81  65  45  22   0   0   0   0   0   0     50.1
Juli  41  65  83  92  91  80  63  43  21   0   0   0   0   0   0     48.2
Aug.   0  45  67  81  84  76  59  39  14   0   0   0   0   0   0     38.7
Sept.  0   0  45  63  71  67  50  31   7   0   0   0   0   0   0     27.8
Okt.   0   0  40  57  52  54  38  20   1   0   0   0   0   0   0     21.9
Nov.   0   0   0  35  46  38  25  15   0   0   0   0   0   0   0     13.3
Dez.   0   0   0   0  30  34  23  10   0   0   0   0   0   0   0      8.0

Jahresdurchschnitt :      23.86


Abweichung aus der Suedrichtung :   90.0 Grad nach Osten
Aufstellwinkel Kollektor         :   75.0 Grad
               Uhrzeit (ohne Sommerzeit)
      05  06  07  08  09  10  11  12  13  14  15  16  17  18  19  Durchschn.
==================================================================================
Jan.   0   0   0  39  48  37  22   8   0   0   0   0   0   0   0     12.7
Febr.  0   0  45  60  52  50  31  11   0   0   0   0   0   0   0     20.7
Maerz  0   0  47  64  67  60  39  16   0   0   0   0   0   0   0     24.4
April  0  47  69  80  78  64  44  20   0   0   0   0   0   0   0     33.4
Mai   44  67  82  87  81  66  46  22   0   0   0   0   0   0   0     41.3
Juni  61  66  81  86  80  66  47  23   0   0   0   0   0   0   0     42.4
Juli  44  67  82  87  81  66  46  22   0   0   0   0   0   0   0     41.3
Aug.   0  47  69  80  78  64  44  20   0   0   0   0   0   0   0     33.4
Sept.  0   0  47  64  67  60  39  16   0   0   0   0   0   0   0     24.4
Okt.   0   0  45  60  52  50  31  11   0   0   0   0   0   0   0     20.7
Nov.   0   0   0  39  48  37  22   8   0   0   0   0   0   0   0     12.7
Dez.   0   0   0   0  31  33  20   5   0   0   0   0   0   0   0      7.5

Jahresdurchschnitt :      20.99


Abweichung aus der Suedrichtung :   90.0 Grad nach Osten
Aufstellwinkel Kollektor         :   90.0 Grad
               Uhrzeit (ohne Sommerzeit)
      05  06  07  08  09  10  11  12  13  14  15  16  17  18  19  Durchschn.
==================================================================================
Jan.   0   0   0  39  46  33  17   0   0   0   0   0   0   0   0     11.3
Febr.  0   0  46  59  48  43  22   0   0   0   0   0   0   0   0     18.2
Maerz  0   0  47  60  60  48  25   0   0   0   0   0   0   0   0     20.0
April  0  47  65  72  66  48  26   0   0   0   0   0   0   0   0     27.0
Mai   44  64  76  77  66  47  25   0   0   0   0   0   0   0   0     33.2
Juni  60  62  73  74  64  46  25   0   0   0   0   0   0   0   0     33.7
Juli  44  64  76  77  66  47  25   0   0   0   0   0   0   0   0     33.2
Aug.   0  47  65  72  66  48  26   0   0   0   0   0   0   0   0     27.0
Sept.  0   0  47  60  60  48  25   0   0   0   0   0   0   0   0     20.0
Okt.   0   0  46  59  48  43  22   0   0   0   0   0   0   0   0     18.2
Nov.   0   0   0  39  46  33  17   0   0   0   0   0   0   0   0     11.3
Dez.   0   0   0   0  31  31  16   0   0   0   0   0   0   0   0      6.4

Jahresdurchschnitt :      17.30
```

Bauliche Voraussetzungen

Abweichung aus der Suedrichtung : 67.5 Grad nach Osten
Aufstellwinkel Kollektor   : 0.0 Grad

Uhrzeit (ohne Sommerzeit)

	05	06	07	08	09	10	11	12	13	14	15	16	17	18	19	Durchschn.
Jan.	0	0	0	3	12	18	21	30	21	18	12	3	0	0	0	11.4
Febr.	0	0	1	12	20	33	39	41	39	33	20	12	1	0	0	20.9
Maerz	0	0	8	21	38	51	57	63	57	51	38	21	8	0	0	34.4
April	0	8	21	38	55	68	73	78	73	68	55	38	21	8	0	50.2
Mai	6	19	35	52	67	78	84	86	84	78	67	52	35	19	6	63.9
Juni	12	22	39	56	70	81	87	89	87	81	70	56	39	22	12	68.7
Juli	6	19	35	52	67	78	84	86	84	78	67	52	35	19	6	63.9
Aug.	0	8	21	38	55	68	73	78	73	68	55	38	21	8	0	50.2
Sept.	0	0	8	21	38	51	57	63	57	51	38	21	8	0	0	34.4
Okt.	0	0	1	12	20	33	39	41	39	33	20	12	1	0	0	20.9
Nov.	0	0	0	3	12	18	21	30	21	18	12	3	0	0	0	11.4
Dez.	0	0	0	0	6	14	18	20	18	14	6	0	0	0	0	8.0

Jahresdurchschnitt : 29.22

Abweichung aus der Suedrichtung : 67.5 Grad nach Osten
Aufstellwinkel Kollektor   : 15.0 Grad

Uhrzeit (ohne Sommerzeit)

	05	06	07	08	09	10	11	12	13	14	15	16	17	18	19	Durchschn.
Jan.	0	0	0	15	27	31	31	37	23	15	5	0	0	0	0	15.3
Febr.	0	0	13	29	35	48	50	46	40	28	12	1	0	0	0	25.2
Maerz	0	0	19	37	55	67	68	68	56	44	27	9	0	0	0	37.5
April	0	18	36	56	72	82	82	81	70	59	41	21	5	0	0	52.1
Mai	14	32	52	70	83	91	92	88	80	68	52	33	16	1	0	64.2
Juni	23	35	55	72	86	93	94	91	82	71	55	37	20	5	0	68.0
Juli	14	32	52	70	83	91	92	88	80	68	52	33	16	1	0	64.2
Aug.	0	18	36	56	72	82	82	81	70	59	41	21	5	0	0	52.1
Sept.	0	0	19	37	55	67	68	68	56	44	27	9	0	0	0	37.5
Okt.	0	0	13	29	35	48	50	46	40	28	12	1	0	0	0	25.2
Nov.	0	0	0	15	27	31	31	37	23	15	5	0	0	0	0	15.3
Dez.	0	0	0	0	17	27	27	26	20	12	2	0	0	0	0	10.9

Jahresdurchschnitt : 31.18

Abweichung aus der Suedrichtung : 67.5 Grad nach Osten
Aufstellwinkel Kollektor   : 30.0 Grad

Uhrzeit (ohne Sommerzeit)

	05	06	07	08	09	10	11	12	13	14	15	16	17	18	19	Durchschn.
Jan.	0	0	0	26	41	42	38	41	23	11	0	0	0	0	0	18.5
Febr.	0	0	25	44	48	61	58	49	38	21	4	0	0	0	0	28.8
Maerz	0	0	30	51	69	78	74	69	51	33	14	0	0	0	0	39.1
April	0	27	49	70	85	91	86	79	63	47	24	3	0	0	0	52.0
Mai	22	43	65	82	94	97	93	84	70	53	33	11	0	0	0	62.3
Juni	32	44	66	84	95	98	95	86	72	56	36	16	0	0	0	65.0
Juli	22	43	65	82	94	97	93	84	70	53	33	11	0	0	0	62.3
Aug.	0	27	49	70	85	91	86	79	63	47	24	3	0	0	0	52.0
Sept.	0	0	30	51	69	78	74	69	51	33	14	0	0	0	0	39.1
Okt.	0	0	25	44	48	61	58	49	38	21	4	0	0	0	0	28.8
Nov.	0	0	0	26	41	42	38	41	23	11	0	0	0	0	0	18.5
Dez.	0	0	0	0	26	38	35	30	20	10	0	0	0	0	0	13.3

Jahresdurchschnitt : 31.99

Tabelle Sonneneinstrahlung

```
Abweichung aus der Suedrichtung :  67.5 Grad nach Osten
Aufstellwinkel Kollektor         :  45.0 Grad
                    Uhrzeit (ohne Sommerzeit)
        05  06  07  08  09  10  11  12  13  14  15  16  17  18  19  Durchschn.
================================================================================
Jan.     0   0   0  35  52  50  43  42  21   6   0   0   0   0   0    20.8
Febr.    0   0  34  56  58  69  61  49  33  12   0   0   0   0   0    31.0
Maerz    0   0  38  61  78  84  76  65  43  21   0   0   0   0   0    38.8
April    0  34  59  79  92  93  85  72  51  31   6   0   0   0   0    50.1
Mai     27  51  73  89  98  97  89  75  56  35  12   0   0   0   0    58.5
Juni    39  51  73  90  98  97  89  75  57  37  14   0   0   0   0    60.1
Juli    27  51  73  89  98  97  89  75  56  35  12   0   0   0   0    58.5
Aug.     0  34  59  79  92  93  85  72  51  31   6   0   0   0   0    50.1
Sept.    0   0  38  61  78  84  76  65  43  21   0   0   0   0   0    38.8
Okt.     0   0  34  56  58  69  61  49  33  12   0   0   0   0   0    31.0
Nov.     0   0   0  35  52  50  43  42  21   6   0   0   0   0   0    20.8
Dez.     0   0   0   0  34  46  40  32  20   6   0   0   0   0   0    14.9

Jahresdurchschnitt :      31.55


Abweichung aus der Suedrichtung :  67.5 Grad nach Osten
Aufstellwinkel Kollektor         :  60.0 Grad
                    Uhrzeit (ohne Sommerzeit)
        05  06  07  08  09  10  11  12  13  14  15  16  17  18  19  Durchschn.
================================================================================
Jan.     0   0   0  42  59  54  45  41  18   1   0   0   0   0   0    21.8
Febr.    0   0  42  64  63  72  60  45  26   3   0   0   0   0   0    31.3
Maerz    0   0  44  67  82  84  72  56  31   7   0   0   0   0   0    36.9
April    0  39  64  83  92  90  77  60  36  13   0   0   0   0   0    46.1
Mai     31  55  77  90  95  91  78  60  38  15   0   0   0   0   0    52.5
Juni    43  55  75  89  94  90  78  60  38  15   0   0   0   0   0    53.1
Juli    31  55  77  90  95  91  78  60  38  15   0   0   0   0   0    52.5
Aug.     0  39  64  83  92  90  77  60  36  13   0   0   0   0   0    46.1
Sept.    0   0  44  67  82  84  72  56  31   7   0   0   0   0   0    36.9
Okt.     0   0  42  64  63  72  60  45  26   3   0   0   0   0   0    31.3
Nov.     0   0   0  42  59  54  45  41  18   1   0   0   0   0   0    21.8
Dez.     0   0   0   0  40  51  43  32  17   3   0   0   0   0   0    15.5

Jahresdurchschnitt :      29.72


Abweichung aus der Suedrichtung :  67.5 Grad nach Osten
Aufstellwinkel Kollektor         :  75.0 Grad
                    Uhrzeit (ohne Sommerzeit)
        05  06  07  08  09  10  11  12  13  14  15  16  17  18  19  Durchschn.
================================================================================
Jan.     0   0   0  46  63  55  44  37  14   0   0   0   0   0   0    21.5
Febr.    0   0  46  68  65  71  56  38  17   0   0   0   0   0   0    30.0
Maerz    0   0  46  69  80  79  63  44  18   0   0   0   0   0   0    33.2
April    0  41  65  81  86  80  64  43  18   0   0   0   0   0   0    40.0
Mai     33  56  75  85  87  78  62  41  18   0   0   0   0   0   0    44.5
Juni    45  54  72  83  84  76  61  40  16   0   0   0   0   0   0    44.2
Juli    33  56  75  85  87  78  62  41  18   0   0   0   0   0   0    44.5
Aug.     0  41  65  81  86  80  64  43  18   0   0   0   0   0   0    40.0
Sept.    0   0  46  69  80  79  63  44  18   0   0   0   0   0   0    33.2
Okt.     0   0  46  68  65  71  56  38  17   0   0   0   0   0   0    30.0
Nov.     0   0   0  46  63  55  44  37  14   0   0   0   0   0   0    21.5
Dez.     0   0   0   0  42  53  43  29  14   0   0   0   0   0   0    15.1

Jahresdurchschnitt :      26.52
```

Tabelle Sonneneinstrahlung

```
Abweichung aus der Suedrichtung : 67.5 Grad nach Osten
Aufstellwinkel Kollektor        : 90.0 Grad
```

	Uhrzeit (ohne Sommerzeit)														
	05	06	07	08	09	10	11	12	13	14	15	16	17	18	19	Durchschn.
Jan.	0	0	0	47	62	53	40	30	9	0	0	0	0	0	0	19.9
Febr.	0	0	48	67	62	64	47	28	7	0	0	0	0	0	0	26.9
Maerz	0	0	46	65	72	68	50	29	3	0	0	0	0	0	0	27.8
April	0	41	62	74	75	64	47	24	0	0	0	0	0	0	0	32.2
Mai	33	53	68	74	72	60	41	20	0	0	0	0	0	0	0	35.1
Juni	43	50	64	71	68	57	40	17	0	0	0	0	0	0	0	34.2
Juli	33	53	68	74	72	60	41	20	0	0	0	0	0	0	0	35.1
Aug.	0	41	62	74	75	64	47	24	0	0	0	0	0	0	0	32.2
Sept.	0	0	46	65	72	68	50	29	3	0	0	0	0	0	0	27.8
Okt.	0	0	48	67	62	64	47	28	7	0	0	0	0	0	0	26.9
Nov.	0	0	0	47	62	53	40	30	9	0	0	0	0	0	0	19.9
Dez.	0	0	0	0	42	51	39	25	10	0	0	0	0	0	0	14.0

Jahresdurchschnitt : 22.13

```
Abweichung aus der Suedrichtung : 45.0 Grad nach Osten
Aufstellwinkel Kollektor        :  0.0 Grad
```

	Uhrzeit (ohne Sommerzeit)														
	05	06	07	08	09	10	11	12	13	14	15	16	17	18	19	Durchschn.
Jan.	0	0	0	3	12	18	21	30	21	18	12	3	0	0	0	11.4
Febr.	0	0	1	12	20	33	39	41	39	33	20	12	1	0	0	20.9
Maerz	0	0	8	21	38	51	57	63	57	51	38	21	8	0	0	34.4
April	0	8	21	38	55	68	73	78	73	68	55	38	21	8	0	50.2
Mai	6	19	35	52	67	78	84	86	84	78	67	52	35	19	6	63.9
Juni	12	22	39	56	70	81	87	89	87	81	70	56	39	22	12	68.7
Juli	6	19	35	52	67	78	84	86	84	78	67	52	35	19	6	63.9
Aug.	0	8	21	38	55	68	73	78	73	68	55	38	21	8	0	50.2
Sept.	0	0	8	21	38	51	57	63	57	51	38	21	8	0	0	34.4
Okt.	0	0	1	12	20	33	39	41	39	33	20	12	1	0	0	20.9
Nov.	0	0	0	3	12	18	21	30	21	18	12	3	0	0	0	11.4
Dez.	0	0	0	0	6	14	18	20	18	14	6	0	0	0	0	8.0

Jahresdurchschnitt : 29.22

```
Abweichung aus der Suedrichtung : 45.0 Grad nach Osten
Aufstellwinkel Kollektor        : 15.0 Grad
```

	Uhrzeit (ohne Sommerzeit)														
	05	06	07	08	09	10	11	12	13	14	15	16	17	18	19	Durchschn.
Jan.	0	0	0	15	29	34	35	43	29	22	12	0	0	0	0	18.2
Febr.	0	0	12	28	36	51	55	53	47	35	19	7	0	0	0	28.6
Maerz	0	0	17	36	56	69	73	75	63	51	34	14	0	0	0	40.7
April	0	15	33	53	72	84	86	87	77	66	47	27	9	0	0	54.7
Mai	10	27	47	66	82	91	94	92	85	74	58	38	19	4	0	65.7
Juni	17	30	50	69	84	93	96	94	87	76	61	42	23	7	0	69.0
Juli	10	27	47	66	82	91	94	92	85	74	58	38	19	4	0	65.7
Aug.	0	15	33	53	72	84	86	87	77	66	47	27	9	0	0	54.7
Sept.	0	0	17	36	56	69	73	75	63	51	34	14	0	0	0	40.7
Okt.	0	0	12	28	36	51	55	53	47	35	19	7	0	0	0	28.6
Nov.	0	0	0	15	29	34	35	43	29	22	12	0	0	0	0	18.2
Dez.	0	0	0	0	18	30	32	31	26	19	7	0	0	0	0	13.6

Jahresdurchschnitt : 33.23

Tabelle Sonneneinstrahlung

```
Abweichung aus der Suedrichtung :   45.0 Grad nach Osten
Aufstellwinkel Kollektor         :   30.0 Grad
                  Uhrzeit (ohne Sommerzeit)
       05   06   07   08   09   10   11   12   13   14   15   16   17   18   19   Durchschn.
===========================================================================================
Jan.    0    0    0   26   44   47   47   54   35   24   12    0    0    0    0   24.0
Febr.   0    0   22   43   50   66   67   61   51   36   16    1    0    0    0   34.5
Maerz   0    0   25   49   70   83   83   81   65   49   28    6    0    0    0   44.9
April   0   21   43   65   84   94   93   90   75   60   37   14    0    0    0   56.4
Mai    14   33   56   75   91   99   99   92   81   65   44   21    2    0    0   64.4
Juni   20   35   57   77   92   99   99   93   81   66   47   25    5    0    0   66.4
Juli   14   33   56   75   91   99   99   92   81   65   44   21    2    0    0   64.4
Aug.    0   21   43   65   84   94   93   90   75   60   37   14    0    0    0   56.4
Sept.   0    0   25   49   70   83   83   81   65   49   28    6    0    0    0   44.9
Okt.    0    0   22   43   50   66   67   61   51   36   16    1    0    0    0   34.5
Nov.    0    0    0   26   44   47   47   54   35   24   12    0    0    0    0   24.0
Dez.    0    0    0    0   29   44   44   41   32   23    7    0    0    0    0   18.3

Jahresdurchschnitt :     35.53


Abweichung aus der Suedrichtung :   45.0 Grad nach Osten
Aufstellwinkel Kollektor         :   45.0 Grad
                  Uhrzeit (ohne Sommerzeit)
       05   06   07   08   09   10   11   12   13   14   15   16   17   18   19   Durchschn.
===========================================================================================
Jan.    0    0    0   35   56   58   55   60   38   25   10    0    0    0    0   28.1
Febr.   0    0   31   54   61   77   74   65   52   34   13    0    0    0    0   38.4
Maerz   0    0   32   58   79   91   88   82   62   43   20    0    0    0    0   46.2
April   0   26   49   73   90   98   94   86   69   50   24    1    0    0    0   55.0
Mai    16   37   60   80   94   99   96   86   71   52   28    3    0    0    0   60.3
Juni   22   37   60   80   93   98   95   86   70   52   30    6    0    0    0   60.9
Juli   16   37   60   80   94   99   96   86   71   52   28    3    0    0    0   60.3
Aug.    0   26   49   73   90   98   94   86   69   50   24    1    0    0    0   55.0
Sept.   0    0   32   58   79   91   88   82   62   43   20    0    0    0    0   46.2
Okt.    0    0   31   54   61   77   74   65   52   34   13    0    0    0    0   38.4
Nov.    0    0    0   35   56   58   55   60   38   25   10    0    0    0    0   28.1
Dez.    0    0    0    0   38   55   53   47   37   25    7    0    0    0    0   21.8

Jahresdurchschnitt :     35.91


Abweichung aus der Suedrichtung :   45.0 Grad nach Osten
Aufstellwinkel Kollektor         :   60.0 Grad
                  Uhrzeit (ohne Sommerzeit)
       05   06   07   08   09   10   11   12   13   14   15   16   17   18   19   Durchschn.
===========================================================================================
Jan.    0    0    0   42   65   64   60   63   39   24    8    0    0    0    0   30.4
Febr.   0    0   37   62   67   82   76   65   50   29    8    0    0    0    0   39.7
Maerz   0    0   37   63   83   92   86   77   56   34   10    0    0    0    0   44.8
April   0   29   53   75   90   95   89   77   58   36    9    0    0    0    0   50.9
Mai    18   39   61   79   91   93   87   74   57   35   10    0    0    0    0   53.6
Juni   23   38   59   77   89   91   85   72   55   34   10    0    0    0    0   52.8
Juli   18   39   61   79   91   93   87   74   57   35   10    0    0    0    0   53.6
Aug.    0   29   53   75   90   95   89   77   58   36    9    0    0    0    0   50.9
Sept.   0    0   37   63   83   92   86   77   56   34   10    0    0    0    0   44.8
Okt.    0    0   37   62   67   82   76   65   50   29    8    0    0    0    0   39.7
Nov.    0    0    0   42   65   64   60   63   39   24    8    0    0    0    0   30.4
Dez.    0    0    0    0   44   62   58   50   38   25    7    0    0    0    0   23.8

Jahresdurchschnitt :     34.36
```

Tabelle Sonneneinstrahlung

```
Abweichung aus der Suedrichtung : 45.0 Grad nach Osten
Aufstellwinkel Kollektor        : 75.0 Grad
```

	05	06	07	08	09	10	11	12	13	14	15	16	17	18	19	Durchschn.
Jan.	0	0	0	46	68	67	60	61	37	21	5	0	0	0	0	30.5
Febr.	0	0	41	66	69	82	73	61	44	23	3	0	0	0	0	38.4
Maerz	0	0	39	64	81	88	79	68	45	22	0	0	0	0	0	40.5
April	0	30	52	72	84	86	78	63	43	20	0	0	0	0	0	43.9
Mai	18	38	57	72	81	81	72	57	38	16	0	0	0	0	0	44.2
Juni	22	35	54	70	78	77	69	54	35	14	0	0	0	0	0	42.4
Juli	18	38	57	72	81	81	72	57	38	16	0	0	0	0	0	44.2
Aug.	0	30	52	72	84	86	78	63	43	20	0	0	0	0	0	43.9
Sept.	0	0	39	64	81	88	79	68	45	22	0	0	0	0	0	40.5
Okt.	0	0	41	66	69	82	73	61	44	23	3	0	0	0	0	38.4
Nov.	0	0	0	46	68	67	60	61	37	21	5	0	0	0	0	30.5
Dez.	0	0	0	0	47	65	60	50	38	24	6	0	0	0	0	24.1

Jahresdurchschnitt : 30.77

```
Abweichung aus der Suedrichtung : 45.0 Grad nach Osten
Aufstellwinkel Kollektor        : 90.0 Grad
```

	05	06	07	08	09	10	11	12	13	14	15	16	17	18	19	Durchschn.
Jan.	0	0	0	47	68	64	57	55	33	17	2	0	0	0	0	28.6
Febr.	0	0	42	65	66	76	65	52	35	15	0	0	0	0	0	34.6
Maerz	0	0	38	61	74	77	66	53	31	10	0	0	0	0	0	34.2
April	0	29	49	65	72	70	61	44	25	2	0	0	0	0	0	34.7
Mai	17	34	50	61	66	63	52	36	17	0	0	0	0	0	0	33.0
Juni	20	30	46	57	62	58	48	32	13	0	0	0	0	0	0	30.5
Juli	17	34	50	61	66	63	52	36	17	0	0	0	0	0	0	33.0
Aug.	0	29	49	65	72	70	61	44	25	2	0	0	0	0	0	34.7
Sept.	0	0	38	61	74	77	66	53	31	10	0	0	0	0	0	34.2
Okt.	0	0	42	65	66	76	65	52	35	15	0	0	0	0	0	34.6
Nov.	0	0	0	47	68	64	57	55	33	17	2	0	0	0	0	28.6
Dez.	0	0	0	0	48	64	57	46	34	21	4	0	0	0	0	22.8

Jahresdurchschnitt : 25.57

```
Abweichung aus der Suedrichtung : 22.5 Grad nach Osten
Aufstellwinkel Kollektor        : 0.0 Grad
```

	05	06	07	08	09	10	11	12	13	14	15	16	17	18	19	Durchschn.
Jan.	0	0	0	3	12	18	21	30	21	18	12	3	0	0	0	11.4
Febr.	0	0	1	12	20	33	39	41	39	33	20	12	1	0	0	20.9
Maerz	0	0	8	21	38	51	57	63	57	51	38	21	8	0	0	34.4
April	0	8	21	38	55	68	73	78	73	68	55	38	21	8	0	50.2
Mai	6	19	35	52	67	78	84	86	84	78	67	52	35	19	6	63.9
Juni	12	22	39	56	70	81	87	89	87	81	70	56	39	22	12	68.7
Juli	6	19	35	52	67	78	84	86	84	78	67	52	35	19	6	63.9
Aug.	0	8	21	38	55	68	73	78	73	68	55	38	21	8	0	50.2
Sept.	0	0	8	21	38	51	57	63	57	51	38	21	8	0	0	34.4
Okt.	0	0	1	12	20	33	39	41	39	33	20	12	1	0	0	20.9
Nov.	0	0	0	3	12	18	21	30	21	18	12	3	0	0	0	11.4
Dez.	0	0	0	0	6	14	18	20	18	14	6	0	0	0	0	8.0

Jahresdurchschnitt : 29.22

Tabelle Sonneneinstrahlung

```
Abweichung aus der Suedrichtung :  22.5 Grad nach Osten
Aufstellwinkel Kollektor        :  15.0 Grad
                Uhrzeit (ohne Sommerzeit)
        05  06  07  08  09  10  11  12  13  14  15  16  17  18  19  Durchschn.
================================================================================
Jan.     0   0   0  13  28  34  37  48  34  28  19   5   0   0   0   20.5
Febr.    0   0   9  25  35  51  57  57  53  43  25  14   0   0   0   30.7
Maerz    0   0  14  33  53  68  74  79  69  59  42  21   4   0   0   43.0
April    0  10  28  49  68  83  87  90  82  73  55  34  15   1   0   56.3
Mai      5  21  40  60  78  90  95  95  90  80  65  45  25   8   0   66.5
Juni    10  23  43  63  80  91  96  97  92  82  67  48  29  11   0   69.4
Juli     5  21  40  60  78  90  95  95  90  80  65  45  25   8   0   66.5
Aug.     0  10  28  49  68  83  87  90  82  73  55  34  15   1   0   56.3
Sept.    0   0  14  33  53  68  74  79  69  59  42  21   4   0   0   43.0
Okt.     0   0   9  25  35  51  57  57  53  43  25  14   0   0   0   30.7
Nov.     0   0   0  13  28  34  37  48  34  28  19   5   0   0   0   20.5
Dez.     0   0   0   0  17  31  34  35  31  25  11   0   0   0   0   15.4

Jahresdurchschnitt :     34.58


Abweichung aus der Suedrichtung :  22.5 Grad nach Osten
Aufstellwinkel Kollektor        :  30.0 Grad
                Uhrzeit (ohne Sommerzeit)
        05  06  07  08  09  10  11  12  13  14  15  16  17  18  19  Durchschn.
================================================================================
Jan.     0   0   0  22  42  48  51  62  44  36  24   7   0   0   0   28.1
Febr.    0   0  16  37  47  66  71  69  63  50  29  14   0   0   0   38.5
Maerz    0   0  19  42  65  82  86  89  77  63  42  19   1   0   0   48.6
April    0  12  32  56  77  92  96  96  86  74  52  28   7   0   0   59.0
Mai      4  21  43  64  83  95 100  98  90  77  58  35  14   0   0   65.3
Juni     7  22  44  66  84  96 100  98  90  78  60  37  16   0   0   66.5
Juli     4  21  43  64  83  95 100  98  90  77  58  35  14   0   0   65.3
Aug.     0  12  32  56  77  92  96  96  86  74  52  28   7   0   0   59.0
Sept.    0   0  19  42  65  82  86  89  77  63  42  19   1   0   0   48.6
Okt.     0   0  16  37  47  66  71  69  63  50  29  14   0   0   0   38.5
Nov.     0   0   0  22  42  48  51  62  44  36  24   7   0   0   0   28.1
Dez.     0   0   0   0  28  46  48  48  42  34  16   0   0   0   0   21.8

Jahresdurchschnitt :     37.83


Abweichung aus der Suedrichtung :  22.5 Grad nach Osten
Aufstellwinkel Kollektor        :  45.0 Grad
                Uhrzeit (ohne Sommerzeit)
        05  06  07  08  09  10  11  12  13  14  15  16  17  18  19  Durchschn.
================================================================================
Jan.     0   0   0  30  53  59  61  72  52  41  28   9   0   0   0   33.8
Febr.    0   0  22  46  56  77  80  77  68  53  30  14   0   0   0   43.6
Maerz    0   0  22  48  72  89  92  94  79  63  40  15   0   0   0   51.3
April    0  14  35  59  80  95  98  96  84  69  45  20   0   0   0   57.9
Mai      3  20  42  64  83  95  98  94  84  69  48  22   1   0   0   60.3
Juni     4  20  42  64  82  93  96  93  83  68  48  24   2   0   0   59.9
Juli     3  20  42  64  83  95  98  94  84  69  48  22   1   0   0   60.3
Aug.     0  14  35  59  80  95  98  96  84  69  45  20   0   0   0   57.9
Sept.    0   0  22  48  72  89  92  94  79  63  40  15   0   0   0   51.3
Okt.     0   0  22  46  56  77  80  77  68  53  30  14   0   0   0   43.6
Nov.     0   0   0  30  53  59  61  72  52  41  28   9   0   0   0   33.8
Dez.     0   0   0   0  36  57  59  57  50  41  20   0   0   0   0   26.7

Jahresdurchschnitt :     38.70
```

Tabelle Sonneneinstrahlung

```
Abweichung aus der Suedrichtung :  22.5 Grad nach Osten
Aufstellwinkel Kollektor         :  60.0 Grad

              Uhrzeit (ohne Sommerzeit)
       05  06  07  08  09  10  11  12  13  14  15  16  17  18  19  Durchschn.
===============================================================================
Jan.    0   0   0  36  61  66  67  78  56  44  30  10   0   0   0    37.3
Febr.   0   0  27  52  62  82  83  79  69  53  30  13   0   0   0    45.8
Maerz   0   0  25  51  75  91  92  92  76  59  35  11   0   0   0    50.4
April   0  14  35  58  78  91  93  89  76  59  35  11   0   0   0    53.4
Mai     2  18  39  59  78  88  89  84  73  56  34   8   0   0   0    52.2
Juni    0  17  37  58  75  85  86  81  70  54  33   9   0   0   0    50.3
Juli    2  18  39  59  78  88  89  84  73  56  34   8   0   0   0    52.2
Aug.    0  14  35  58  78  91  93  89  76  59  35  11   0   0   0    53.4
Sept.   0   0  25  51  75  91  92  92  76  59  35  11   0   0   0    50.4
Okt.    0   0  27  52  62  82  83  79  69  53  30  13   0   0   0    45.8
Nov.    0   0   0  36  61  66  67  78  56  44  30  10   0   0   0    37.3
Dez.    0   0   0   0  42  65  66  63  55  45  22   0   0   0   0    29.8

Jahresdurchschnitt :      37.22


Abweichung aus der Suedrichtung :  22.5 Grad nach Osten
Aufstellwinkel Kollektor         :  75.0 Grad

              Uhrzeit (ohne Sommerzeit)
       05  06  07  08  09  10  11  12  13  14  15  16  17  18  19  Durchschn.
===============================================================================
Jan.    0   0   0  40  64  68  68  78  56  44  30  11   0   0   0    38.2
Febr.   0   0  30  54  63  81  81  76  65  50  27  10   0   0   0    44.9
Maerz   0   0  25  51  72  86  86  83  67  50  28   6   0   0   0    46.1
April   0  13  33  54  71  81  82  76  63  46  22   0   0   0   0    45.2
Mai     0  14  32  50  67  75  74  68  56  39  18   0   0   0   0    41.2
Juni    0  12  29  48  63  70  70  64  52  36  15   0   0   0   0    38.2
Juli    0  14  32  50  67  75  74  68  56  39  18   0   0   0   0    41.2
Aug.    0  13  33  54  71  81  82  76  63  46  22   0   0   0   0    45.2
Sept.   0   0  25  51  72  86  86  83  67  50  28   6   0   0   0    46.1
Okt.    0   0  30  54  63  81  81  76  65  50  27  10   0   0   0    44.9
Nov.    0   0   0  40  64  68  68  78  56  44  30  11   0   0   0    38.2
Dez.    0   0   0   0  45  68  68  64  56  46  23   0   0   0   0    30.9

Jahresdurchschnitt :      33.35


Abweichung aus der Suedrichtung :  22.5 Grad nach Osten
Aufstellwinkel Kollektor         :  90.0 Grad

              Uhrzeit (ohne Sommerzeit)
       05  06  07  08  09  10  11  12  13  14  15  16  17  18  19  Durchschn.
===============================================================================
Jan.    0   0   0  41  63  66  65  72  52  40  28  10   0   0   0    36.5
Febr.   0   0  31  53  60  76  74  68  57  43  23   8   0   0   0    40.9
Maerz   0   0  24  47  64  75  73  69  54  38  19   1   0   0   0    38.7
April   0  12  28  45  59  66  66  58  46  29   9   0   0   0   0    34.8
Mai     0  10  24  38  51  56  54  48  35  20   1   0   0   0   0    28.1
Juni    0   6  20  34  46  51  50  42  30  16   0   0   0   0   0    24.6
Juli    0  10  24  38  51  56  54  48  35  20   1   0   0   0   0    28.1
Aug.    0  12  28  45  59  66  66  58  46  29   9   0   0   0   0    34.8
Sept.   0   0  24  47  64  75  73  69  54  38  19   1   0   0   0    38.7
Okt.    0   0  31  53  60  76  74  68  57  43  23   8   0   0   0    40.9
Nov.    0   0   0  41  63  66  65  72  52  40  28  10   0   0   0    36.5
Dez.    0   0   0   0  46  67  66  61  53  44  22   0   0   0   0    29.8

Jahresdurchschnitt :      27.49
```

Tabelle Sonneneinstrahlung

```
Abweichung aus der Suedrichtung :    0.0 Grad
Aufstellwinkel Kollektor         :    0.0 Grad
                    Uhrzeit (ohne Sommerzeit)
       05  06  07  08  09  10  11  12  13  14  15  16  17  18  19  Durchschn.
===============================================================================
Jan.    0   0   0   3  12  18  21  30  21  18  12   3   0   0   0    11.4
Febr.   0   0   1  12  20  33  39  41  39  33  20  12   1   0   0    20.9
Maerz   0   0   8  21  38  51  57  63  57  51  38  21   8   0   0    34.4
April   0   8  21  38  55  68  73  78  73  68  55  38  21   8   0    50.2
Mai     6  19  35  52  67  78  84  86  84  78  67  52  35  19   6    63.9
Juni   12  22  39  56  70  81  87  89  87  81  70  56  39  22  12    68.7
Juli    6  19  35  52  67  78  84  86  84  78  67  52  35  19   6    63.9
Aug.    0   8  21  38  55  68  73  78  73  68  55  38  21   8   0    50.2
Sept.   0   0   8  21  38  51  57  63  57  51  38  21   8   0   0    34.4
Okt.    0   0   1  12  20  33  39  41  39  33  20  12   1   0   0    20.9
Nov.    0   0   0   3  12  18  21  30  21  18  12   3   0   0   0    11.4
Dez.    0   0   0   0   6  14  18  20  18  14   6   0   0   0   0     8.0

Jahresdurchschnitt :    29.22


Abweichung aus der Suedrichtung :    0.0 Grad
Aufstellwinkel Kollektor         :   15.0 Grad
                    Uhrzeit (ohne Sommerzeit)
       05  06  07  08  09  10  11  12  13  14  15  16  17  18  19  Durchschn.
===============================================================================
Jan.    0   0   0  10  24  32  37  49  37  32  24  10   0   0   0    21.2
Febr.   0   0   4  20  31  48  56  58  56  48  31  20   4   0   0    31.5
Maerz   0   0   9  27  48  65  73  80  73  65  48  27   9   0   0    43.8
April   0   6  21  42  62  79  86  91  86  79  62  42  21   6   0    57.0
Mai     1  14  33  53  72  86  94  96  94  86  72  53  33  14   1    66.6
Juni    3  17  36  56  74  88  95  98  95  88  74  56  36  17   3    69.5
Juli    1  14  33  53  72  86  94  96  94  86  72  53  33  14   1    66.6
Aug.    0   6  21  42  62  79  86  91  86  79  62  42  21   6   0    57.0
Sept.   0   0   9  27  48  65  73  80  73  65  48  27   9   0   0    43.8
Okt.    0   0   4  20  31  48  56  58  56  48  31  20   4   0   0    31.5
Nov.    0   0   0  10  24  32  37  49  37  32  24  10   0   0   0    21.2
Dez.    0   0   0   0  15  29  34  36  34  29  15   0   0   0   0    16.1

Jahresdurchschnitt :    35.05


Abweichung aus der Suedrichtung :    0.0 Grad
Aufstellwinkel Kollektor         :   30.0 Grad
                    Uhrzeit (ohne Sommerzeit)
       05  06  07  08  09  10  11  12  13  14  15  16  17  18  19  Durchschn.
===============================================================================
Jan.    0   0   0  16  35  44  50  65  50  44  35  16   0   0   0    29.6
Febr.   0   0   8  27  40  60  69  72  69  60  40  27   8   0   0    40.0
Maerz   0   0  10  31  55  75  84  92  84  75  55  31  10   0   0    50.2
April   0   3  20  43  66  85  93  99  93  85  66  43  20   3   0    59.8
Mai     0   8  28  50  72  88  97 100  97  88  72  50  28   8   0    65.5
Juni    0  10  30  52  73  88  97 100  97  88  73  52  30  10   0    66.4
Juli    0   8  28  50  72  88  97 100  97  88  72  50  28   8   0    65.5
Aug.    0   3  20  43  66  85  93  99  93  85  66  43  20   3   0    59.8
Sept.   0   0  10  31  55  75  84  92  84  75  55  31  10   0   0    50.2
Okt.    0   0   8  27  40  60  69  72  69  60  40  27   8   0   0    40.0
Nov.    0   0   0  16  35  44  50  65  50  44  35  16   0   0   0    29.6
Dez.    0   0   0   0  23  42  48  50  48  42  23   0   0   0   0    23.1

Jahresdurchschnitt :    38.65
```

Tabelle Sonneneinstrahlung

```
Abweichung aus der Suedrichtung :   0.0 Grad
Aufstellwinkel Kollektor        :  45.0 Grad

              Uhrzeit (ohne Sommerzeit)
       05  06  07  08  09  10  11  12  13  14  15  16  17  18  19  Durchschn.
===============================================================================
Jan.    0   0   0  21  43  53  60  77  60  53  43  21   0   0   0    36.0
Febr.   0   0  11  32  46  68  78  81  78  68  46  32  11   0   0    45.8
Maerz   0   0  10  33  59  79  89  98  89  79  59  33  10   0   0    53.2
April   0   1  17  41  65  85  94  99  94  85  65  41  17   1   0    58.6
Mai     0   2  21  43  67  84  94  97  94  84  67  43  21   2   0    60.0
Juni    0   2  21  44  66  83  92  95  92  83  66  44  21   2   0    59.4
Juli    0   2  21  43  67  84  94  97  94  84  67  43  21   2   0    60.0
Aug.    0   1  17  41  65  85  94  99  94  85  65  41  17   1   0    58.6
Sept.   0   0  10  33  59  79  89  98  89  79  59  33  10   0   0    53.2
Okt.    0   0  11  32  46  68  78  81  78  68  46  32  11   0   0    45.8
Nov.    0   0   0  21  43  53  60  77  60  53  43  21   0   0   0    36.0
Dez.    0   0   0   0  30  52  58  61  58  52  30   0   0   0   0    28.5

Jahresdurchschnitt :    39.67


Abweichung aus der Suedrichtung :   0.0 Grad
Aufstellwinkel Kollektor        :  60.0 Grad

              Uhrzeit (ohne Sommerzeit)
       05  06  07  08  09  10  11  12  13  14  15  16  17  18  19  Durchschn.
===============================================================================
Jan.    0   0   0  25  49  59  65  83  65  59  49  25   0   0   0    39.9
Febr.   0   0  13  34  49  72  81  84  81  72  49  34  13   0   0    48.4
Maerz   0   0   9  33  58  79  88  97  88  79  58  33   9   0   0    52.6
April   0   0  14  36  59  79  89  93  89  79  59  36  14   0   0    53.7
Mai     0   0  13  34  58  75  84  87  84  75  58  34  13   0   0    51.2
Juni    0   0  12  34  55  72  81  84  81  72  55  34  12   0   0    49.2
Juli    0   0  13  34  58  75  84  87  84  75  58  34  13   0   0    51.2
Aug.    0   0  14  36  59  79  89  93  89  79  59  36  14   0   0    53.7
Sept.   0   0   9  33  58  79  88  97  88  79  58  33   9   0   0    52.6
Okt.    0   0  13  34  49  72  81  84  81  72  49  34  13   0   0    48.4
Nov.    0   0   0  25  49  59  65  83  65  59  49  25   0   0   0    39.9
Dez.    0   0   0   0  35  59  65  67  65  59  35   0   0   0   0    32.0

Jahresdurchschnitt :    38.18


Abweichung aus der Suedrichtung :   0.0 Grad
Aufstellwinkel Kollektor        :  75.0 Grad

              Uhrzeit (ohne Sommerzeit)
       05  06  07  08  09  10  11  12  13  14  15  16  17  18  19  Durchschn.
===============================================================================
Jan.    0   0   0  27  51  60  66  83  66  60  51  27   0   0   0    41.1
Febr.   0   0  14  35  48  70  79  81  79  70  48  35  14   0   0    47.7
Maerz   0   0   8  30  53  73  81  89  81  73  53  30   8   0   0    48.4
April   0   0   9  29  49  67  77  81  77  67  49  29   9   0   0    45.3
Mai     0   0   4  23  44  60  69  72  69  60  44  23   4   0   0    39.2
Juni    0   0   1  21  41  56  64  67  64  56  41  21   1   0   0    36.1
Juli    0   0   4  23  44  60  69  72  69  60  44  23   4   0   0    39.2
Aug.    0   0   9  29  49  67  77  81  77  67  49  29   9   0   0    45.3
Sept.   0   0   8  30  53  73  81  89  81  73  53  30   8   0   0    48.4
Okt.    0   0  14  35  48  70  79  81  79  70  48  35  14   0   0    47.7
Nov.    0   0   0  27  51  60  66  83  66  60  51  27   0   0   0    41.1
Dez.    0   0   0   0  37  62  67  69  67  62  37   0   0   0   0    33.3

Jahresdurchschnitt :    34.18
```

Tabelle Sonneneinstrahlung

```
Abweichung aus der Suedrichtung :   0.0 Grad
Aufstellwinkel Kollektor         :  90.0 Grad
                  Uhrzeit (ohne Sommerzeit)
       05  06  07  08  09  10  11  12  13  14  15  16  17  18  19  Durchschn.
==============================================================================
Jan.    0   0   0  28  49  57  63  78  63  57  49  28   0   0   0    39.5
Febr.   0   0  14  33  45  64  71  73  71  64  45  33  14   0   0    43.8
Maerz   0   0   7  26  45  62  69  75  69  62  45  26   7   0   0    40.8
April   0   0   3  19  37  52  60  63  60  52  37  19   3   0   0    33.8
Mai     0   0   0   9  28  41  49  52  49  41  28   9   0   0   0    25.5
Juni    0   0   0   6  23  36  43  45  43  36  23   6   0   0   0    22.0
Juli    0   0   0   9  28  41  49  52  49  41  28   9   0   0   0    25.5
Aug.    0   0   3  19  37  52  60  63  60  52  37  19   3   0   0    33.8
Sept.   0   0   7  26  45  62  69  75  69  62  45  26   7   0   0    40.8
Okt.    0   0  14  33  45  64  71  73  71  64  45  33  14   0   0    43.8
Nov.    0   0   0  28  49  57  63  78  63  57  49  28   0   0   0    39.5
Dez.    0   0   0   0  37  60  64  66  64  60  37   0   0   0   0    32.3

Jahresdurchschnitt :    28.07


Abweichung aus der Suedrichtung :  22.5 Grad nach Westen
Aufstellwinkel Kollektor         :   0.0 Grad
                  Uhrzeit (ohne Sommerzeit)
       05  06  07  08  09  10  11  12  13  14  15  16  17  18  19  Durchschn.
==============================================================================
Jan.    0   0   0   3  12  18  21  30  21  18  12   3   0   0   0    11.4
Febr.   0   0   1  12  20  33  39  41  39  33  20  12   1   0   0    20.9
Maerz   0   0   8  21  38  51  57  63  57  51  38  21   8   0   0    34.4
April   0   8  21  38  55  68  73  78  73  68  55  38  21   8   0    50.2
Mai     6  19  35  52  67  78  84  86  84  78  67  52  35  19   6    63.9
Juni   12  22  39  56  70  81  87  89  87  81  70  56  39  22  12    68.7
Juli    6  19  35  52  67  78  84  86  84  78  67  52  35  19   6    63.9
Aug.    0   8  21  38  55  68  73  78  73  68  55  38  21   8   0    50.2
Sept.   0   0   8  21  38  51  57  63  57  51  38  21   8   0   0    34.4
Okt.    0   0   1  12  20  33  39  41  39  33  20  12   1   0   0    20.9
Nov.    0   0   0   3  12  18  21  30  21  18  12   3   0   0   0    11.4
Dez.    0   0   0   0   6  14  18  20  18  14   6   0   0   0   0     8.0

Jahresdurchschnitt :    29.22


Abweichung aus der Suedrichtung :  22.5 Grad nach Westen
Aufstellwinkel Kollektor         :  15.0 Grad
                  Uhrzeit (ohne Sommerzeit)
       05  06  07  08  09  10  11  12  13  14  15  16  17  18  19  Durchschn.
==============================================================================
Jan.    0   0   0   5  19  28  34  48  37  34  28  13   0   0   0    20.5
Febr.   0   0   0  14  25  43  53  57  57  51  35  25   9   0   0    30.7
Maerz   0   0   4  21  42  59  69  79  74  68  53  33  14   0   0    43.0
April   0   1  15  34  55  73  82  90  87  83  68  49  28  10   0    56.3
Mai     0   8  25  45  65  80  90  95  95  90  78  60  40  21   5    66.5
Juni    0  11  29  48  67  82  92  97  96  91  80  63  43  23  10    69.4
Juli    0   8  25  45  65  80  90  95  95  90  78  60  40  21   5    66.5
Aug.    0   1  15  34  55  73  82  90  87  83  68  49  28  10   0    56.3
Sept.   0   0   4  21  42  59  69  79  74  68  53  33  14   0   0    43.0
Okt.    0   0   0  14  25  43  53  57  57  51  35  25   9   0   0    30.7
Nov.    0   0   0   5  19  28  34  48  37  34  28  13   0   0   0    20.5
Dez.    0   0   0   0  11  25  31  35  34  31  17   0   0   0   0    15.4

Jahresdurchschnitt :    34.58
```

Tabelle Sonneneinstrahlung

Abweichung aus der Suedrichtung : 22.5 Grad nach Westen
Aufstellwinkel Kollektor   : 30.0 Grad

	\multicolumn{14}{c}{Uhrzeit (ohne Sommerzeit)}	
	05	06	07	08	09	10	11	12	13	14	15	16	17	18	19	Durchschn.
Jan.	0	0	0	7	24	36	44	62	51	48	42	22	0	0	0	28.1
Febr.	0	0	0	14	29	50	63	69	71	66	47	37	16	0	0	38.5
Maerz	0	0	1	19	42	63	77	89	86	82	65	42	19	0	0	48.6
April	0	0	7	28	52	74	86	96	96	92	77	56	32	12	0	59.0
Mai	0	0	14	35	58	77	90	98	100| 95	83	64	43	21	4	65.3
Juni	0	0	16	37	60	78	90	98	100| 96	84	66	44	22	7	66.5
Juli	0	0	14	35	58	77	90	98	100| 95	83	64	43	21	4	65.3
Aug.	0	0	7	28	52	74	86	96	96	92	77	56	32	12	0	59.0
Sept.	0	0	1	19	42	63	77	89	86	82	65	42	19	0	0	48.6
Okt.	0	0	0	14	29	50	63	69	71	66	47	37	16	0	0	38.5
Nov.	0	0	0	7	24	36	44	62	51	48	42	22	0	0	0	28.1
Dez.	0	0	0	0	16	34	42	48	48	46	28	0	0	0	0	21.8

Jahresdurchschnitt :   37.83

Abweichung aus der Suedrichtung : 22.5 Grad nach Westen
Aufstellwinkel Kollektor   : 45.0 Grad

	\multicolumn{14}{c}{Uhrzeit (ohne Sommerzeit)}	
	05	06	07	08	09	10	11	12	13	14	15	16	17	18	19	Durchschn.
Jan.	0	0	0	9	28	41	52	72	61	59	53	30	0	0	0	33.8
Febr.	0	0	0	14	30	53	68	77	80	77	56	46	22	0	0	43.6
Maerz	0	0	0	15	40	63	79	94	92	89	72	48	22	0	0	51.3
April	0	0	0	20	45	69	84	96	98	95	80	59	35	14	0	57.9
Mai	0	0	1	22	48	69	84	94	98	95	83	64	42	20	3	60.3
Juni	0	0	2	24	48	68	83	93	96	93	82	64	42	20	4	59.9
Juli	0	0	1	22	48	69	84	94	98	95	83	64	42	20	3	60.3
Aug.	0	0	0	20	45	69	84	96	98	95	80	59	35	14	0	57.9
Sept.	0	0	0	15	40	63	79	94	92	89	72	48	22	0	0	51.3
Okt.	0	0	0	14	30	53	68	77	80	77	56	46	22	0	0	43.6
Nov.	0	0	0	9	28	41	52	72	61	59	53	30	0	0	0	33.8
Dez.	0	0	0	0	20	41	50	57	59	57	36	0	0	0	0	26.7

Jahresdurchschnitt :   38.70

Abweichung aus der Suedrichtung : 22.5 Grad nach Westen
Aufstellwinkel Kollektor   : 60.0 Grad

	\multicolumn{14}{c}{Uhrzeit (ohne Sommerzeit)}	
	05	06	07	08	09	10	11	12	13	14	15	16	17	18	19	Durchschn.
Jan.	0	0	0	10	30	44	56	78	67	66	61	36	0	0	0	37.3
Febr.	0	0	0	13	30	52	69	79	83	82	62	52	27	0	0	45.8
Maerz	0	0	0	11	35	59	76	92	92	91	75	51	25	0	0	50.4
April	0	0	0	11	35	59	76	89	93	91	78	58	35	14	0	53.4
Mai	0	0	0	8	34	56	73	84	89	88	78	59	39	18	2	52.2
Juni	0	0	0	9	33	54	70	81	86	85	75	58	37	17	0	50.3
Juli	0	0	0	8	34	56	73	84	89	88	78	59	39	18	2	52.2
Aug.	0	0	0	11	35	59	76	89	93	91	78	58	35	14	0	53.4
Sept.	0	0	0	11	35	59	76	92	92	91	75	51	25	0	0	50.4
Okt.	0	0	0	13	30	53	69	79	83	82	62	52	27	0	0	45.8
Nov.	0	0	0	10	30	44	56	78	67	66	61	36	0	0	0	37.3
Dez.	0	0	0	0	22	45	55	63	66	65	42	0	0	0	0	29.8

Jahresdurchschnitt :   37.22

Tabelle Sonneneinstrahlung

```
Abweichung aus der Suedrichtung :  22.5 Grad nach Westen
Aufstellwinkel Kollektor         :  75.0 Grad
```

	05	06	07	08	09	10	11	12	13	14	15	16	17	18	19	Durchschn.
Jan.	0	0	0	11	30	44	56	78	68	68	64	40	0	0	0	38.2
Febr.	0	0	0	10	27	50	65	76	81	81	63	54	30	0	0	44.9
Maerz	0	0	0	6	28	50	67	83	86	86	72	51	25	0	0	46.1
April	0	0	0	0	22	46	63	76	82	81	71	54	33	13	0	45.2
Mai	0	0	0	0	18	39	56	68	74	75	67	50	32	14	0	41.2
Juni	0	0	0	0	15	36	52	64	70	70	63	48	29	12	0	38.2
Juli	0	0	0	0	18	39	56	68	74	75	67	50	32	14	0	41.2
Aug.	0	0	0	0	22	46	63	76	82	81	71	54	33	13	0	45.2
Sept.	0	0	0	6	28	50	67	83	86	86	72	51	25	0	0	46.1
Okt.	0	0	0	10	27	50	65	76	81	81	63	54	30	0	0	44.9
Nov.	0	0	0	11	30	44	56	78	68	68	64	40	0	0	0	38.2
Dez.	0	0	0	0	23	46	56	64	68	68	45	0	0	0	0	30.9

```
Jahresdurchschnitt :   33.35
```

```
Abweichung aus der Suedrichtung :  22.5 Grad nach Westen
Aufstellwinkel Kollektor         :  90.0 Grad
```

	05	06	07	08	09	10	11	12	13	14	15	16	17	18	19	Durchschn.
Jan.	0	0	0	10	28	40	52	72	65	66	63	41	0	0	0	36.5
Febr.	0	0	0	8	23	43	57	68	74	76	60	53	31	0	0	40.9
Maerz	0	0	0	1	19	38	54	69	73	75	64	47	24	0	0	38.7
April	0	0	0	0	9	29	46	58	66	66	59	45	28	12	0	34.8
Mai	0	0	0	0	1	20	35	48	54	56	51	38	24	10	0	28.1
Juni	0	0	0	0	0	16	30	42	50	51	46	34	20	6	0	24.6
Juli	0	0	0	0	1	20	35	48	54	56	51	38	24	10	0	28.1
Aug.	0	0	0	0	9	29	46	58	66	66	59	45	28	12	0	34.8
Sept.	0	0	0	1	19	38	54	69	73	75	64	47	24	0	0	38.7
Okt.	0	0	0	8	23	43	57	68	74	76	60	53	31	0	0	40.9
Nov.	0	0	0	10	28	40	52	72	65	66	63	41	0	0	0	36.5
Dez.	0	0	0	0	22	44	53	61	66	67	46	0	0	0	0	29.8

```
Jahresdurchschnitt :   27.49
```

```
Abweichung aus der Suedrichtung :  45.0 Grad nach Westen
Aufstellwinkel Kollektor         :   0.0 Grad
```

	05	06	07	08	09	10	11	12	13	14	15	16	17	18	19	Durchschn.
Jan.	0	0	0	0	3	12	18	21	30	21	18	12	3	0	0	11.4
Febr.	0	0	1	12	20	33	39	41	39	33	20	12	1	0	0	20.9
Maerz	0	0	8	21	38	51	57	63	57	51	38	21	8	0	0	34.4
April	0	8	21	38	55	68	73	78	73	68	55	38	21	8	0	50.2
Mai	6	19	35	52	67	78	84	86	84	78	67	52	35	19	6	63.9
Juni	12	22	39	56	70	81	87	89	87	81	70	56	39	22	12	68.7
Juli	6	19	35	52	67	78	84	86	84	78	67	52	35	19	6	63.9
Aug.	0	8	21	38	55	68	73	78	73	68	55	38	21	8	0	50.2
Sept.	0	0	8	21	38	51	57	63	57	51	38	21	8	0	0	34.4
Okt.	0	0	1	12	20	33	39	41	39	33	20	12	1	0	0	20.9
Nov.	0	0	0	0	3	12	18	21	30	21	18	12	3	0	0	11.4
Dez.	0	0	0	0	6	14	18	20	18	14	6	0	0	0	0	8.0

```
Jahresdurchschnitt :   29.22
```

Tabelle Sonneneinstrahlung

Abweichung aus der Suedrichtung : 45.0 Grad nach Westen
Aufstellwinkel Kollektor   : 15.0 Grad

Uhrzeit (ohne Sommerzeit)

	05	06	07	08	09	10	11	12	13	14	15	16	17	18	19	Durchschn.
Jan.	0	0	0	0	12	22	29	43	35	34	29	15	0	0	0	18.2
Febr.	0	0	0	7	19	35	47	53	55	51	36	28	12	0	0	28.6
Maerz	0	0	0	14	34	51	63	75	73	69	56	36	17	0	0	40.7
April	0	0	9	27	47	66	77	87	86	84	72	53	33	15	0	54.7
Mai	0	4	19	38	58	74	85	92	94	91	82	66	47	27	10	65.7
Juni	0	7	23	42	61	76	87	94	96	93	84	69	50	30	17	69.0
Juli	0	4	19	38	58	74	85	92	94	91	82	66	47	27	10	65.7
Aug.	0	0	9	27	47	66	77	87	86	84	72	53	33	15	0	54.7
Sept.	0	0	0	14	34	51	63	75	73	69	56	36	17	0	0	40.7
Okt.	0	0	0	7	19	35	47	53	55	51	36	28	12	0	0	28.6
Nov.	0	0	0	0	12	22	29	43	35	34	29	15	0	0	0	18.2
Dez.	0	0	0	0	7	19	26	31	32	30	18	0	0	0	0	13.6

Jahresdurchschnitt : 33.23

Abweichung aus der Suedrichtung : 45.0 Grad nach Westen
Aufstellwinkel Kollektor   : 30.0 Grad

Uhrzeit (ohne Sommerzeit)

	05	06	07	08	09	10	11	12	13	14	15	16	17	18	19	Durchschn.
Jan.	0	0	0	0	12	24	35	54	47	47	44	26	0	0	0	24.0
Febr.	0	0	0	1	16	36	51	61	67	66	50	43	22	0	0	34.5
Maerz	0	0	0	6	28	49	65	81	83	83	70	49	25	0	0	44.9
April	0	0	0	14	37	60	75	90	93	94	84	65	43	21	0	56.4
Mai	0	0	2	21	44	65	81	92	99	99	91	75	56	33	14	64.4
Juni	0	0	5	25	47	66	81	93	99	99	92	77	57	35	20	66.4
Juli	0	0	2	21	44	65	81	92	99	99	91	75	56	33	14	64.4
Aug.	0	0	0	14	37	60	75	90	93	94	84	65	43	21	0	56.4
Sept.	0	0	0	6	28	49	65	81	83	83	70	49	25	0	0	44.9
Okt.	0	0	0	1	16	36	51	61	67	66	50	43	22	0	0	34.5
Nov.	0	0	0	0	12	24	35	54	47	47	44	26	0	0	0	24.0
Dez.	0	0	0	0	7	23	32	41	44	44	29	0	0	0	0	18.3

Jahresdurchschnitt : 35.53

Abweichung aus der Suedrichtung : 45.0 Grad nach Westen
Aufstellwinkel Kollektor   : 45.0 Grad

Uhrzeit (ohne Sommerzeit)

	05	06	07	08	09	10	11	12	13	14	15	16	17	18	19	Durchschn.
Jan.	0	0	0	0	10	25	38	60	55	58	56	35	0	0	0	28.1
Febr.	0	0	0	0	13	34	52	65	74	77	61	54	31	0	0	38.4
Maerz	0	0	0	0	20	43	62	82	88	91	79	58	32	0	0	46.2
April	0	0	0	1	24	50	69	86	94	98	90	73	49	26	0	55.0
Mai	0	0	0	3	28	52	71	86	96	99	94	80	60	37	16	60.3
Juni	0	0	0	6	30	52	70	86	95	98	93	80	60	37	22	60.9
Juli	0	0	0	3	28	52	71	86	96	99	94	80	60	37	16	60.3
Aug.	0	0	0	1	24	50	69	86	94	98	90	73	49	26	0	55.0
Sept.	0	0	0	0	20	43	62	82	88	91	79	58	32	0	0	46.2
Okt.	0	0	0	0	13	34	52	65	74	77	61	54	31	0	0	38.4
Nov.	0	0	0	0	10	25	38	60	55	58	56	35	0	0	0	28.1
Dez.	0	0	0	0	7	25	37	47	53	55	38	0	0	0	0	21.8

Jahresdurchschnitt : 35.91

Tabelle Sonneneinstrahlung

```
Abweichung aus der Suedrichtung :   45.0 Grad nach Westen
Aufstellwinkel Kollektor         :   60.0 Grad
                Uhrzeit (ohne Sommerzeit)
       05  06  07  08  09  10  11  12  13  14  15  16  17  18  19  Durchschn.
=================================================================================
Jan.    0   0   0   0   8  24  39  63  60  64  65  42   0   0   0    30.4
Febr.   0   0   0   0   8  29  50  65  76  82  67  62  37   0   0    39.7
Maerz   0   0   0   0  10  34  56  77  86  92  83  63  37   0   0    44.8
April   0   0   0   0   9  36  58  77  89  95  90  75  53  29   0    50.9
Mai     0   0   0   0  10  35  57  74  87  93  91  79  61  39  18    53.6
Juni    0   0   0   0  10  34  55  72  85  91  89  77  59  38  23    52.8
Juli    0   0   0   0  10  35  57  74  87  93  91  79  61  39  18    53.6
Aug.    0   0   0   0   9  36  58  77  89  95  90  75  53  29   0    50.9
Sept.   0   0   0   0  10  34  56  77  86  92  83  63  37   0   0    44.8
Okt.    0   0   0   0   8  29  50  65  76  82  67  62  37   0   0    39.7
Nov.    0   0   0   0   8  24  39  63  60  64  65  42   0   0   0    30.4
Dez.    0   0   0   0   7  25  38  50  58  62  44   0   0   0   0    23.8

Jahresdurchschnitt :    34.36


Abweichung aus der Suedrichtung :   45.0 Grad nach Westen
Aufstellwinkel Kollektor         :   75.0 Grad
                Uhrzeit (ohne Sommerzeit)
       05  06  07  08  09  10  11  12  13  14  15  16  17  18  19  Durchschn.
=================================================================================
Jan.    0   0   0   0   5  21  37  61  60  67  68  46   0   0   0    30.5
Febr.   0   0   0   0   3  23  44  61  73  82  69  66  41   0   0    38.4
Maerz   0   0   0   0   0  22  45  68  79  88  81  64  39   0   0    40.5
April   0   0   0   0   0  20  43  63  78  86  84  72  52  30   0    43.9
Mai     0   0   0   0   0  16  38  57  72  81  81  72  57  38  18    44.2
Juni    0   0   0   0   0  14  35  54  69  77  78  70  54  35  22    42.4
Juli    0   0   0   0   0  16  38  57  72  81  81  72  57  38  18    44.2
Aug.    0   0   0   0   0  20  43  63  78  86  84  72  52  30   0    43.9
Sept.   0   0   0   0   0  22  45  68  79  88  81  64  39   0   0    40.5
Okt.    0   0   0   0   3  23  44  61  73  82  69  66  41   0   0    38.4
Nov.    0   0   0   0   5  21  37  61  60  67  68  46   0   0   0    30.5
Dez.    0   0   0   0   6  24  38  50  60  65  47   0   0   0   0    24.1

Jahresdurchschnitt :    30.77


Abweichung aus der Suedrichtung :   45.0 Grad nach Westen
Aufstellwinkel Kollektor         :   90.0 Grad
                Uhrzeit (ohne Sommerzeit)
       05  06  07  08  09  10  11  12  13  14  15  16  17  18  19  Durchschn.
=================================================================================
Jan.    0   0   0   0   2  17  33  55  57  64  68  47   0   0   0    28.6
Febr.   0   0   0   0   0  15  35  52  65  76  66  65  42   0   0    34.6
Maerz   0   0   0   0   0  10  31  53  66  77  74  61  38   0   0    34.2
April   0   0   0   0   0   2  25  44  61  70  72  65  49  29   0    34.7
Mai     0   0   0   0   0   0  17  36  52  63  66  61  50  34  17    33.0
Juni    0   0   0   0   0   0  13  32  48  58  62  57  46  30  20    30.5
Juli    0   0   0   0   0   0  17  36  52  63  66  61  50  34  17    33.0
Aug.    0   0   0   0   0   2  25  44  61  70  72  65  49  29   0    34.7
Sept.   0   0   0   0   0  10  31  53  66  77  74  61  38   0   0    34.2
Okt.    0   0   0   0   0  15  35  52  65  76  66  65  42   0   0    34.6
Nov.    0   0   0   0   2  17  33  55  57  64  68  47   0   0   0    28.6
Dez.    0   0   0   0   4  21  34  46  57  64  48   0   0   0   0    22.8

Jahresdurchschnitt :    25.57
```

Tabelle Sonneneinstrahlung

```
Abweichung aus der Suedrichtung :    67.5 Grad nach Westen
Aufstellwinkel Kollektor         :     0.0 Grad

                    Uhrzeit (ohne Sommerzeit)
         05  06  07  08  09  10  11  12  13  14  15  16  17  18  19  Durchschn.
==============================================================================
Jan.      0   0   0   3  12  18  21  30  21  18  12   3   0   0   0    11.4
Febr.     0   0   1  12  20  33  39  41  39  33  20  12   1   0   0    20.9
Maerz     0   0   8  21  38  51  57  63  57  51  38  21   8   0   0    34.4
April     0   8  21  38  55  68  73  78  73  68  55  38  21   8   0    50.2
Mai       6  19  35  52  67  78  84  86  84  78  67  52  35  19   6    63.9
Juni     12  22  39  56  70  81  87  89  87  81  70  56  39  22  12    68.7
Juli      6  19  35  52  67  78  84  86  84  78  67  52  35  19   6    63.9
Aug.      0   8  21  38  55  68  73  78  73  68  55  38  21   8   0    50.2
Sept.     0   0   8  21  38  51  57  63  57  51  38  21   8   0   0    34.4
Okt.      0   0   1  12  20  33  39  41  39  33  20  12   1   0   0    20.9
Nov.      0   0   0   3  12  18  21  30  21  18  12   3   0   0   0    11.4
Dez.      0   0   0   0   6  14  18  20  18  14   6   0   0   0   0     8.0

Jahresdurchschnitt :    29.22


Abweichung aus der Suedrichtung :    67.5 Grad nach Westen
Aufstellwinkel Kollektor         :    15.0 Grad

                    Uhrzeit (ohne Sommerzeit)
         05  06  07  08  09  10  11  12  13  14  15  16  17  18  19  Durchschn.
==============================================================================
Jan.      0   0   0   0   5  15  23  37  31  31  27  15   0   0   0    15.3
Febr.     0   0   0   1  12  28  40  46  50  48  35  29  13   0   0    25.2
Maerz     0   0   0   9  27  44  56  68  68  67  55  37  19   0   0    37.5
April     0   0   5  21  41  59  70  81  82  82  72  56  36  18   0    52.1
Mai       0   1  16  33  52  68  80  88  92  91  83  70  52  32  14    64.2
Juni      0   5  20  37  55  71  82  91  94  93  86  72  55  35  23    68.0
Juli      0   1  16  33  52  68  80  88  92  91  83  70  52  32  14    64.2
Aug.      0   0   5  21  41  59  70  81  82  82  72  56  36  18   0    52.1
Sept.     0   0   0   9  27  44  56  68  68  67  55  37  19   0   0    37.5
Okt.      0   0   0   1  12  28  40  46  50  48  35  29  13   0   0    25.2
Nov.      0   0   0   0   5  15  23  37  31  31  27  15   0   0   0    15.3
Dez.      0   0   0   0   2  12  20  26  27  27  17   0   0   0   0    10.9

Jahresdurchschnitt :    31.18


Abweichung aus der Suedrichtung :    67.5 Grad nach Westen
Aufstellwinkel Kollektor         :    30.0 Grad

                    Uhrzeit (ohne Sommerzeit)
         05  06  07  08  09  10  11  12  13  14  15  16  17  18  19  Durchschn.
==============================================================================
Jan.      0   0   0   0   0  11  23  41  38  42  41  26   0   0   0    18.5
Febr.     0   0   0   0   4  21  38  49  58  61  48  44  25   0   0    28.8
Maerz     0   0   0   0  14  33  51  69  74  78  69  51  30   0   0    39.1
April     0   0   0   3  24  47  63  79  86  91  85  70  49  27   0    52.0
Mai       0   0   0  11  33  53  70  84  93  97  94  82  65  43  22    62.3
Juni      0   0   0  16  36  56  72  86  95  98  95  84  66  44  32    65.0
Juli      0   0   0  11  33  53  70  84  93  97  94  82  65  43  22    62.3
Aug.      0   0   0   3  24  47  63  79  86  91  85  70  49  27   0    52.0
Sept.     0   0   0   0  14  33  51  69  74  78  69  51  30   0   0    39.1
Okt.      0   0   0   0   4  21  38  49  58  61  48  44  25   0   0    28.8
Nov.      0   0   0   0   0  11  23  41  38  42  41  26   0   0   0    18.5
Dez.      0   0   0   0   0  10  20  30  35  38  26   0   0   0   0    13.3

Jahresdurchschnitt :    31.99
```

Tabelle Sonneneinstrahlung

```
Abweichung aus der Suedrichtung : 67.5 Grad nach Westen
Aufstellwinkel Kollektor        : 45.0 Grad
```

	05	06	07	08	09	10	11	12	13	14	15	16	17	18	19	Durchschn.
Jan.	0	0	0	0	0	6	21	42	43	50	52	35	0	0	0	20.8
Febr.	0	0	0	0	0	12	33	49	61	69	58	56	34	0	0	31.0
Maerz	0	0	0	0	0	21	43	65	76	84	78	61	38	0	0	38.8
April	0	0	0	0	6	31	51	72	85	93	92	79	59	34	0	50.1
Mai	0	0	0	0	12	35	56	75	89	97	98	89	73	51	27	58.5
Juni	0	0	0	0	14	37	57	75	89	97	98	90	73	51	39	60.1
Juli	0	0	0	0	12	35	56	75	89	97	98	89	73	51	27	58.5
Aug.	0	0	0	0	6	31	51	72	85	93	92	79	59	34	0	50.1
Sept.	0	0	0	0	0	21	43	65	76	84	78	61	38	0	0	38.8
Okt.	0	0	0	0	0	12	33	49	61	69	58	56	34	0	0	31.0
Nov.	0	0	0	0	0	6	21	42	43	50	52	35	0	0	0	20.8
Dez.	0	0	0	0	0	6	20	32	40	46	34	0	0	0	0	14.9

Jahresdurchschnitt : 31.55

```
Abweichung aus der Suedrichtung : 67.5 Grad nach Westen
Aufstellwinkel Kollektor        : 60.0 Grad
```

	05	06	07	08	09	10	11	12	13	14	15	16	17	18	19	Durchschn.
Jan.	0	0	0	0	0	1	18	41	45	54	59	42	0	0	0	21.8
Febr.	0	0	0	0	0	3	26	45	60	72	63	64	42	0	0	31.3
Maerz	0	0	0	0	0	7	31	56	72	84	82	67	44	0	0	36.9
April	0	0	0	0	0	13	36	60	77	90	92	83	64	39	0	46.1
Mai	0	0	0	0	0	15	38	60	78	91	95	90	77	55	31	52.5
Juni	0	0	0	0	0	15	38	60	78	90	94	89	75	55	43	53.1
Juli	0	0	0	0	0	15	38	60	78	91	95	90	77	55	31	52.5
Aug.	0	0	0	0	0	13	36	60	77	90	92	83	64	39	0	46.1
Sept.	0	0	0	0	0	7	31	56	72	84	82	67	44	0	0	36.9
Okt.	0	0	0	0	0	3	26	45	60	72	63	64	42	0	0	31.3
Nov.	0	0	0	0	0	1	18	41	45	54	59	42	0	0	0	21.8
Dez.	0	0	0	0	0	3	17	32	43	51	40	0	0	0	0	15.5

Jahresdurchschnitt : 29.72

```
Abweichung aus der Suedrichtung : 67.5 Grad nach Westen
Aufstellwinkel Kollektor        : 75.0 Grad
```

	05	06	07	08	09	10	11	12	13	14	15	16	17	18	19	Durchschn.
Jan.	0	0	0	0	0	0	14	37	44	55	63	46	0	0	0	21.5
Febr.	0	0	0	0	0	0	17	38	56	71	65	68	46	0	0	30.0
Maerz	0	0	0	0	0	0	18	44	63	79	80	69	46	0	0	33.2
April	0	0	0	0	0	0	18	43	64	80	86	81	65	41	0	40.0
Mai	0	0	0	0	0	0	18	41	62	78	87	85	75	56	33	44.5
Juni	0	0	0	0	0	0	16	40	61	76	84	83	72	54	45	44.2
Juli	0	0	0	0	0	0	18	41	62	78	87	85	75	56	33	44.5
Aug.	0	0	0	0	0	0	18	43	64	80	86	81	65	41	0	40.0
Sept.	0	0	0	0	0	0	18	44	63	79	80	69	46	0	0	33.2
Okt.	0	0	0	0	0	0	17	38	56	71	65	68	46	0	0	30.0
Nov.	0	0	0	0	0	0	14	37	44	55	63	46	0	0	0	21.5
Dez.	0	0	0	0	0	0	14	29	43	53	42	0	0	0	0	15.1

Jahresdurchschnitt : 26.52

Tabelle Sonneneinstrahlung

```
Abweichung aus der Suedrichtung : 67.5 Grad nach Westen
Aufstellwinkel Kollektor        :  90.0 Grad
```

	05	06	07	08	09	10	11	12	13	14	15	16	17	18	19	Durchschn.
Jan.	0	0	0	0	0	0	9	30	40	53	62	47	0	0	0	19.9
Febr.	0	0	0	0	0	0	7	28	47	64	62	67	48	0	0	26.9
Maerz	0	0	0	0	0	0	3	29	50	68	72	65	46	0	0	27.8
April	0	0	0	0	0	0	0	24	47	64	75	74	62	41	0	32.2
Mai	0	0	0	0	0	0	0	20	41	60	72	74	68	53	33	35.1
Juni	0	0	0	0	0	0	0	17	40	57	68	71	64	50	43	34.2
Juli	0	0	0	0	0	0	0	20	41	60	72	74	68	53	33	35.1
Aug.	0	0	0	0	0	0	0	24	47	64	75	74	62	41	0	32.2
Sept.	0	0	0	0	0	0	3	29	50	68	72	65	46	0	0	27.8
Okt.	0	0	0	0	0	0	7	28	47	64	62	67	48	0	0	26.9
Nov.	0	0	0	0	0	0	9	30	40	53	62	47	0	0	0	19.9
Dez.	0	0	0	0	0	0	10	25	39	51	42	0	0	0	0	14.0

Jahresdurchschnitt : 22.13

```
Abweichung aus der Suedrichtung : 90.0 Grad nach Westen
Aufstellwinkel Kollektor        :  0.0 Grad
```

	05	06	07	08	09	10	11	12	13	14	15	16	17	18	19	Durchschn.
Jan.	0	0	0	3	12	18	21	30	21	18	12	3	0	0	0	11.4
Febr.	0	0	1	12	20	33	39	41	39	33	20	12	1	0	0	20.9
Maerz	0	0	8	21	38	51	57	63	57	51	38	21	8	0	0	34.4
April	0	8	21	38	55	68	73	78	73	68	55	38	21	8	0	50.2
Mai	6	19	35	52	67	78	84	86	84	78	67	52	35	19	6	63.9
Juni	12	22	39	56	70	81	87	89	87	81	70	56	39	22	12	68.7
Juli	6	19	35	52	67	78	84	86	84	78	67	52	35	19	6	63.9
Aug.	0	8	21	38	55	68	73	78	73	68	55	38	21	8	0	50.2
Sept.	0	0	8	21	38	51	57	63	57	51	38	21	8	0	0	34.4
Okt.	0	0	1	12	20	33	39	41	39	33	20	12	1	0	0	20.9
Nov.	0	0	0	3	12	18	21	30	21	18	12	3	0	0	0	11.4
Dez.	0	0	0	0	6	14	18	20	18	14	6	0	0	0	0	8.0

Jahresdurchschnitt : 29.22

```
Abweichung aus der Suedrichtung : 90.0 Grad nach Westen
Aufstellwinkel Kollektor        : 15.0 Grad
```

	05	06	07	08	09	10	11	12	13	14	15	16	17	18	19	Durchschn.
Jan.	0	0	0	0	0	9	16	29	25	26	23	13	0	0	0	11.7
Febr.	0	0	0	0	7	20	32	39	44	43	32	27	13	0	0	21.4
Maerz	0	0	0	5	21	37	49	61	62	61	52	36	19	0	0	33.6
April	0	0	4	18	36	53	64	75	77	78	70	55	37	19	0	48.9
Mai	0	2	15	30	47	63	75	83	87	87	82	70	54	35	17	62.2
Juni	0	6	19	35	52	66	77	86	90	90	85	73	57	38	27	66.7
Juli	0	2	15	30	47	63	75	83	87	87	82	70	54	35	17	62.2
Aug.	0	0	4	18	36	53	64	75	77	78	70	55	37	19	0	48.9
Sept.	0	0	0	5	21	37	49	61	62	61	52	36	19	0	0	33.6
Okt.	0	0	0	0	7	20	32	39	44	43	32	27	13	0	0	21.4
Nov.	0	0	0	0	0	9	16	29	25	26	23	13	0	0	0	11.7
Dez.	0	0	0	0	0	6	13	19	21	22	14	0	0	0	0	7.9

Jahresdurchschnitt : 28.69

Tabelle Sonneneinstrahlung

```
Abweichung aus der Suedrichtung :  90.0 Grad nach Westen
Aufstellwinkel Kollektor         :  30.0 Grad

             Uhrzeit (ohne Sommerzeit)
      05  06  07  08  09  10  11  12  13  14  15  16  17  18  19  Durchschn.
     ================================================================
Jan.   0   0   0   0   0   0  10  26  27  32  33  22   0   0   0    12.5
Febr.  0   0   0   0   0   7  23  35  45  50  41  40  24   0   0    22.1
Maerz  0   0   0   0   3  20  37  55  62  68  63  48  30   0   0    32.2
April  0   0   0   0  14  35  50  67  76  83  80  69  51  30   0    46.3
Mai    0   0   0   7  25  44  60  74  85  91  91  83  69  48  27    58.7
Juni   0   0   0  11  29  47  63  77  87  93  93  86  71  50  40    62.3
Juli   0   0   0   7  25  44  60  74  85  91  91  83  69  48  27    58.7
Aug.   0   0   0   0  14  35  50  67  76  83  80  69  51  30   0    46.3
Sept.  0   0   0   0   3  20  37  55  62  68  63  48  30   0   0    32.2
Okt.   0   0   0   0   0   7  23  35  45  50  41  40  24   0   0    22.1
Nov.   0   0   0   0   0   0  10  26  27  32  33  22   0   0   0    12.5
Dez.   0   0   0   0   0   0   7  17  23  28  20   0   0   0   0     8.0

Jahresdurchschnitt :    27.59


Abweichung aus der Suedrichtung :  90.0 Grad nach Westen
Aufstellwinkel Kollektor         :  45.0 Grad

             Uhrzeit (ohne Sommerzeit)
      05  06  07  08  09  10  11  12  13  14  15  16  17  18  19  Durchschn.
     ================================================================
Jan.   0   0   0   0   0   0   3  21  27  36  41  30   0   0   0    13.2
Febr.  0   0   0   0   0   0  13  29  43  54  48  50  33   0   0    22.5
Maerz  0   0   0   0   0   2  23  45  58  70  69  58  39   0   0    30.2
April  0   0   0   0  14  33  55  70  82  85  78  61  39   0   0    43.1
Mai    0   0   0   0   1  21  42  61  77  89  94  91  79  59  35    53.9
Juni   0   0   0   0   5  24  44  63  79  90  95  92  80  60  51    56.8
Juli   0   0   0   0   1  21  42  61  77  89  94  91  79  59  35    53.9
Aug.   0   0   0   0  14  33  55  70  82  85  78  61  39   0   0    43.1
Sept.  0   0   0   0   0   2  23  45  58  70  69  58  39   0   0    30.2
Okt.   0   0   0   0   0   0  13  29  43  54  48  50  33   0   0    22.5
Nov.   0   0   0   0   0   0   3  21  27  36  41  30   0   0   0    13.2
Dez.   0   0   0   0   0   0   1  14  24  32  26   0   0   0   0     8.1

Jahresdurchschnitt :    26.04


Abweichung aus der Suedrichtung :  90.0 Grad nach Westen
Aufstellwinkel Kollektor         :  60.0 Grad

             Uhrzeit (ohne Sommerzeit)
      05  06  07  08  09  10  11  12  13  14  15  16  17  18  19  Durchschn.
     ================================================================
Jan.   0   0   0   0   0   0   0  15  25  38  46  35   0   0   0    13.3
Febr.  0   0   0   0   0   0   1  20  38  54  52  57  40   0   0    21.9
Maerz  0   0   0   0   0   0   7  31  50  67  71  63  45   0   0    27.8
April  0   0   0   0   0   0  14  39  59  76  84  81  67  45   0    38.7
Mai    0   0   0   0   0   0  21  43  63  80  91  92  83  65  41    48.2
Juni   0   0   0   0   0   0  22  45  65  81  91  92  83  65  58    50.1
Juli   0   0   0   0   0   0  21  43  63  80  91  92  83  65  41    48.2
Aug.   0   0   0   0   0   0  14  39  59  76  84  81  67  45   0    38.7
Sept.  0   0   0   0   0   0   7  31  50  67  71  63  45   0   0    27.8
Okt.   0   0   0   0   0   0   1  20  38  54  52  57  40   0   0    21.9
Nov.   0   0   0   0   0   0   0  15  25  38  46  35   0   0   0    13.3
Dez.   0   0   0   0   0   0   0  10  23  34  30   0   0   0   0     8.0

Jahresdurchschnitt :    23.86
```

Tabelle Sonneneinstrahlung

Abweichung aus der Suedrichtung : 90.0 Grad nach Westen
Aufstellwinkel Kollektor   : 75.0 Grad

Uhrzeit (ohne Sommerzeit)

	05	06	07	08	09	10	11	12	13	14	15	16	17	18	19	Durchschn.
Jan.	0	0	0	0	0	0	0	8	22	37	48	39	0	0	0	12.7
Febr.	0	0	0	0	0	0	0	11	31	50	52	60	45	0	0	20.7
Maerz	0	0	0	0	0	0	0	16	39	60	67	64	47	0	0	24.4
April	0	0	0	0	0	0	0	20	44	64	78	80	69	47	0	33.4
Mai	0	0	0	0	0	0	0	22	46	66	81	87	82	67	44	41.3
Juni	0	0	0	0	0	0	0	23	47	66	80	86	81	66	61	42.4
Juli	0	0	0	0	0	0	0	22	46	66	81	87	82	67	44	41.3
Aug.	0	0	0	0	0	0	0	20	44	64	78	80	69	47	0	33.4
Sept.	0	0	0	0	0	0	0	16	39	60	67	64	47	0	0	24.4
Okt.	0	0	0	0	0	0	0	11	31	50	52	60	45	0	0	20.7
Nov.	0	0	0	0	0	0	0	8	22	37	48	39	0	0	0	12.7
Dez.	0	0	0	0	0	0	0	5	20	33	31	0	0	0	0	7.5

Jahresdurchschnitt :   20.99

Abweichung aus der Suedrichtung : 90.0 Grad nach Westen
Aufstellwinkel Kollektor   : 90.0 Grad

Uhrzeit (ohne Sommerzeit)

	05	06	07	08	09	10	11	12	13	14	15	16	17	18	19	Durchschn.
Jan.	0	0	0	0	0	0	0	0	17	33	46	39	0	0	0	11.3
Febr.	0	0	0	0	0	0	0	0	22	43	48	59	46	0	0	18.2
Maerz	0	0	0	0	0	0	0	0	25	48	60	60	47	0	0	20.0
April	0	0	0	0	0	0	0	0	26	48	66	72	65	47	0	27.0
Mai	0	0	0	0	0	0	0	0	25	47	66	77	76	64	44	33.2
Juni	0	0	0	0	0	0	0	0	25	46	64	74	73	62	60	33.7
Juli	0	0	0	0	0	0	0	0	25	47	66	77	76	64	44	33.2
Aug.	0	0	0	0	0	0	0	0	26	48	66	72	65	47	0	27.0
Sept.	0	0	0	0	0	0	0	0	25	48	60	60	47	0	0	20.0
Okt.	0	0	0	0	0	0	0	0	22	43	48	59	46	0	0	18.2
Nov.	0	0	0	0	0	0	0	0	17	33	46	39	0	0	0	11.3
Dez.	0	0	0	0	0	0	0	0	16	31	31	0	0	0	0	6.4

Jahresdurchschnitt :   17.30

Sonnenscheindauer und Energieeinstrahlung

Sonnenscheinstunden in Deutschland

Karte mit Einstrahlungslinien mittlere jährliche Sonnenscheindauer in Stunden:

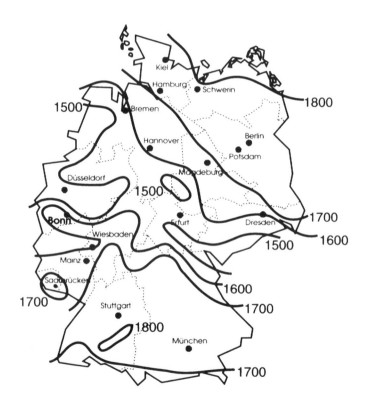

Sonnenscheindauer und Energieeinstrahlung für Mitteleuropa

Karte mit Einstrahlungslinien mittlere jährliche Sonnenscheindauer in Stunden:

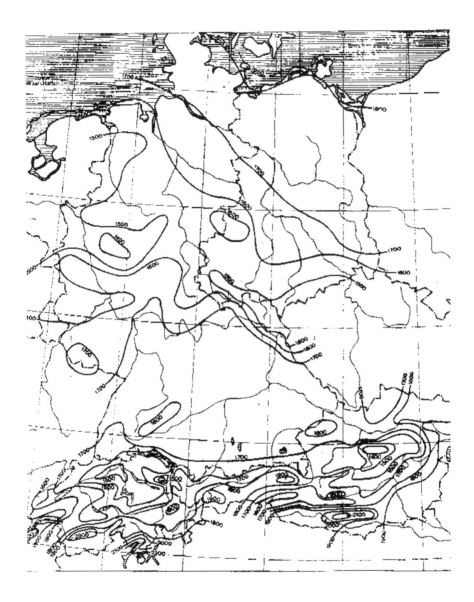

Einstrahlungswerte verschiedener Städte (Folgeseiten)

Sonnenscheindauer und Energieeinstrahlung

	Jan.	Febr.	März	Apr.	Mai	Juni	Juli	Aug.	Sept.	Okt.	Nov.	Dez.	J/Ø
Bad Kissingen													
Sonnenscheindauer (Stunden)	40	69	113	140	188	225	215	186	152	103	36	40	1507
Mittlere Lufttemperatur	-1.0	0.0	3.9	8.6	13.1	16.3	17.9	17.0	13.5	8.3	4.0	0.4	8.5
Biedenkopf													
Sonnenscheindauer (Stunden)	32	63	102	138	181	207	192	176	140	92	32	31	1386
Mittlere Lufttemperatur	-0.8	-0.0	3.5	7.6	12.1	15.4	16.9	16.1	12.9	8.2	4.1	0.6	8.1
Berlin-Dahlem													
Sonnenscheindauer (Stunden)	44	63	127	151	198	254	219	196	171	108	47	35	1613
Mittlere Lufttemperatur	-0.6	0.0	3.6	8.7	13.8	17.0	18.5	17.7	13.9	8.9	4.5	1.1	8.9
Borkum													
Sonnenscheindauer (Stunden)	46	66	110	163	196	226	192	185	139	94	54	44	1515
Mittlere Lufttemperatur	1.5	1.6	3.7	7,4	11.3	14.8	16.9	17.1	15.0	10.7	6.4	3.3	9.1
Braunlage													
Sonnenscheindauer (Stunden)	50	70	111	139	177	220	188	164	144	114	50	49	1476
Mittlere Lufttemperatur	-2.7	-2.3	1.0	5.0	9.9	13.0	14.6	14.1	11.3	6.6	2.1	-1.0	6.0
Bremen													
Sonnenscheindauer (Stunden)	41	62	98	143	182	223	178	177	141	96	49	38	1428
Mittlere Lufttemperatur	0.6	0.9	4.0	8.2	412.8	16.0	17.4	17.1	14.0	9.4	5.3	2.2	9.0

Sonnenscheindauer und Energieeinstrahlung

	Jan.	Febr.	März	Apr.	Mai	Juni	Juli	Aug.	Sept.	Okt.	Nov.	Dez.	J/Ø
Düsseldorf													
Sonnenscheindauer (Stunden)	36	54	94	119	157	182	166	152	132	102	41	34	1269
Mittlere Lufttemperatur	1.9	2.4	6.0	9.7	13.9	16.9	18.4	18.0	15.2	10.4	6.2	3.1	10.2
Freudenstadt													
Sonnenscheindauer (Stunden)	62	79	121	149	194	220	252	210	185	150	66	55	1743
Mittlere Lufttemperatur	-1.6	-0.8	2.8	6.6	11.0	14,2	16.0	15.4	12.5	7.5	3.0	-0,4	7.2
Friedrichshafen													
Sonnenscheindauer (Stunden)	48	81	130	161	201	236	256	213	174	106	57	36	1699
Mittlere Lufttemperatur	-1.0	0.2	4.1	8.6	13.2	16.7	18.4	17.6	14.3	8.9	4.2	0.5	8.8
Garm. Partenkirchen													
Sonnenscheindauer (Stunden)	84	98	133	152	160	178	193	185	192	165	81	66	1687
Mittlere Lufttemperatur	-2.5	-1.2	2.9	7.1	11.5	14.7	16.4	15.8	13.1	7.8	2.9	-1.1	7.3
Gießen													
Sonnenscheindauer (Stunden)	37	70	113	144	192	226	208	188	148	101	37	34	1498
Mittlere Lufttemperatur	-0.1	0.7	4.6	8.9	13.5	16.6	18.2	17.4	14.0	9.0	4.7	1.1	9.1
Hof													
Sonnenscheindauer (Stunden)	44	71	116	149	184	227	216	182	166	126	48	42	1571
Mittlere Lufttemperatur	-2.9	-2.1	1.8	6.3	11.2	14.7	16.4	15.3	11.8	6.9	2.6	-1.2	6.7

Sonnenscheindauer und Energieeinstrahlung

Lübeck	Jan.	Febr.	März	Apr.	Mai	Juni	Juli	Aug.	Sept.	Okt.	Nov.	Dez.	J/Ø
Sonnenscheindauer (Stunden)	43	61	110	170	214	270	214	207	160	102	52	42	1645
Mittlere Lufttemperatur	0.1	0.5	3.2	7.5	12.0	15.7	17.7	17.1	13.9	9.4	5.2	2.0	8.7

München	Jan.	Febr.	März	Apr.	Mai	Juni	Juli	Aug.	Sept.	Okt.	Nov.	Dez.	J/Ø
Sonnenscheindauer (Stunden)	56	82	120	161	187	225	240	206	180	138	57	38	1690
Mittlere Lufttemperatur	-2.1	-0.9	3.3	8.0	12.5	15.8	17.5	16.6	13.4	7.9	3.0	-0.7	7.9

Neustadt	Jan.	Febr.	März	Apr.	Mai	Juni	Juli	Aug.	Sept.	Okt.	Nov.	Dez.	J/Ø
Sonnenscheindauer (Stunden)	48	78	128	149	196	218	234	202	176	118	53	46	1646
Mittlere Lufttemperatur	1.0	2.1	5.8	10.0	14,3	17.5	19.2	18.5	15.2	10.0	5.5	2.0	10.1

Oberstdorf	Jan.	Febr.	März	Apr.	Mai	Juni	Juli	Aug.	Sept.	Okt.	Nov.	Dez.	J/Ø
Sonnenscheindauer (Stunden)	78	91	126	139	161	180	203	180	167	155	76	65	1621
Mittlere Lufttemperatur	-3.4	-2.3	1.4	5.6	10.2	13.6	15.3	14.5	11.7	6.6	1.8	-2.2	6.1

Passau-Kachlet	Jan.	Febr.	März	Apr.	Mai	Juni	Juli	Aug.	Sept.	Okt.	Nov.	Dez.	J/Ø
Sonnenscheindauer (Stunden)	53	75	121	165	192	230	242	204	175	127	54	44	1682
Mittlere Lufttemperatur	-2.7	-1.3	3.4	8.2	13.2	16.3	17.8	17.0	13.7	8.3	3.4	-0.6	8.1

Regensburg	Jan.	Febr.	März	Apr.	Mai	Juni	Juli	Aug.	Sept.	Okt.	Nov.	Dez.	J/Ø
Sonnenscheindauer (Stunden)	51	78	124	167	196	234	246	201	178	121	48	43	1687
Mittlere Lufttemperatur	-2.5	-1.3	3.2	8.1	13.0	16.2	17.9	17.1	13.6	8.0	3.0	-0.8	8.0

Sonnenscheindauer und Energieeinstrahlung

	Jan.	Febr.	März	Apr.	Mai	Juni	Juli	Aug.	Sept.	Okt.	Nov.	Dez.	J/Ø
Soltau													
Sonnenscheindauer (Stunden)	41	62	105	146	186	234	179	179	149	97	42	37	1457
Mittlere Lufttemperatur	-0.1	0.3	3.2	7.7	12.4	15.6	17.1	16.6	13.3	8.8	4.6	1.5	8.4
Trier													
Sonnenscheindauer (Stunden)	43	68	112	137	187	208	213	179	150	101	45	40	1483
Mittlere Lufttemperatur	0.6	1.4	5.5	9.0	13.1	16.1	17.8	17.2	14.4	9.4	5.1	1.6	9.3
Ulm													
Sonnenscheindauer (Stunden)	46	74	123	152	191	223	245	202	167	108	44	37	1612
Mittlere Lufttemperatur	-1.8	-0.4	3.9	8.3	12.8	16.0	17.7	17.0	13.7	8.1	3.3	-0.5	8.2
Weißenburg													
Sonnenscheindauer (Stunden)	53	79	122	159	194	235	245	206	183	138	56	45	1715
Mittlere Lufttemperatur	-1.7	-0.6	3.5	7.8	12.2	15.4	17.1	16.5	13.4	8.2	3.5	-0.3	7.9
Westerland auf Sylt													
Sonnenscheindauer (Stunden)	52	74	119	175	224	269	223	226	153	98	54	53	1720
Mittlere Lufttemperatur	0.8	0.4	2.4	6.5	11.0	14.4	16.7	16.8	14.4	10.0	6.0	3.1	8.5
Arkona													
Sonnenscheindauer (Stunden)	40	65	129	189	252	289	263	239	182	111	50	40	1849
Mittlere Lufttemperatur	-0.2	-0.4	1.6	4.7	9.7	13.5	16.2	16.0	13.5	9.0	4.6	1.6	7.5

Sonnenscheindauer und Energieeinstrahlung

Bad Elster

	Jan.	Febr.	März	Apr.	Mai	Juni	Juli	Aug.	Sept.	Okt.	Nov.	Dez.	J/Ø
Sonnenscheindauer (Stunden)	37	52	90	122	153	166	162	157	137	94	38	27	1235
Mittlere Lufttemperatur	-2.4	-1.8	1.4	5.6	10.8	13.5	15.2	14.2	11.2	6.3	1.5	-1.4	6.2

Cottbus

	Jan.	Febr.	März	Apr.	Mai	Juni	Juli	Aug.	Sept.	Okt.	Nov.	Dez.	J/Ø
Sonnenscheindauer (Stunden)	54	73	134	164	214	232	224	210	176	114	53	39	1687
Mittlere Lufttemperatur	-0.6	0.0	3.6	8.2	13.7	16.7	18.6	17.6	14.3	9.0	3.9	0.7	8.8

Dresden

	Jan.	Febr.	März	Apr.	Mai	Juni	Juli	Aug.	Sept.	Okt.	Nov.	Dez.	J/Ø
Sonnenscheindauer (Stunden)	60	75	126	162	199	216	219	209	167	126	59	49	1667
Mittlere Lufttemperatur	-0.8	0.0	3.5	7.8	13.1	16.0	17.8	17.0	13.8	8.7	3.6	0.3	8.4

Fichtelberg

	Jan.	Febr.	März	Apr.	Mai	Juni	Juli	Aug.	Sept.	Okt.	Nov.	Dez.	J/Ø
Sonnenscheindauer (Stunden)	64	70	114	146	175	191	194	188	157	129	58	60	1546
Mittlere Lufttemperatur	-5.3	-5.0	-2.3	1.4	6.5	9.4	11.3	10.8	8.1	3.5	-1.2	-4.1	2.8

Greifswald-Wieck

	Jan.	Febr.	März	Apr.	Mai	Juni	Juli	Aug.	Sept.	Okt.	Nov.	Dez.	J/Ø
Sonnenscheindauer (Stunden)	48	70	136	182	247	274	248	229	181	113	54	41	1823
Mittlere Lufttemperatur	-0.6	-0.2	2.5	6.4	11.6	15.0	17.1	16.3	13.2	8.4	3.8	0.8	7.9

Großer Inselberg

	Jan.	Febr.	März	Apr.	Mai	Juni	Juli	Aug.	Sept.	Okt.	Nov.	Dez.	J/Ø
Sonnenscheindauer (Stunden)	43	60	105	147	177	193	196	176	145	108	42	42	1434
Mittlere Lufttemperatur	-4.1	-3.4	-0.5	3.4	8.4	11.1	12.9	12.2	9.3	4.7	-0.1	-3.0	4.2

Sonnenscheindauer und Energieeinstrahlung

Leipzig

	Jan.	Febr.	März	Apr.	Mai	Juni	Juli	Aug.	Sept.	Okt.	Nov.	Dez.	J/Ø
Sonnenscheindauer (Stunden)	44	60	104	139	181	212	205	192	150	101	42	37	1467
Mittlere Lufttemperatur	-0.5	0.2	3.4	7.6	12.9	15.8	18.0	17.2	13.6	8.7	3.7	0.6	8.4

Warnemünde

	Jan.	Febr.	März	Apr.	Mai	Juni	Juli	Aug.	Sept.	Okt.	Nov.	Dez.	J/Ø
Sonnenscheindauer (Stunden)	43	64	125	183	243	270	241	225	174	108	50	37	1763
Mittlere Lufttemperatur	0.4	0.6	3.1	6.7	11.5	15.1	17.5	16.9	14.1	9.5	4.9	1.8	8.5

Österreich

Andau

	Jan.	Febr.	März	Apr.	Mai	Juni	Juli	Aug.	Sept.	Okt.	Nov.	Dez.	J/Ø
Sonnenscheindauer (Stunden)	70	79	133	191	231	246	250	260	201	148	67	45	1921
Mittlere Lufttemperatur	-2.2	-0.1	4.2	9.9	15.1	18.1	20.4	19.3	15.6	9.8	4.3	0.1	9.5

Feldkirch

	Jan	Feb	März	April	Mai	Juni	Juli	Aug	Sept	Okt	Nov	Dez	J/Ø
Sonnenscheindauer	6.9	85	158	174	212	188	214	203	175	134	82	63	1757
Mittlere Lufttemperatur	-2.0	-0.1	4.1	8.4	12.7	16.1	17.5	17.0	13.7	8.7	3.2	-0.1	8.2

Graz

	Jan	Feb	März	April	Mai	Juni	Juli	Aug	Sept	Okt	Nov	Dez	J/Ø
Sonnenscheindauer	8.8	100	140	175	211	218	244	245	183	142	74	55	1875
Mittlere Lufttemperatur	-2.4	-0.2	4.1	9.3	14.0	17.5	19.1	18.4	14.7	9.2	3.4	-0.9	8.8

Sonnenscheindauer und Energieeinstrahlung

Insbruck

	Jan	Feb	März	April	Mai	Juni	Juli	Aug	Sept	Okt	Nov	Dez	J/Ø
Sonnenscheindauer	77	107	164	172	192	171	201	202	186	150	90	70	1782
Mittlere Lufttemperatur	-3.1	-0.3	4.3	8.9	13.5	16.5	17.9	17.2	14.1	9.1	2.9	-1.8	8.3

Klagenfurt

	Jan	Feb	März	April	Mai	Juni	Juli	Aug	Sept	Okt	Nov	Dez	J/Ø
Sonnenscheindauer	89	112	159	187	215	221	252	243	184	117	57	40	1876
Mittlere Lufttemperatur	-5.3	-2.4	3.0	8.8	13.8	17.3	19.1	18.0	14.1	8.5	2.0	-3.2	7.8

Kremsmünster

	Jan	Feb	März	April	Mai	Juni	Juli	Aug	Sept	Okt	Nov	Dez	J/Ø
Sonnenscheindauer	58	65	140	169	214	203	224	218	172	117	46	28	1654
Mittlere Lufttemperatur	-2.4	-0.7	3.3	8.3	13.2	16.5	18.3	17.5	14.0	8.6	2.7	-1.1	8.2

Salzburg

	Jan	Feb	März	April	Mai	Juni	Juli	Aug	Sept	Okt	Nov	Dez	J/Ø
Sonnenscheindauer	75	85	145	165	205	195	210	210	175	140	70	55	1730
Mittlere Lufttemperatur	-1.8	-0.1	3.8	8.5	13.2	16.5	18.1	17.5	14.1	8.9	3.3	-0.8	8.4

Schmittenhöhe

	Jan	Feb	März	April	Mai	Juni	Juli	Aug	Sept	Okt	Nov	Dez	J/Ø
Sonnenscheindauer	101	112	155	159	182	164	184	204	178	164	121	103	1827
Mittlere Lufttemperatur	-6.4	-6.3	-4.3	-0.8	3.8	7.2	9.2	9.0	6.7	2.7	-2.2	-5.5	1.1

Wien

	Jan	Feb	März	April	Mai	Juni	Juli	Aug	Sept	Okt	Nov	Dez	J/Ø
Sonnenscheindauer	61	79	127	183	229	234	255	197	143	143	58	42	1863
Mittlere Lufttemperatur	-1.4	0.3	4.4	9.4	14.2	17.6	19.4	18.7	15.0	9.6	4.0	0.0	9.3

Sonnenscheindauer und Energieeinstrahlung

Zell am See

	Jan	Feb	März	April	Mai	Juni	Juli	Aug	Sept	Okt	Nov	Dez	J/Ø
Sonnenscheindauer	65	89	136	147	171	155	172	176	160	122	77	50	1520
Mittlere Lufttemperatur	-5.8	-3.9	1.1	6.3	11.8	15.0	16.6	15.9	12.7	7.5	1.2	-3.8	6.2

Zwettl

	Jan	Feb	März	April	Mai	Juni	Juli	Aug	Sept	Okt	Nov	Dez	J/Ø
Sonnenscheindauer	61	73	114	152	181	172	190	197	169	119	48	39	1515
Mittlere Lufttemperatur	-3.4	-2.3	1.3	5.9	11.2	14.6	16.4	15.1	11.4	6.5	1.4	-2.1	6.3

Schweiz

Basel-Binningen

	Jan	Feb	März	April	Mai	Juni	Juli	Aug	Sept	Okt	Nov	Dez	J/Ø
Sonnenscheindauer	65	82	138	168	210	195	223	200	161	120	60	60	1682
Mittlere Lufttemperatur	0.5	1.4	4.9	8.5	13.3	16.4	18.1	17.3	14.0	9.1	4.2	1.3	9.1

Bern

	Jan	Feb	März	April	Mai	Juni	Juli	Aug	Sept	Okt	Nov	Dez	J/Ø
Sonnenscheindauer	55	88	146	173	223	209	244	219	165	116	53	54	1745
Mittlere Lufttemperatur	-1.0	0.0	3.8	7.7	12.6	15.7	17.4	16.7	13.3	8.2	3.2	-0.1	8.1

Davos

	Jan	Feb	März	April	Mai	Juni	Juli	Aug	Sept	Okt	Nov	Dez	J/Ø
Sonnenscheindauer	85	98	146	152	170	143	185	174	167	130	96	80	1626
Mittlere Lufttemperatur	-6.6	-5.6	-2.1	2.0	7.2	10.4	12.0	11.4	8.2	3.6	-1.4	-5.3	2.8

Sonnenscheindauer und Energieeinstrahlung

	Jan	Feb	März	April	Mai	Juni	Juli	Aug	Sept	Okt	Nov	Dez	J/Ø
Genève													
Sonnenscheindauer	54	95	161	202	257	249	287	250	195	127	56	45	1978
Mittlere Lufttemperatur	1.1	2.0	5.5	9.2	13.9	17.3	19.2	18.5	15.0	9.8	5.2	2.0	9.9
Lausanne													
Sonnenscheindauer	65	104	166	198	250	230	263	231	176	127	66	60	1936
Mittlere Lufttemperatur	0.5	1.3	4.7	8.3	13.3	16.4	18.2	17.6	14.3	9.3	4.7	1.4	9.2
Lugano													
Sonnenscheindauer	122	128	152	181	207	206	256	233	183	151	105	100	2024
Mittlere Lufttemperatur	1.9	3.2	6.9	10.8	15.2	19.0	21.0	20.3	16.7	11.5	6.3	3.0	11.3
Luzern													
Sonnenscheindauer	42	69	133	153	194	172	203	186	144	86	41	41	1464
Mittlere Lufttemperatur	-0.2	0.7	4.5	8.3	13.1	16.2	17.9	17.2	13.9	8.8	4.0	0.7	8.8
Montana													
Sonnenscheindauer	121	124	178	195	215	202	248	228	192	173	124	116	2116
Mittlere Lufttemperatur	-2.0	-1.8	0.7	4.1	9.2	12.3	14.3	14.1	10.8	6.2	1.5	-1.3	5.7
Neuchatel													
Sonnenscheindauer	42	75	143	178	227	210	242	215	160	102	40	32	1666
Mittlere Lufttemperatur	0.2	1.0	4.5	8.4	13.3	16.5	18.4	17.8	14.4	9.1	4.3	1.1	9.1

Sonnenscheindauer und Energieeinstrahlung

	Jan	Feb	März	April	Mai	Juni	Juli	Aug	Sept	Okt	Nov	Dez	J/Ø
Säntis													
Sonnenscheindauer	114	118	164	164	195	160	190	180	169	173	141	115	1883
Mittlere Lufttemperatur	-8.6	-9.0	-7.4	-4.9	0.0	3.0	5.0	4.9	2.7	-1.0	-5.0	-7.6	-2.3
Zürich													
Sonnenscheindauer	50	78	147	173	219	195	227	214	168	105	50	48	1674
Mittlere Lufttemperatur	-0.1	0.9	4.6	8.3	13.1	16.1	17.7	17.1	13.9	8.9	4.0	0.8	8.8
Leysin													
Sonnenscheindauer	104	111	151	162	192	166	206	187	153	135	104	100	1771
Mittlere Lufttemperatur	-1.2	-1.2	1.4	4.3	9.1	12.2	14.0	13.6	10.8	6.3	2.4	-0.4	5.9
Bern													
Sonnenscheindauer	55	88	146	173	223	209	244	219	165	116	53	54	1745
Mittlere Lufttemperatur	-1.0	0.0	3.8	7.7	12.6	15.7	17.4	16.7	13.3	8.2	3.2	-0.1	8.1

Quelle,
Deutscher Wetterdeinst

Solaranlagentests

Montage von Solaranlagen

Die Montage von Solaranlagen unterscheidet sich von Hersteller zu Hersteller oft sehr deutlich. Auch hier ist es nicht möglich, Montagebeispiele aller Hersteller, ja selbst nur der wichtigsten Hersteller wiederzugeben, einen Mix der verschiedenen Montageanleitungen vorzunehmen oder gar eine neutrale Montageanleitung zu entwickeln.

Deshalb hat sich der Verfasser auch hier entschlossen, die Montageanleitung eines fortschrittlichen Unternehmens auszugsweise widerzugeben.

Hier sind auch alle wichtigen Montagearten, wie z.B. die Montage über der Ziegelfläche, die Montage der Solaranlage in die Ziegefläche integriert (ähnlich einem Dachfenster) und die Montage auf einer waagerechten Fläche (Flachdach) ausführlich dargestellt.

Allerdings wurde die Montageanleitung deutlich verkürzt, da sich viele Hinweise zur Montage ohnehin aus diesem Buch ergeben.

Die Montage der Rohrleitungen oder des Warmwasser-Speichers sind hier ebenfalls nicht beschrieben. Hier handelt es sich um bekannte Techniken. Besonderheiten für Solaranlagen sind jedoch in diesem Buch ausführlich dargestellt.

Beschrieben werden deshalb hier ausführlich die Montage der Sonnenkollektoren und der Solarregelung.

Montage

Kollektormontage

Schrägdach- oder Flachdach, Vorteile, Nachteile

Schrägdach- oder Flachdach, Vorteile, Nachteile

Schrägdachmontage		Flachdachmontage
Integration in die Dachfläche	Auf die (Ziegel)- dachfläche	Freie Aufstellung Flachdach etc.
- optisch sehr schön - geringerer Wärmeverlust der Kollektoren - Verteilerleitungen im Dach, dadurch ebenfalls geringere Wärmeverluste - sicher vor Sturm - keine zusätzliche Dachbelastung, da die entfallenden Ziegel schwerer als die Kollektoren sind	- keine Gefahr, daß Niederschläge in das Dach eindringen - schnelle Montage - Aufdachgerüste billiger - in geringem Umfang kann Ausrichtung zur Sonne verbessert werden - einfache Erweiterung oder Reparatur möglich	- keine Gefahr, daß Niederschläge in das Dach eindringen - sehr schnelle Montage - sehr gute Ausrichtung zur Sonne, sowohl vom Aufstellwinkel als auch zur Südseite - einfache Erweiterung oder Reparatur möglich

Montage der Sonnenkollektoren

Worauf Sie bereits beim Entladen achten sollten:

- Kollektoren beim Transport nicht am Kollektorstutzen tragen.
- Kollektorrückseite nicht auf unebenen Untergrund legen, da sonst Verletzung des rückseitigen Gehäuses.
- Kollektoren nur an staubfreiem Stellen zwischenlagern.
- Beim Zwischenlagern die Kollektoren nicht mit der Glasseite nach unten legen.

Worauf Sie bei Montagebeginn achten sollten:

- Wird der Kollektor mit Verschraubungen angeschlossen, dann muß beim Aufschrauben der Kollektoranschluß mit einer Zange gut gegengehalten werden, da sonst die Gefahr besteht, den Kollektoranschluß zu verdrehen.
- Sind Silikonarbeiten erforderlich, dann sind die abzudichtenden Teile vorher gründlich mit dem von uns mitgelieferten Spezialreinigungsmittel zu reinigen.
- Denken Sie bitte daran, daß bei Montagearbeiten auf dem Dach erhöhte Unfallgefahr besteht.
- Elektrokabel, die auf dem Dach liegen, werden häufig zu Fußangeln oder aber sie rollen unter Ihrem Fuß ab, wenn Sie darauf treten. Beides kann zu Stürzen führen.
- Bei Leitern mit Rollen am oberen Leiterende (Wandroller) besteht die Gefahr, daß sich der Benutzer beim Abstieg vom Dach auf das Leiterende und damit auf die Rollen stützt, und den Halt verlieren kann.
- Beachten Sie bitte die Unfallverhütungsvorschriften !

Was sonst noch wichtig ist:

- Nach der Dichtigkeitsprobe (DIN 18380) muß die komplette Anlage sofort mit Wasser durchgespült werden. Bearbeitungsspäne müssen restlos aus der Anlage entfernt werden.
- Nach dem Durchspülen ist das Wasser sofort vollständig aus der Anlage zu entleeren (Entleerungshahn an der Verteilerleitung anbringen, Schwerkraftsperre öffnen).
- Die Anlage ist mit der mitgelieferten Wärmeträgerflüssigkeit ohne Beimischung von Wasser zu füllen und in Betrieb zu setzen.
- Im Montagebereich des Speichers keine wertvollen, nicht wasserverträglichen Gegenstände lagern.

Die nachfolgend aufgeführten Montagehinweise sind abhängig von den örtlichen Gegebenheiten und notfalls der gegebenen Situation anzupassen.

Auswahl der Dachfläche:

Bei der Auswahl der Dachfläche ist auf folgende Punkte zu achten:

Die Kollektoren sind auf der südlichen Dachfläche, wenn möglich auf der Westseite den Schornsteines in möglichst großem Abstand davon anzubringen (Verschmutzungsgefahr).

Bäume, angrebzende Bauten, Schornsteine u.a. sollten möglichst wenig Schatten auf die Kollektorfläche werfen. Auf unterschiedlichen Sonnenstand achten.

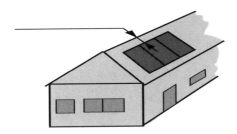

Der Abstand zwischen der oberen Stirnseite des Sonnenkollektors bis zur Unterkante First soll nicht weniger als 3-4 Dachpfannen betragen, damit die Leitung steigend in den Dachraum verlegt werden kann.

In schneereichen Gebieten sollte darauf geachtet werden, daß der Schnee abrutschen kann, sich also keine Aufbauten unterhalb der Kollektorfläche befinden.

Aus Sicherheitsgründen sollte unterhalb der Solarfläche ein sogenanntes Unterdach angelegt werden, z.B. aus Bitumenpappe oder ein gitterarmierter Folie oder ein sonstiges geeignetes Material, um bei eventuellen Undichtigkeiten das Eindringen von Feuchtigkeit in das Gebäude zu verhindern.

Montage mit Dacheindeckrahmen

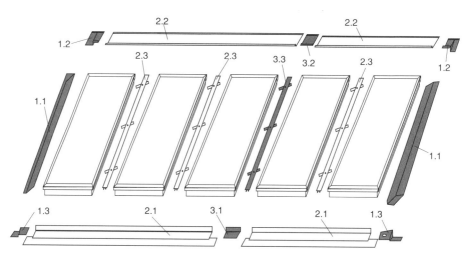

(Seitenteile)
1.1 Seitenteile links und rechts
1.2 Oberteilübergang links und rechts
1.3 Unterteilübergang links und rechts

(Ober- und Unterteile)
2.1 Unterteile mit Bleischürze
2.2 Oberteile
2.3 Zwischenteile

(Verbindungsteile)
3.1 Verbindungs-Unterteil
3.2 Verbindungs-Oberteil
3.3 Zwischenteil

Freimachen und Vorbereiten der Dachfläche:

Ist die in Frage kommende Dachfläche ausgewählt, so beginnt man zunächst mit der genauen Plazierung der Sonnenkollektoren:

Festlegen der linken und der rechten Seite des Kollektorfeldes.
Sie fangen damit an, daß Sie von der linken Seite des vorgesehenen Kollektorfeldes, (von der Glasseite gesehen), einen Ziegel entfernen, und zwar dort, wo die vorgesehene Seitenwand der Kollektorfläche sich befinden soll.

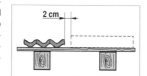

Die Kollektorseite beginnt ca 2 cm vor der Ziegelkante des verbleibenden Ziegels.

Markieren Sie sich diesen Abstand auf der Dachlatte. Anschließend werden die Ziegel in der Breite der Kollektorfläche plus einer zusätzlichen Ziegelreihe auf der linken und der rechten Seite abgedeckt.

Abstand von Kollektor zu Kollektor 1,5 cm

Den unteren und oberen Abstand ermitteln Sie, ausgehend von dem Mindestabstand zum Giebel (siehe Auswahl der Dachfläche) oder aber einer anderen gewünschten Höhe. Messen Sie die Kollektorlänge nach unten ab. Für den zweiten und jeden weiteren übereinander angebrachten Kollektor addieren Sie 212 cm hinzu.
Der so ermittelte Punkt ist die untere Stirnseite des Kollektors.

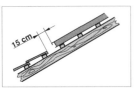

Diesen Punkt verschieben Sie nach oben oder unten, bis der Abstand zwischen Ziegeloberkante und Kollektorunterkante ca 15 cm beträgt.

Nun werden die Ziegel entsprechend der ermittelten Gesamtfläche von oben nach unten abgedeckt. Die Ziegelreihe oberhalb der ermittelten Fläche wird zusätzlich mit abgedeckt, damit der obere Rahmen des Eindeckbleches angebracht werden kann.

Befestigen der Kollektoren:

Ist der Unterbau freigestellt, so ist an der unteren Stirnseite eines jeden Kollektors eine Befestigung anzubringen.
Dies geschieht mit einer Befestigungsschine.
Sodann legen Sie die untere Kollektorreihe auf die Dachfläche.

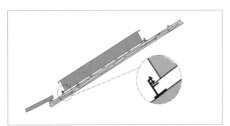

Die einzelnen Kollektoren sind mit einem Abstand von ca. 1,5 cm zu verlegen.
Dann werden die Verteilerleitungen verlegt.

Dacheindeckrahmen montieren:

Der Dacheindeckrahmen ist komplett vorgefertigt und in folgender Reihenfolge zu montieren:

A) Unterteil
B) Seitenteile
C) Oberteil

A) Montage des Unterteils:

Wichtig: Montagenreihenfolge beachten:

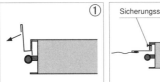 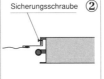

Wichtig bei der Montage des unteren Eindeckrahmens ist die Montagerichtung. Sie muß von rechts nach links erfolgen.

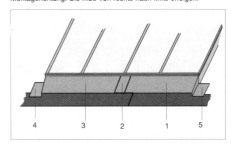

B) Montage der Seitenteile

Dichtband auf die Seitenteile aufkleben (siehe Bild 1).

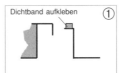

Dann werden die Seitenteile in den Rahmen des Kollektors eingeführt, und das Dreieckband angebracht (siehe Bild 4).

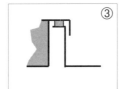

Das seitliche Rahmenteil liegt am unteren Ende über dem Unterteil. Aus diesem Grund muß das Seitenteil nach dem Unterteil angebracht werden und so lange nach unten geschoben werden, bis die Unterseiten bündig sind.

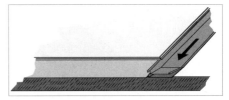

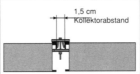

Anschließend werden die Abdeckleisten auf die Kollektoren gesetzt. Das mitgelieferte Dichtgummi zwischen Abdeckleiste und Kollektorrahmen anbringen.

Montage des oberen Rahmenteils:

Bevor sie den oberen Rahmen angringen, achten Sie bitte darauf, daß das Kabel des Temperaturfühlers unter dem Rahmen hindurch nach oben weggeführt wird und damit jerderzeit zugänglich ist.
Der obere Eindeckrahmen muß über dem Zwischenblech liegen.

An der Kopfseite der Kollektoren wird es bei mehreren Teilstücken erforderlich diese fest zu verbinden. Dieses geschieht mit Nieten, Bohrer (Löcher 3,2 mm vorbohren), dem Silikon und einem Blech-Zwischenteil.
Bitte reinigen Sie sorgfältig die Flächen mit dem mitgelieferten Reinigungsmittel bevor Sie Silikon auftragen.

Dichtgummi zwischen Kollektor und Rahmen legen.

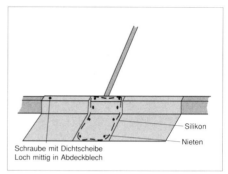

Silikon
Nieten
Schraube mit Dichtscheibe
Loch mittig in Abdeckblech

Seitenansicht eines fertig montierten In-Dach-Kollektors:

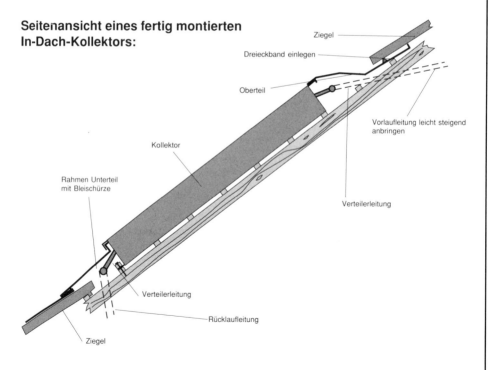

Ziegel
Dreieckband einlegen
Oberteil
Vorlaufleitung leicht steigend anbringen
Kollektor
Rahmen Unterteil mit Bleischürze
Verteilerleitung
Verteilerleitung
Rücklaufleitung
Ziegel

Auf - Dach - Montage

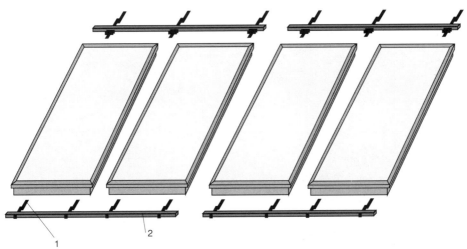

(Aufdachgerüst)
1 Halter (auf Dachsparren zu schrauben)
2 Schiene (zur Verankerung der Kollektoren)

Montage des Kollektors auf dem Dach (Ziegel):

1

Nachdem die Lage des Kollektors ungefähr bestimmt ist, entfernt man über einem Sparren für jeden Kollektor 4 Dachziegeln (2 oberhalb und zwei unterhalb des Kollektors).

2

Die Höhe der Lattung und der Ziegel werden ausgemessen, um die nötige Unterfütterung für die Halter zu bestimmen. Es ist drauf zu achten, daß die Halter mit wenig Luft über den Ziegeln und im Wellental der Ziegel zu montieren sind.

3 Dann werden die unteren Halter (kurz) und die ausgewählten Unterfütterungen mit den Holzschrauben auf den Sparren befestigt. Die Dachziegel wieder eindecken.

Bei außergewöhnlichen Ziegeln durch abflachen oder unterfüttern ausgleichen.

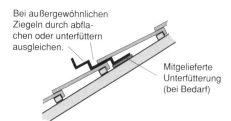

Mitgelieferte Unterfütterung (bei Bedarf)

Befindet sich das Wellental eines Ziegels nicht über dem Dachsparren, können die Halter durch die mitgelieferten Ausgleichs-schinen seitlich in das Wellental des Ziegels versetzt werden.

4 Entsprechend werden die oberen Halter (lang) mit den entsprechenden Unterfütterungen auf dem Sparren befestigt. Es ist darauf zu achten, daß der verschiebbare Winkel in der Mitte des Langloches sitzt.

5 Das Befestigungsprofil entsprechend der Zeichnung in die unteren Halter einlegen und verschrauben. Dann erst die Kollektoren in die Nut des Befestigungsprofils einfühen und ebenfalls verschrauben.

1957 mm

verschiebbar für Ausgleich der Ziegeldifferenz

Halter

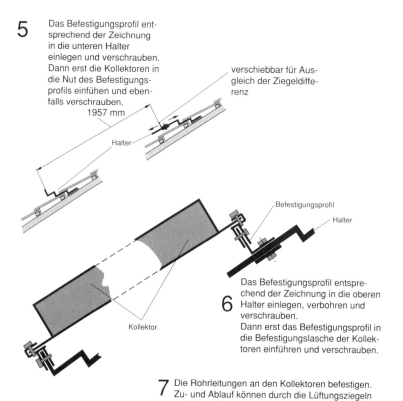

Befestigungsprofil

Halter

6 Das Befestigungsprofil entsprechend der Zeichnung in die oberen Halter einlegen, verbohren und verschrauben.
Dann erst das Befestigungsprofil in die Befestigungslasche der Kollektoren einführen und verschrauben.

Kollektor

7 Die Rohrleitungen an den Kollektoren befestigen. Zu- und Ablauf können durch die Lüftungsziegeln geführt werden.

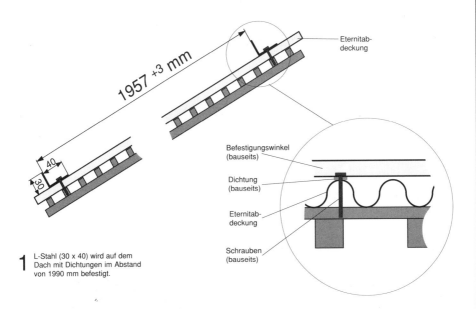

1. L-Stahl (30 x 40) wird auf dem Dach mit Dichtungen im Abstand von 1990 mm befestigt.

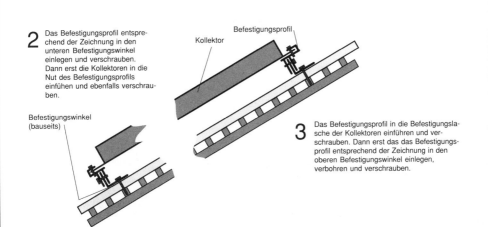

2. Das Befestigungsprofil entsprechend der Zeichnung in den unteren Befestigungswinkel einlegen und verschrauben. Dann erst die Kollektoren in die Nut des Befestigungsprofils einfühen und ebenfalls verschrauben.

3. Das Befestigungsprofil in die Befestigungslasche der Kollektoren einführen und verschrauben. Dann erst das das Befestigungsprofil entsprechend der Zeichnung in den oberen Befestigungswinkel einlegen, verbohren und verschrauben.

Flach - Dach - Montage

Führung der Rohrleitungen nach Tichelmann bei Flachdachmontage

Bei Montage von mehreren Kollektoren nebeneinander

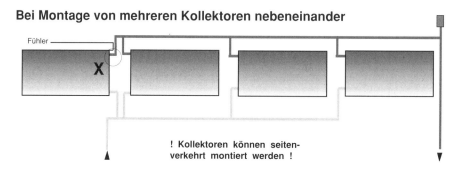

! Kollektoren können seitenverkehrt montiert werden !

Bei Montage der Kollektoren hintereinander

Bei Montage von 2 Kollektoren nebeneinander

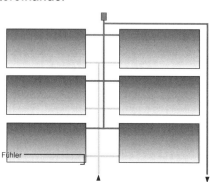

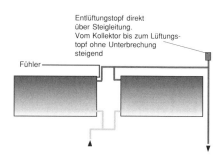

Entlüftungstopf direkt über Steigleitung. Vom Kollektor bis zum Lüftungstopf ohne Unterbrechung steigend

Montage der Kollektoren
auf das Aufstellgerüst

① Der Kollektor wird mit der Unterseite in die Laschen des Aufstellgerüstes geschoben.

② Dann wird der Kollektor an der Oberseite mit der an dem Ausstellgerüst angebrachten Verschraubung festgeklemmt.

③ Zur Befestigung der einzelnen Kollektoren untereinander sind diese zu verstreben.

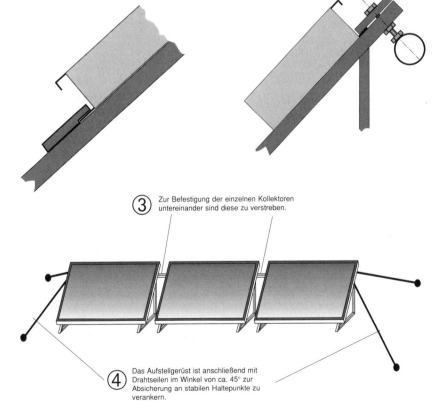

④ Das Aufstellgerüst ist anschließend mit Drahtseilen im Winkel von ca. 45° zur Absicherung an stabilen Haltepunkte zu verankern.

Einzelmontage auf der Baustelle

Verschiedene Hersteller bieten Einzelteile für die Herstellung eines Sonnenkollektorfeldes auf der Baustelle an. Wie eine solche Montage vorgenommen werden könnte, ist nachfolgend beschrieben:

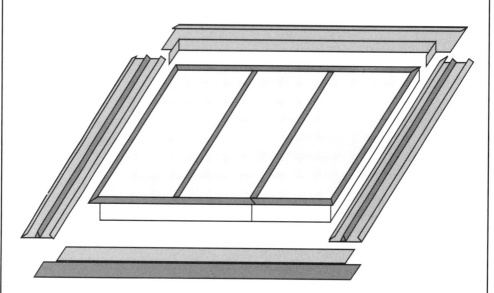

Welche Werkzeuge werden benötigt:	Welche Materialien werden noch benötigt:
Bohrmaschine, Silikonpistole, Schraubenzieher (Kreuzschlitz), Lötgerät (Hartlot), Zollstock, Hammer und Gummihammer, Messer, Feile, Holzsäge, Rohrzange, Flachzange, Blechschere und Nietzange	Spanplatte (bei nicht verschaltem Dach) Sekundenkleber (für Gummi) Glasreiniger Nägel Kupferrohr und Formteile Lötmaterial

Führung der Rohrleitungen nach Tichelmann

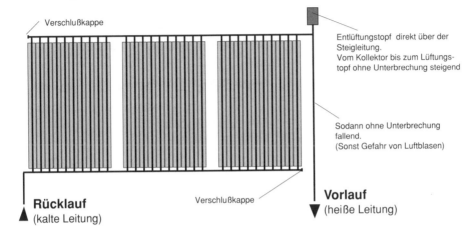

Vorbereitungen bei nicht verschaltem Dach:

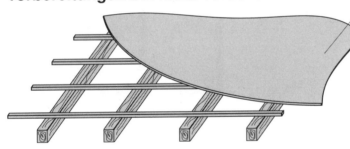

Spanplatte (ca. 10 mm) bauseits besorgen

Ziegel im Bereich des Kollektorfeldes abdecken und eine Spanplatte zur Montage des Kollektors auf dem abgedeckten Teil befestigen.

Vorbereitungen bei verschaltem Dach:

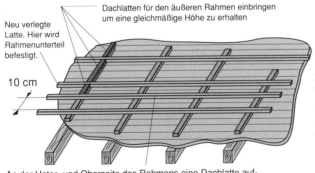

Dachlatten für den äußeren Rahmen einbringen um eine gleichmäßige Höhe zu erhalten

Neu verlegte Latte. Hier wird Rahmenunterteil befestigt.

10 cm

Ziegel im Bereich des Kollektorfeldes abdecken. Die vorgesehene Befestigungslinie für den Kollektorrahmen anzeichnen.Mit Dachlatten Zwischenraum zwischen vorhandenen Dachlatten dieser Linie entlang bündig ausgleichen, damit gleiche Höhe erreicht wird. Wichtig für Dichtigkeit des Eindeckrahmens.

An der Unter- und Oberseite des Rahmens eine Dachlatte aufbringen. Bei der Unterseite so, daß diese ca. 10 cm über der Dachlatte liegt die wieder Ziegeln trägt.

Kollektor-Rahmen (bei 4 Kollektorfelder):
(1 Grundbausatz)
(2 Erweiterungsbausätze)

Der Kollektorrahmen wird erst nach der Montage des Eindeckrahmens montiert.

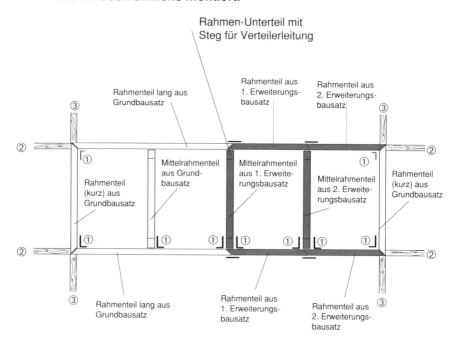

① Eckwinkel mit langem Schenkel für Verteilerleitung

② zusätzlich angebrachte Dachlatten, auf die die waagrechten Rahmen verschraubt werden.

③ aufgefütterte Dachlatten, auf die das linke und rechte Rahmenteil verschraubt werden. (nur unterhalb des Kollektorrahmens erforderlich)

Montage des Eindeckrahmens

Die Montage des Eindeckrahmens muß stets von unten nach oben erfolgen

Montage des Rahmen-Unterteils: Beim Unterteil befinden sich die Umkantungen des Bleches an der Unterseite. Zum Bearbeiten Unterseite nach oben drehen.

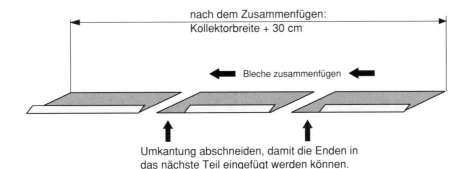

nach dem Zusammenfügen:
Kollektorbreite + 30 cm

Bleche zusammenfügen

Umkantung abschneiden, damit die Enden in das nächste Teil eingefügt werden können.

Eindeckrahmen-Unterteil umdrehen, Blei mit Verstärkungsblech einschieben, und mit 3,2 mm bohren. (Achtung, nicht durch Blechoberseite bohren.). Dann werden die Teile vernietet.

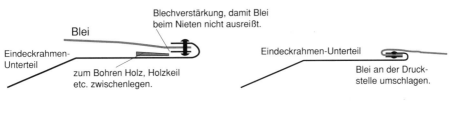

Blechverstärkung, damit Blei beim Nieten nicht ausreißt.

Blei

Eindeckrahmen-Unterteil

zum Bohren Holz, Holzkeil etc. zwischenlegen.

Eindeckrahmen-Unterteil

Blei an der Druckstelle umschlagen.

Rahmen-Unterteil auf Dachlatte vernageln:

10 cm

Bei Dächern mit geringer Dachneigung, Abstand (10cm) vergrößern, damit Gefälle gewährleistet ist.

Bei mehreren Teilstücken wird es erforderlich diese fest zu verbinden. Dieses geschieht mit den mitgelieferten Nieten, Bohrer (Löcher 3,2 mm vorbohren), und dem Silikon.
Bitte reinigen Sie sorgfältig die Flächen mit dem mitgelieferten Reinigungsmittel bevor Sie Silikon auftragen.

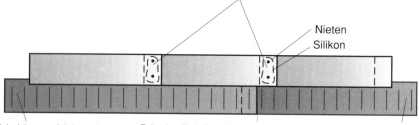

Bleischürze muß links und rechts ca. 30 cm überstehen.

Falls eine Bleirolle nicht ausreicht, muß die nächste Rolle ca. 25 cm überlappen.

Bleischürze muß links und rechts ca. 30 cm überstehen.

Montage des Rahmen-Seitenteils:

Seitenteil überlappt Unterteil

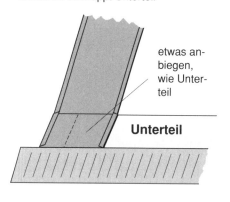

etwas anbiegen, wie Unterteil

Unterteil

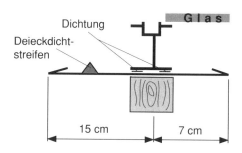

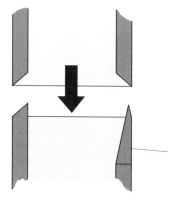

Bei mehreren Kollektoren übereinander muß das obere Seitenteil überlappen ist dei innere Umkantung des unteren Seitenteils aufzubiegen

Montage des Rahmenoberteils:

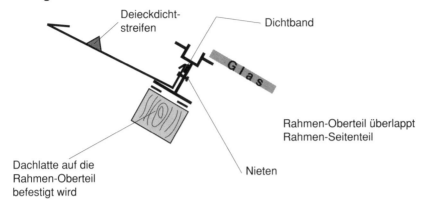

Fertig montierter Eindeckrahmen, provisorisch befestigt:

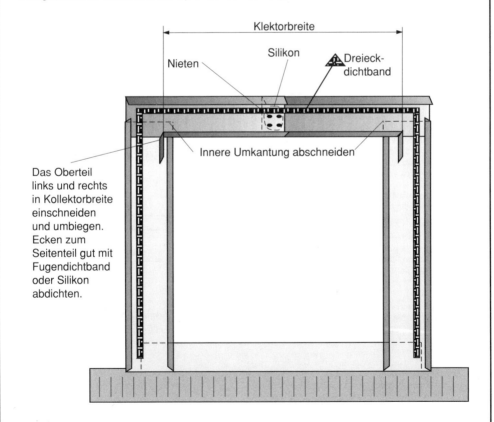

Auf den Eindeckrahmen wird nun der Rahmen (Profile) des Kollektors selbst montiert.

Die auf dem Boden vorbereiteten Teile markieren und die Lage der Teile am besten auf einer Skizze festhalten.
(Besonders wichtig ist die Lage und Reihenfolge der Absorberfelder und der dazugehörigen Zwischenteile).

❶ Montage des untern Kollektorprofiles
Das untere Rahmenprofil wird nun entsprechend der nebenstehenden Zeichnung auf dem unteren Eindeckrahmen fixiert.
Es ist darauf zu achten, daß sich das Dichtband unbeschädigt und vollständig an der Unterseite des Profiles befindet.
Nun wird das Rahmen-Profil mit dem Eindeckblech auf den Latten provisorisch befestigt.

❷ Auf die gleiche Weise werden nun die zwei Seitenprofiles mit den dazugehörigen Eindeckblechen -zunächst provisorisch- befestigt.
Bei dieser Arbeit muß darauf geachtet weden, daß die Seitenteile zu dem Unterteil genau eine Winkel von 90° bilden.
Es ist darauf zu achten, daß das seitliche Eindeckblech ca. 20 cm über das untere ragt.

❸ Nun wird das Oberteil mit Eindeckblech eingepaßt.
Das obere Eindeckblech muß seitlich ca. 20 cm über das seitliche Eindeckblech ragen.
Wichtig: Die Ecken des Kollektor-Rahmens müssen bündig und dicht sein. Die genaue Winkligkeit ermitteln Sie indem Sie mit einer Schnur oder mit einem Maßband über Eck messen. Sind die Abstände gleich ist der Kollektor im Winkel. Ist dies der Fall können die Seitenteile und der obere Rahmen provisorisch befestigt werden.

❹ Die Zwischenteile werden nun in dem Rahmen eingepaßt. Auch hier ist auf die Rechtwinkligkeit zu achten, damit die später eingesetzte Glasscheibe paßt.

❺ Sind alle Rahmenteile des Kollektors passend und im Winkel, sowie die Eckfugen abgedichtet, kann die entgültige verschraubung erfolgen.
Innen können nicht dichtende Schrauben verwendet werden.
Außen müssen Schrauben mit Dichtkopf verwendet werden.
In einem Abstand von ca. 50cm die Profile mit dem Eindeckblech vorbohren (5 mm) und verschrauben.

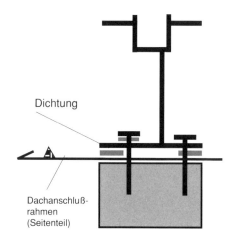

Dichtung

Dachanschluß-rahmen (Seitenteil)

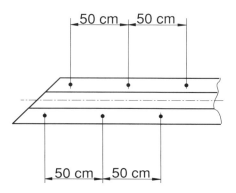

⑥ Vernieten der Rahmenteile

Damit der Rahmen nicht durch die "schwere Glasscheibe" verbogen wird, muß das untere (waagrechte) Rahmenteil mit den senkrechten Seiten- und Mittelteilen mit Eckwinkeln fest verbunden werden.

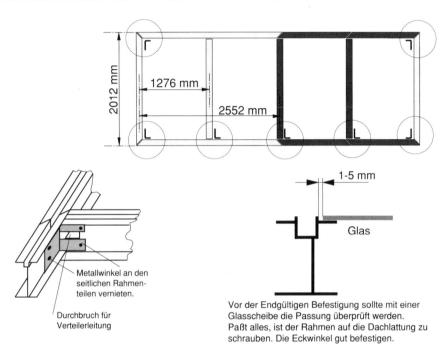

Vor der Endgültigen Befestigung sollte mit einer Glasscheibe die Passung überprüft werden. Paßt alles, ist der Rahmen auf die Dachlattung zu schrauben. Die Eckwinkel gut befestigen.

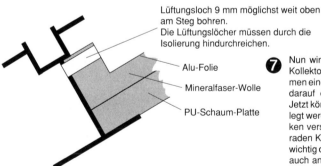

⑦ Nun wird die PU-Schaum-Platte in die Kollektorfelder eingelegt. Danach kommen eine Schicht Mineralfaserwolle und darauf eine Lage Alufolie.
Jetzt können die Absorberplatten eingelegt werden, und mit den Zwischenstücken verschraubt werden. Um einen geraden Kollektorstrang zu erhalten ist es wichtig die errechneten Zwischenstücke auch an der richtigen Stelle zu montieren.

⑧ Damit die Luftfeuchtigkeit nicht zum Beschlagen der Abdeckscheiben führt, empfehlen wir Lüftungslöcher an der Unterseite anzubringen.
Es genügen 1-2 Lüftungslöcher je Kollektorfeld mit einem Durchmesser von ca. 9 mm

Anschluß des Kollektors

Anschluß des Rücklaufes.

Der Rücklauf (kalte Leitung) wird an der unteren Seite des Kollektors angschlossen.
Die Rohrleitung muß vom Anschluß an den Kollektor bis zum Anschluß des Wärmetauschers stängig fallen, um eine Luftansammlung in der Rohrleitung zu verhindern.
Der andere untere Kollektoranschluß wird mit einer Verschlußstopfen verschlossen.

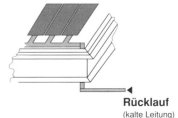

Rücklauf
(kalte Leitung)

Es gibt zwei unterschiedliche Möglichkeiten den Vorlauf anzuschließen.
Die Wahl des richtigen Anschlußes richtet sich nach den örtlichen Gegebenheiten.

A) Innenliegender Entlüftungstopf

Der Vorlauf wird an der Seite des Kollektors durch den Rahmen, ständig steigend, nach außen geführt. Von dort aus durch eine Lüftungsziegel, ständig steigend, ins Innere des Daches. Dort wird der Entlüftungstopf montiert.
Die Rohrleitungen vom Entlüftugsventil bis zum Wärmetauscher müssen ständig fallen, um eine Luftansammlung in der Rohrleitung zu verhindern.
Der andere obere Kollektoranschluß wird mit einer Verschlußstopfen verschlossen.

B) Außenliegender Entlüftungstopf

Der Vorlauf wird an der oberen Seite des Kollektors mit einem T-Stück angschlossen.
Die Rohrleitung muß vom Anschluß an den Kollektor bis zum Anschluß des Wärmetauschers stängig fallen, um eine Luftansammlung in der Rohrleitung zu verhindern.
An der höchsten Stelle (T-Stück) wird eine Entlüftungsleitung, leicht steigend, durch den Rahmen nach außen geführt.
Auf dieser Rohrleitung sitzt dann der Entlüftungstopf.
Der andere obere Kollektoranschluß wird mit einm Verschlußstopfen verschlossen.

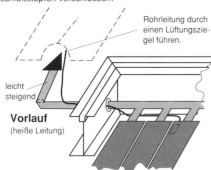

Fühlermontage:

Den Fühler der Solarsteuerung zwischen den Kollektor und die Alufolie schieben, und zur Zugentlastung mit Rohrschellen am Vorlauf befestigen.

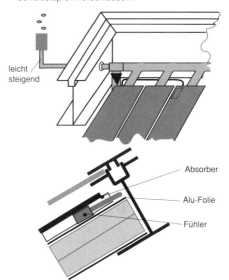

Mit der mitgelieferten Silikonmasse werden nun die Fugen und Rohrdurchbrüche abgedichtet (Reinigen nicht vergessen!).

Montage des Glases und des Glasrahmens

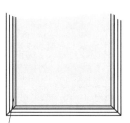 

Damit die Glasscheibe nicht nach unten abrutscht, von Hand fixieren und sofort unteren Glasrahmen befestigen und verschrauben.

Dichtgummi an den Ecken auf Gehrung schneiden.
Mit Sekundenkleber über Eck verkleben. (Möglichst bevor Glas aufgelegt ist)

Nun werden die Glasplatten mit dem Dichtgummi auf die Kollektorflächen gelegt. Die Abdeckprofile weden in die Profile eingedrückt.

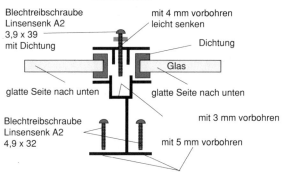 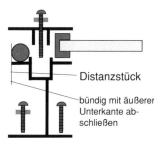

Abdichten der Eck- und Verbindungsteile

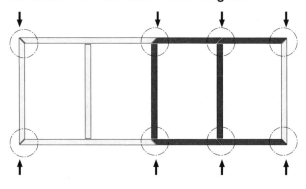

Alle Eck- und Verbindungsteile dick mit Silikon ausspritzen, bevor der Glasrahmen aufgelegt wird. Silikon soll aus dem Glasrahmen überquellen.
Ist eine Fuge des Glasrahmens nicht mit Silikon voll ausgefüllt, dann von außen Silikon nachspritzen.

Solarsteuerungen - Einkreis-Systeme

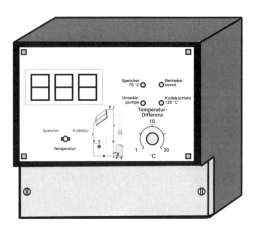

Technische Daten:

Netzanschluß	220 V Wechselstrom
Schaltleistung für Umwälzpumpe	220 V~ 200VA erweiterbar bis 400VA
Gerätesicherung	serienmäßig 1A Träge für 400VA 3,15A Träge
Fühlerwiderstände	bei 25°C 1 kΩ ±2%
Fühlerwiderstände	bei 50°C 1,184 kΩ ±2%

Anschlußkabel für die Fühler sollte ca. 0,75 mm^2 betragen, die Polung ist beliebig.
Die Fühler sind <1% ausgesucht und nur gemeinsam zu verwenden. Bei Nachbestellung genaue Kennzeichnung (Farbe, Zahl) angeben.
Einschalttemperatur Differenz: Einstellbar mit Regler von 1 bis 20 °C.
Ausschalttemperatur Differenz: Automatisch bei 2 - 3 °C.

Bei Anschluß von Magnetventilen, Relais oder Schaltschützen ist auf eine Funkenlöschung zu achten.

Funktionsbeschreibung:

Das EKD-Plus ist ein Temperatur - Differenz-Schaltgerät. Es vergleicht die Temperatur der beiden Temperaturfühler miteinander. Meldet der Kollektor-Temperaturfühler eine höhere Temperatur als der Speicher-Temperaturfühler so wird die Umwälzpumpe eingeschaltet.
Die Temperaturdifferenz kann mit dem Regler zwischen 2 und 20 °C gewählt werden.
Ein günstiger, bewährter Wert liegt bei 8 °C.
Das Abschalten der Pumpe erfolgt automatisch bei Abfall der Temperaturdifferenz auf ca. 1 - 3 °C oder bei Erreichen der Speichertemperatur von 70°C.
Bei Erreichen einer Kollektortemperatur von 130°C schaltet die Umwälzpumpe wieder kurz an, bis der Kollektor auf 100°C abgekühlt ist. Dieser Überhitzungsschutz erfordert eine Absicherung der Solaranlage mit 6 bar.

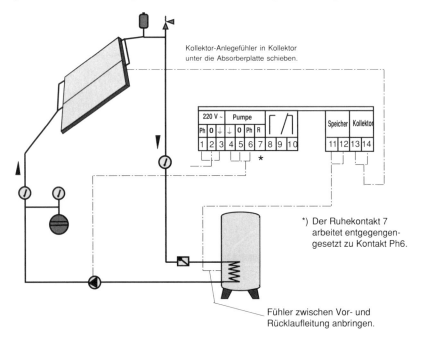

Kollektor-Anlegefühler in Kollektor unter die Absorberplatte schieben.

*) Der Ruhekontakt 7 arbeitet entgegengesetzt zu Kontakt Ph6.

Fühler zwischen Vor- und Rücklaufleitung anbringen.

Anschließen der Einkreissteuerung

Der elektrische Anschluß erfolgt an der Klemmleiste des Gerätes gemäß Anschlußplan. Nach einschalten des Netzes (220 V) leuchtet Kontrollampe "Netz" auf. Der Ruhekontakte 7 kann zum umschalten von Dreiwegemischventilen mit Motorsteuerung verwendet werden.

Anbringen der Fühler:

Kollektorfühler (rotes Kabel):
Der Fühler soll in das Gehäuse des Sonnenkollektors eingebracht werden. Nähere Beschreibung siehe Montageanleitung Sonnenkollektor.

Speicherfühler (schwarzes Kabel):
Für den Speicher werden im allgemeinen Tauchhülsen verwendet. Dazu ist die Hülse in den vorgesehenen Stutzen am Behälter wasserdicht einzuschrauben. Der Tauchfühler ist an jeder anderen Steckhülse mit 10 mm Innendurchmesser verwendbar. Es ist darauf zu achten, daß er ausreichend tief in das Speichervolumen ragt, um die tatsächliche Wärme dem Steuergerät mitzuteilen. Die Meßstelle für den Speicherfühler sollte so gewählt werden, daß er die Wassertemperatur im Bereich des Wärmetauschers erfasst. Am besten etwa in die Mitte zwischen den beiden Kollektoranschlüssen. Mit der Schraube an der Steckhülse wird die Rolle am Fühlerkabel so festgeschraubt, daß das Kabel geklemmt wird.

Richtige Funktion der Anlage:

Die Solaranlage arbeitet optimal, wenn die Temperaturdifferenz zwischen Sonnenkollektor und Warmwasserspeicher je nach Sonneneinstrahlung und Temperaturhöhe im Speicher zwischen 3°C - 10°C beträgt. (Festzustellen am Thermometer der Vor- und Rücklaufleitung)

Funktionsprüfung bei Störungen:

1. **Kontrollampe für Netz leuchtet nicht**
   a) Stromzuführung überprüfen.
   b) Die Gerätesicherung ist durchgebrannt. Leitungen beider Pumpen auf Kurzschluß überprüfen. Sicherung auswechseln.
   c) Leistungen der Pumpen überprüfen. Liegen sie über 200 VA je Pumpe, so kann die Sicherung bis auf max. 3,15 AT (dies entspricht einer Pumpenleistung von 400 VA) erhöht werden.
2. **Anlage läuft nicht, obwohl der Kollektor wärmer als der Speicher ist.**
   1) **Kontrollampe "Umwälzpumpe ist aus".**
      a) Eingestellte Einschalttemperaturdifferenz zu hoch.
      b) Zuordnung der Pumpen und Fühler überprüfen.
      c) Klemmen 11 und 12 für Speicheranschluß überbrücken, wenn Lampe "Umwälzpumpe" aufleuchtet ist die Elektronik in Ordnung. Klemmen überbrücken täuscht der Elektronik eine sehr niedrige Temperatur vor.
      d) Kollektorfühler (Klemmen 13+14) lösen. (Das Abklemmen der Fühler täuscht der Elektronik eine sehr hohe Temperatur vor). Wenn Lampe "Umwälzpumpe" aufleuchtet ist Elektronik in Ordnung.
      e) Kollektorleitung auf Kurzschluß - und Speicherleitung auf Unterbrechung prüfen.
      f) Ist der Kollektorfühler mindestens 50 mm im Kollektorgehäuse montiert ? Fühler außerhalb des Kollektors kann bis zu 50°C Fehltemperatur messen.
   2) **Kontrollampe "Umwälzpumpe ist an".**
      a) Anlagendruck prüfen. (mind. 0,5 bar über statischer Höhe).
      b) Prüfen, ob Luft in der Solaranlage ist, und eine Zirkulation des Kreislaufes verhindert.
      c) Rückschlagventil und Schmutzfänger auf Durchlaß prüfen.
      d) Ist Umwalzpumpe defekt ?
3. **Anlage schaltet nicht ab, obwohl der Kollektor entspr. kälter ist als der Speicher.**
   Kontrollampe "Pumpe" leuchtet.
   a) Zuordnung der Pumpen und Fühler überprüfen.
   b) Klemmen 11 und 12 des Speicheranschlusses lösen, wenn Lampe "Umwälzpumpe" erlischt ist die Elektronik in Ordnung.
   c) Klemmen 13 und 14 für Kollektoranschluß überbrücken. Wenn Lampe "UP" erlischt ist Elektronik in Ordnung.
   d) Kollektorleitung auf Unterbrechung - und Speicherleitung auf Kurzschluß prüfen.
4. **Funktionsprüfung der Fühler:**
   a) Alle Fühler abbauen und direkt an der Klemmleiste anschließen. Differenzeinstellung nach links auf niedrige Temperatur drehen. Anschließend alle Fühler auf gleiche Temperatur bringen. Z.B. Messingfühler in Wasserbecher stecken. Die Anlage muß abschalten.
   b) Kollektorfühler erwärmen - Anlage schaltet ein.
   Speicherfühler erwärmen - Anlage schaltet aus.
   c) Fühlerwiderstände prüfen. Werte siehe technische Daten.

} Die jeweilige Temperatur kann an der Digitalanzeige abgelesen werden. Dies erleichtert die Überprüfung.

Werden die in den Punkten 1 bis 4 aufgeführten Funktionen nicht erfüllt, so sind entweder Fühler oder Elektronik defekt.

Solarsteuerungen - Mehrkreis-Systeme (2 bis 4 Kreise)

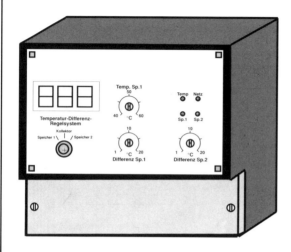

Technische Daten:

Netzanschluß 220 V Wechselstrom
Schaltleistung für
Umwälzpumpe 220 V~ 200VA
 erweiterbar bis 400VA
Gerätesicherung serienmäßig 1A Träge
 für 400VA 3,15A Träge
Fühlerwiderstände bei 25°C 1 kΩ ±2%
Fühlerwiderstände bei 50°C 1,184 kΩ ±2%
Anschlußkabel für die Fühler sollte ca. 0,75 mm^2
betragen, die Polung ist beliebig.
Die Fühler sind <1% ausgesucht und nur gemeinsam zu verwenden. Bei Nachbestellung genaue Kennzeichnung (Farbe,Zahl) angeben.
Einschalttemperatur Differenz: Einstellbar mit Regler von 1 bis 20 ° C.
Ausschalttemperatur Differenz: Automatisch bei 2 - 3 °C.

Bei Anschluß von Magnetventilen, Relais oder Schaltschützen ist auf eine Funkenlöschung zu achten.

Anschließen der Zweikreissteuerung

Der elektrische Anschluß erfolgt an der Klemmleiste des Gerätes gemäß Anschlußplan. Nach einschalten des Netzes (220 V) leuchtet Kontrollampe "Netz" auf. Die Ruhekontakte 7 und 11 können zum umschalten von Dreiwegemischventilen mit Motorsteuerung verwendet werden.

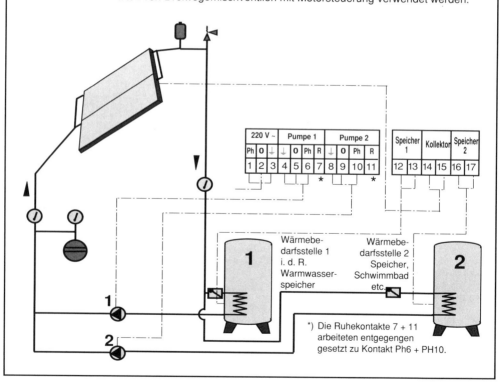

*) Die Ruhekontakte 7 + 11 arbeiteten entgegengesetzt zu Kontakt Ph6 + PH10.

Erläuterung der Bedien-Elemente

a) Mit Differenz 1 wird die Temperaturdifferenz zwischen Kollektor und Speicher 1 eingestellt, bei der die Pumpe 1 einschalten soll. (günstiger Wert ca. 7 °C) Die Kontrollampe (Sp 1) leuchtet, solange Speicher 1 geladen wird.

b) Mit Differenz 2 wird die Temperaturdifferenz zwischen Kollektor und Wärmebedarfsstelle 2 (Speicher 2) eingestellt, bei der die Pumpe 2 einschalten soll. (günstiger Wert ca. 5 °C) Die Kontrollampe (Sp 1) leuchtet.

c) Mit Temp Sp 1 wird die Temperaturbegrenzung von 40 bis 60 °C für Speicher 1 eingestellt. Ist dieser Wert erreicht, so schaltet Pumpe 1 ab, Lampe Sp 1 erlischt und Lampe Temp. beginnt zu leuchten.

Funktionsbeschreibung:

Die MK 2 ist ein Temperatur-Differenz-Schaltgerät. Sie dient zur Steuerung von Solaranlagen mit 2 Wärmebedarfsstellen (2 Speicher oder 1 Speicher und Bad etc.). Die MK2 vergleicht die Temperatur der Fühler im Kollektor und an den beiden Wärmebedarfsstellen. Meldet der Kollektor-Temperaturfühler eine höhere Temperatur als einer der beiden Temperaturfühler an den Wärmebedarfsstellen, so wird eine der beiden Umwälzpumpen eingeschaltet.

① Vorrang genießt der Brauchwarmwasserspeicher. Diese Temperatur nicht zu hoch einstellen, da sonst Wirkungsgradverlust. Optimal ist 50° C.
Da diese Temperatur im unteren Speicherbereich gemessen wird ist der obere Speicherbereich auf ca. 60 Grad aufgeheizt.

② Die zweite Wärmebedarfsstelle (z.B. Schwimmbad, Pufferspeicher etc.) wird unter folgenden Bedingungen nachgeheizt.
    a) Der Brauchwasser-Speicher hat die Temperatur erreicht, oder
    b) die Sonnenkollektoren verfügen im Moment über keine höhere Temperatur als im Brauchwasser-Speicher schon vorhanden.

③ Ist dies gegeben, so schaltet das Steuergerät zur zweiten Bedarfsstelle. Ist die Temperatur hier niedriger, so wird die Umwälzpumpe 2 in Betrieb gesetzt.
Ein Abschalten der Solaranlage bei Erreichen einer bestimmten Temperatur der Abnahmestelle 2 ist nicht vorgesehen und nicht erwünscht.
In bestimmten Abständen schaltet das Regelgerät die Umwälzpumpe 2 für 5 Minuten ab, um der Solaranlage die Möglichkeit zu geben, auf Speicher 1 zurückzuschalten.

Bei großen Sonnenkollektorflächen und geringen Warmwasserbedarf ist es möglich, daß die Wärmeenergie der Sonnenkollektoren nicht vollständig abgeführt werden kann. Sobald eine einstellbare Temperaturdifferenz (zwischen 20 und 40 Grad) erreicht ist, wird dann zusätzlich die Umwälzpumpe 2 für die zweite Wärmabnahmestelle in Betrieb gesetzt und die Solarenergie optimal genutzt.

Richtige Funktion der Solaranlage:

Die Solaranlage arbeitet optimal, wenn die Temperaturdifferenz zwischen Sonnenkollektor und Warmwasserspeicher je nach Sonneneinstrahlung und Temperaturhöhe im Speicher zwischen 3 Grad C und 10 Grad C beträgt (festzustellen am Thermometer der Vor- und Rücklaufleitung).

Funktionsprüfung bei Störungen

1. **Kontrollampe für Netz leuchtet nicht**
   a) Stromzuführung überprüfen.
   b) Die Gerätesicherung ist durchgebrannt. Sicherung auswechseln.
   c) Leitungen beider Pumpen auf Kurzschluß über prüfen.
   d) Leistungen der Pumpen überprüfen. Liegen sie über 200 VA je Pumpe, so kann die Sicherung bis auf max. 3,15 AT (dies entspricht einer Pumpenleistung von 400 VA) erhöht werden.

2. **Anlage läuft nicht, obwohl der Kollektor wärmer als der Speicher ist.**
   1) **Kontrollampe "Umwälzpumpe ist aus".**
      a) Eingestellte Einschalttemperaturdifferenz zu hoch.
      b) Zuordnung der Pumpen und Fühler überprüfen.
      c) Klemmen 12 und 13 für Speicheranschluß 1 überbrücken. Wenn Lampe "Sp1" aufleuchtet ist die Elektronik in Ordnung. (*1)
      d) Klemmen 12 und 13 für Speicher 1 lösen.(*2) Klemmen 16 und 17 für Speicher 2 überbrücken.(*1) Wenn Lampe "Sp 2" aufleuchtet ist Elektronik in Ordnung.
      e) Kollektorfühler (Klemmen 14+15) lösen. (*2) Wenn Lampe "Umwälzpumpe" aufleuchtet ist die Elektronik in Ordnung.
      f) Kollektorleitung auf Kurzschluß - und Speicherleitung auf Unterbrechung prüfen.
      g) Ist der Kollektorfühler mindestens 50 mm im Kollektorgehäuse montiert ? Fühler außerhalb des Kollektors kann bis zu 50°C Fehltemperatur messen.
   2) **Kontrollampe "Umwälzpumpe ist an".**
      a) Anlagendruck prüfen. (mind. 0,5 bar über statischer Höhe).
      b) Prüfen, ob Luft in der Solaranlage ist, und eine Zirkulation des Kreislaufes verhindert.
      c) Rückschlagventil und Schmutzfänger auf Durchlaß prüfen.
      d) Ist Umwalzpumpe defekt ?

3. **Anlage schaltet nicht ab, obwohl der Kollektor entspr. kälter ist als der Speicher. Kontrollampe "Pumpe" leuchtet.**
   a) Zuordnung der Pumpen und Fühler überprüfen.
   b) Klemmen 1 und 2 des Speicheranschlusses lösen (*2), wenn Lampe "Umwälzpumpe" erlischt ist die Elektronik in Ordnung.
   c) Klemmen 3 und 4 für Kollektoranschluß überbrücken. (*1) Wenn Lampe "UP" erlischt ist Elektronik in Ordnung.
   d) Kollektorleitung auf Unterbrechung - und Speicherleitung auf Kurzschluß prüfen.

4. **Funktionsprüfung der Fühler:**
   a) Alle Fühler abbauen und direkt an der Klemmleise anschließen. Differenzeinstellung nach links auf niedrige Temperatur drehen. Anschließend alle Fühler auf gleiche Temperatur bringen. Z.B. 2/3 der Messingfühler in Wasserbecher stecken. Die Anlage muß abschalten.
   b) Kollektorfühler erwärmen - Anlage schaltet ein.
   c) Kollektorfühler erwärmen, dabei ergibt sich folgende Einschaltfolge:
      Pumpe 2 schaltet ein (Lampe 2 ein)
      Pumpe 1 schaltet ein (Lampe 1 ein)
      Pumpe 2 schaltet gleichzeitig ab (Lampe 2 erlischt).
      Bei weiterem Erwärmen schaltet Pumpe 2 dazu.
   Speicherfühler Sp 1 erwärmen.
      Anlage schaltet aus.
      Lampe "Sp 1" schaltet ab. Lampe "Sp 2" an.
   Speicherfühler Sp 2 erwärmen.
      Lampe "Sp 2" schaltet ab.
   Wenn MK 2 diese Funktionen erfüllt, ist die Elektronik in Ordnung.
   d) Fühlerwiderstände prüfen. Werte siehe technische Daten.

} Die jeweilige Temperatur kann an der Digitalanzeige abgelesen werden. Dies erleichtert die Überprüfung.

Werden die in den Punkten 1 bis 4 aufgeführten Funktionen nicht erfüllt, so sind entweder Fühler oder Elektronik defekt.

(*1) Klemmen überbrücken täuscht der Elektronik eine sehr niedrige Temperatur vor.
(*2) Das Abklennen der Fühler täuscht der Elektronik eine sehr hohe Temperatur vor.

Solaranlagentests, Grenzen der Aussagefähigkeit

Das Prüfdach beim TÜV in München mit den unterschiedlich großen Kollektorflächen und -Systemen.

Mit diesem Test konnte eine deutliche Aussage über die Leistungsfähigkeit und Wirtschaftlichkeit der geprüften Komplett-Solaranlagen gewonnen werden.

Eine Berwertung der Leistung je qm Kollektorfläche ist mit diesem Test jedoch nicht möglich.

Einer der größten Tests von Solaranlagen wurde 1985 bis 1986 in Zusammenarbeit von Stiftung Warentest, Berlin und dem TÜV-Bayern in München durchgeführt.

14 Solaranlagen zur Warmwasserbereitung sowie 4 "Einfach-Solaranlagen" unterzogen sich der Prüfung.

Ziel dieses Testes war es, die Leistungsfähigkeit der kompletten Solaranlage incl. Speicher sowie deren Wirtschaftlichkeit zu ermitteln.

Die Testteilnehmer konnten die Größe und Ausstattung ihrer Solaranlage selbst festlegen. Die tägliche Menge des zu beheizenden Wassers war mit 200 Litern jedoch für alle Anlagen gleich groß.

Stiftung Warentest veröffentlichte im Mai 1987 die Ergebnisse. Sie waren eindeutig und klar und gaben keiner unterschiedlichen Auslegung Spielraum.

Mit der ermittelten Leistungsfähigkeit, d. h. mit der erreichten Energieeinsparung sowie den Kosten der Solaranlage konnte der Verbraucher wichtige Informationen für seine Kaufentscheidung heranziehen.

Auch der TÜV-Bayern veröffentlichte die Testergebnisse, die unter anderem auch vom "BINE" Bürgerinformationszentrum in Bonn übernommen und in einer Broschüre veröffentlicht wurden.

Solaranlagentests

Viele Tabellen statt Klarheit

Leider wurden hier eine Vielzahl von Berechnungen, Tabellen und Diagramme veröffentlicht, die das Testergebnis und -ziel verwässerten, statt, wie Stiftung Warentest, im wesentlichen die Testziele darzustellen.

Wer nicht ein ausgesprochener Spezialist auf dem Gebiet der Solartechnik ist, verlor den Überblick. Selbst wer die *87 Seiten dicke* Veröffentlichung studierte, konnte aus den vielen Tabellen und Zahlenreihen, wesentliches von unwesentlichem nicht mehr unterscheiden.

Man erreichte damit, daß von dem ursprünglich angestrebten Testziel, nämlich die Ermittlung der Leistungsfähigkeit und Wirtschaftlichkeit einer kompletten Solaranlage, kaum noch gesprochen wurde. Andere Kriterien, wie die für die Beurteilung einer *Komplettanlage* unwesentliche Quadratmeterleistung der Sonnenkollektoren, oder der Wirkungsgrad der Kollektorfläche (Anlagenwirkungsgrad) standen plötzlich im Vordergrund.

Damit wurde jedoch die Aussagefähigkeit des Testes unglaubwürdig. Natürlich sollten mit einem so teuren Test möglichst viele Ergebnisse ermittelt und analysiert werden. Aber veröffentlicht werden dürfen nur solche Werte, die den Normalverbraucher nicht zu **falschen Schlüssen und Kaufentscheidungen führen.**

Nachfolgend wird dies am Beispiel der errechneten "Leistung je qm Kollektorfläche" aufgezeigt.

Kleinere Kollektorfläche, größere qm-Leistung

Um nämlich die Leistung je qm eines Sonnenkollektors zu ermitteln, wurde lediglich die gewonnene Solarwärme durch die Kollektorfläche dividiert. Hier erreicht man zwar tatsächlich ein rechnerisches Ergebnis je qm Kollektorfläche, jedoch besitzt dieses keinerlei Aussagefähigkeit über die Leistung des Kollektors.

Wie sich unterschiedlich große Kollektorflächen, bei gleichem Energiebedarf, auswirken.
Beispiel mit
Original-Daten aus TÜV-Test 1985-1986
Anlage Nr.10 7,3m² Kollektorfläche
Anlage Nr.16 1,8m² Kollektorfläche

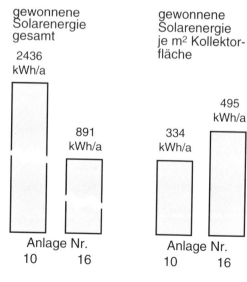

Aufgrund der geringen Kollektorfläche erreichte Anlage Nr.16 zwar eine sehr hohe Leistung je m² Kollektorfläche, aber nur selten Warmwassertemperaturen über 30°C

Unterschiedliche Leistung trotz gleicher Kollektorqualität.

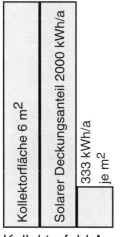 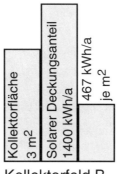 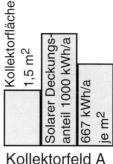

Kollektorfeld A   Kollektorfeld B   Kollektorfeld A
Tab. 1   verkleinert auf 1,5m²

Bei gleicher Leistungsfähigkeit der Kollektoren, jedoch unterschiedlich großen Kollektorfeldern tritt folgende Situation ein: Obwohl die Anlage B nur 50% der Kollektorfläche besitzt, erreicht sie 70% des solaren Deckungsanteils.
Die Leistung je m² Kollektorfläche liegt bei Anlage B dadurch rund 33% höher als bei Anlage A.

Obwohl die Kollektorfläche bei Anlage A um 75% reduziert wurde, sinkt der Solare Deckungsanteil nur um 50%.
Die Leistung je m² Sonnenkollektor steigt von 333 auf 667 kwh/a.
Somit ist nun die Leistung je m² Kollektorfläche der Anlage A größer als die der Anlage B.
Die Solaranlage wird jedoch das Warmwasser nur noch auf max. 30°C aufwärmen.

Denn die Durchführung des Testes war zur Ermittlung einer vergleichbaren Leistung je qm nicht geeignet, wie vorstehend aufgezeigt wird.

Zum besseren Verständnis der Problematik werden in Tabelle 1 (nicht aus TÜV-Test), zwei Solaranlagen mit identischen Sonnenkollektoren miteinander verglichen und die Unterschiede etwas überhöht dargestellt.

Nehmen wir an, alle Testbedingungen sind gleich, auch die täglich aufzuheizende Menge Wasser. Lediglich die Größe der Kollektorfläche ist unterschiedlich. Ein Kollektorfeld hat z. B. eine Fläche von 6 qm, das andere nur eine Fläche von 3 qm.

Das Ergebnis wird folgendermaßen ausfallen.

Die Solaranlage mit der größeren Kollektorfläche wird die höchste Solarenergiemenge gewinnen, d. h. die größere Energieeinsparung erreichen. Die Solaranlage mit der kleineren Kollektorfläche hingegen wird weniger Energieeinsparung , aber eine größere Leistung *je qm* Kollektorfläche erzielen.

Die größere Solaranlage wird nämlich sehr viel schneller, als die kleinere Solaranlage, das Wasser auf höhere Temperaturen aufgeheizt haben. Je höher jedoch die Temperaturen einer Solaranlage sind, desto schlechter wird der Wirkungsgrad.

Ab einer bestimmten Temperatur des Speichers wird die Solaranlage keine Energie mehr gewinnen können.

Die kleine Solaranlage hingegen, die nicht so schnell hohe Temperaturen im Speicher erreicht, kann noch ständig Energie nachliefern.

Dies führt dann zu einer höheren Leistung je qm Kollektorfläche der kleinen Anlage.

Diese Tatsachen verbieten es, Aussagen über Quadratmeterleistungen einzelner Sonnenkollektoren im Vergleich zu machen, wenn, wie oben aufgezeigt, bei gleichem Energiebedarf, die Kollektorflächen unterschiedlich sind.

Natürlich waren beim TÜV-Test alle Kollektoren unterschiedlich in Bauart und Qualität (das zuvor aufgeführte Beispiel mit identischen Kollektoren, sollte nur dem besseren Verständnis dienen).

Die Kollektorflächen der am TÜV-Test beteiligten Solaranlagen reichte von 1,7 m^2 bis 9,2 m^2. Es dürfte inzwischen jedem einleuchten, daß hier ein Vergleich der Leistung je qm Kollektor unsinnig ist.

Hohe Speicher-Wärmeverluste, hohe Kollektorleistung

Hinzu kommt im Falle des TÜV-Testes noch, daß auch die restlichen Komponenten der Solaranlage verschieden waren. Die Warmwasserspeicher hatten nicht die selben Größen und waren unterschiedlich wärmegedämmt.

Ebenso unterschiedlich waren Rohrleitungen, Solarregler sowie andere, wichtige Bauteile. Zum Verständnis genügt es, wenn wir nur die Auswirkungen unterschiedlich guter Wärmedämmung zweier Speicher betrachten. Wir werden dann nämlich erkennen, daß selbst Solaranlagen mit identischen Sonnenkollektoren und gleicher Größe der Kollektorfelder, unterschiedlich hohe Quadratmeterleistungen erreichen, wenn der Wärmeverlust der Warmwasserspeicher unterschiedlich ist. Die Solaranlage, deren Warmwasserspeicher die größeren Wärmeverluste hat, wird nämlich eine längere Laufzeit aufweisen, da sie ja die Wärmeverluste wieder nachheizen muß. Sie wird weiter mit durchschnitt ich niedrigeren Arbeitstemperaturen betrieben, was wiederum den Wirkungsgrad erhöht.

Im Ergebnis wird die Solaranlage mit dem schlechteren Warmwasserspeicher eine höhere Leistung je qm Kollektorfläche aufweisen. Dies wohlgemerkt nicht, weil die Kollektoren leistungsfähiger sind, sondern nur, weil durch den größeren Wärmeverlust des schlechteren Warmwasserspeichers mehr Energie aufgenommen wird.

Größere Wärmeverluste ergeben größere m² Leistung

Anlage X 6,0 m² Kollektorfläche
Wärmeverlust des Speichers 500 kWh/a

Anlage Y 6,0 m² Kollektorfläche
Wärmeverlust des Speichers 1000 kWh/a

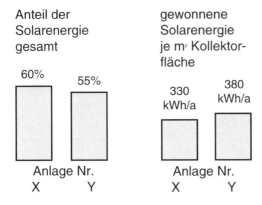

Aufgrund höherer Wärmeverluste des Speichers erreichte die Anlage Y bei gleicher Kollektorqualität und -fläche eine höhere Leistung je m2 Kollektorfläche, obwohl die eingesparte Energie niedriger ist. Setzt der Verbraucher die Leistung je m2 Kollektorfläche für seine Kaufentscheidung als Priorität, so entscheidet er sich damit für die minderwertigere Solaranlage.

Je schlechter die Solaranlage, umso höher die Leistung je qm Solarkollektor?

So wie der Warmwasserspeicher beeinflussen auch noch anderen Komponenten die Leistung der Solarkollektoren. Schlecht wärmegedämmte Rohrleitungen z. B. erhöhen ebenso die Leistung je qm Kollektorfläche, wie eine Solaranlage die nachts über Schwerkraftzirkulation die eingespeicherte Wärme wieder verliert. Denn in all diesen Fällen können Sonnenkollektoren zum teilweisen Ausgleich dieser Verluste zusätzlich Energie liefern.

Kann man nun behaupten, je minderwertiger und dilettantischer eine Solaranlage konzipiert ist, umso höher ist die Leistung je qm Sonnenkollektor?

Sicher nicht, aber diese krasse Behauptung macht deutlich, daß bei solchen Tests eine vergleichbare Leistung je qm Kollektorfläche nicht zu messen oder zu errechnen ist.

Wann ist eine Vergleichbarkeit der Leistung je qm Kollektorfläche möglich?

Die Leistung je qm Kollektorfläche ist zweifellos eine wichtige Größe. Will man sie ermitteln und mit anderen Kollektoren vergleichen, dann muß dies mit einem anderen Testverfahren geschehen. Hier müssen die Größe der Kollektorfläche, die Qualität und Ausstattung aller übrigen Bauteile der Solaranlagen, die Ausrichtung zur Sonne und natürlich die Witterungsbedingungen identisch sein.

Weiter muß der Energiebedarf sowohl mengenmäßig als auch zeitlich genau gleich sein.

Nehmen wir an, zwei absolut identische Solaranlagen sollten täglich 200 Ltr. Warmwasser liefern. Bei der ersten Solaranlage werden die 200 Ltr. Warmwasser über den Tag verteilt verbraucht, bei der zweiten Solaranlage hingegen um 17 Uhr auf einmal: Auch dann wird die Leistung je qm Kollektorfläche unterschiedlich sein. Die zweite Anlage wird eine deutlich geringere Leistung erzielen als die erste.

Nur dann also, *wenn alle* Größen gleich sind, kann eine Leistung je qm Kollektorfläche ermittelt werden, die eine Beurteilung der getesteten Kollektorfabrikate vergleichend ermöglicht.

Die Universität Stuttgart, Institut für Thermodynamik und Wärmetechik führt Solaranlagen-Tests, Kollektor- und Bauteil-Tests nach internationalen Normen durch. Die dort ermittelten Ergebnisse entsprechen den Anforderungen aussagefähiger und vergleichbarer Testergebnisse.

Sachverzeichnis

A
Absorber 45, 60, 66, 68
Absorberrohre 67, 68, 69
Absorptions-Kältemaschine 49
Alterung 67
Anwendungsbeispiele 205 ff.
Anwendungsgebiete 44, 63, 185, 206
Architekten 33
Architektonische Gestaltung 33, 77
Armaturen 55, 131
Aufheizzeit 70
Ausdehnungsgefäß 134
Auslegungsvorschläge 176 ff., 179 ff. 181

B
Befüllen 154 ff.
Betriebsdruck 136, 155
Berechnung 172, 176 ff.
Beschichtung 66
- Lack 67
- Selektiv 66
Beurteilungsmerkmale 63

C
Checkliste
- Angebote 197 ff.
- Einsatzgeb. 185 ff.
- Produkte 191 ff.

D
Dachneigung 165, 177, 234 ff.
Deckungsanteil 175
Dimensionierung 137 ff., 179 f., 181

E
Einsatzmöglichkeiten 185
Energie
- Angebot 19, 25, 26, 48
- Gewinn 28, 174
- Primär 20
Entlüftung 127 ff.
Entleerung 165
Entwicklungsländer 18

F
Fehler-Analyse 200 ff.
Fluid 32, 154, 157

G
Gehäuse 73
Glas 73, 74

H
Heizkessel 46, 142, 206 ff.

I
Isolierung 74, 87, 88

K
Kühlung durch Verdunstung 51
Kühlung
- Raum 49
Kollektor 53, 57 ff.
- Bausatz 282
- Flach 28
- Klassischer 57
- Luft 43
- Speicher 62
- Vacuum 28, 57
- Röhren 28, 58

Kollektorfläche 76
Komponenten 52 ff.

L
Lebensdauer 77
Legionellen
- Bakterien 111
- Desinfektion 112, 230, 231
Leistungsfähigkeit 28
Leitung
- Lüftungs 129
- Steig 146, 147, 148 ff.
- Verteiler 148 ff.
Low-Flow-System 124
Lüftungstopf 127 f., 129

M
Montage 268 ff.
- Auf Dach 275
- Bausatz 280
- Flachdach 278
- In Dach 272

N
Nachträglicher Einbau 189
Nahwärmeversorgung 98
Neigungswinkel 165 ff.

P
Passive Solarenergie 38, 39
Parabolspiegel 38, 40
Photovoltaik 38, 39
Primärenergie 20, 21
Pumpen 157
- Befüll 157
- Umwälz 55, 130, 131, 157, 206 ff.
Pumpenantrieb 41

R
Raumheizung 47, 94 ff.
Regelung 54, 292 ff.
Rückschlagventil/-klappe 132

S
Sicherheitsventil 134
Sicherheitsvorschriften 137
Solaranlage 29
Solaranlagen 29, 38
- Fehler 200
- Größe 177
- Betriebsweise 154
Solareinstrahlung 25, 26, 27, 165
Solarfühler 125 ff.
Solartechniken 38 ff.
Solarzellen 39
Sonnenscheindauer 27, 258 f., 260 ff.
Sonneneinstrahlung 258
Sonnenstand 27, 168, 236 ff.
Speicher
- Doppelmantel 107
- Durchlauferhitzer 101
- Fühler 86
- Kollektor 62
- Kombi 104 ff.
- Lade 110
- Langzeit 94 ff., 98
- Latent 94 ff.
- Liegend 82
- Nutzwasser 79 ff., 189
- Puffer 194
- Solar 79 ff., 178, 189
- Wärme 79 ff.
- Warmwasser 79, 189
Speicherkollektor (siehe Kollektor)
Steuerung 116 ff.
- Einkreis 92
- Mehrkreis 292
- Ost-West 120
- Solarlicht 117
- Temp.-Differenz 116
Stillstandtemperatur 136, 143
Strahlung 19, 25, 26, 48, 65, 67, 79, 234 ff., 256 f., 258 ff.
- diffuse 19, 26, 48, 65
- direkte 19, 26, 48, 65

- globale 19, 26, 48, 65
Strömungsrichtung 159 ff.
Schwerkraftumwälzung 43, 123
Schwimmbad 45, 60

Warmwasserbereitung 45
Warmwasser-Zirkulation 70 ff.
Wirtschaftlichkeit 35, 183 f.

T
Tests 297
Thermische Solarenergie 39
Thermosiphon 43
Tichelmann 146
Transparente Wärmedämmung 74

U
Überhitzung 140 ff.

V
Ventile 130, 131, 132
Verkalkung 85
Verrohrung 146, 147, 148, 151, 181
Verteilerleitung 146, 147, 151, 181
- außen 151, 152
- innen 151, 152, 153
- Durchmesser 148, 181
- Füllvolumen 148, 151

W
Wärmeabnahmestellen 79 ff., 101
Wärmetauscher 83 ff.
- extern 108
- innen liegend 84
- senkrecht 84, 85
- waagrecht 85
Wärmebedarfsstellen 79, 99
Wärmedämmung 74, 87 ff., 149, 153
Wärmeschichtung 80, 81, 82
Wärmespeicher 94
Wärmeträger Medium
- Fluid 32, 154, 157
- Luft 32
Wärmeverluste 54, 65, 89, 149
Warmwasseraustritt 87, 189
Warmwasserbedarf 178, 182

303

Notizen

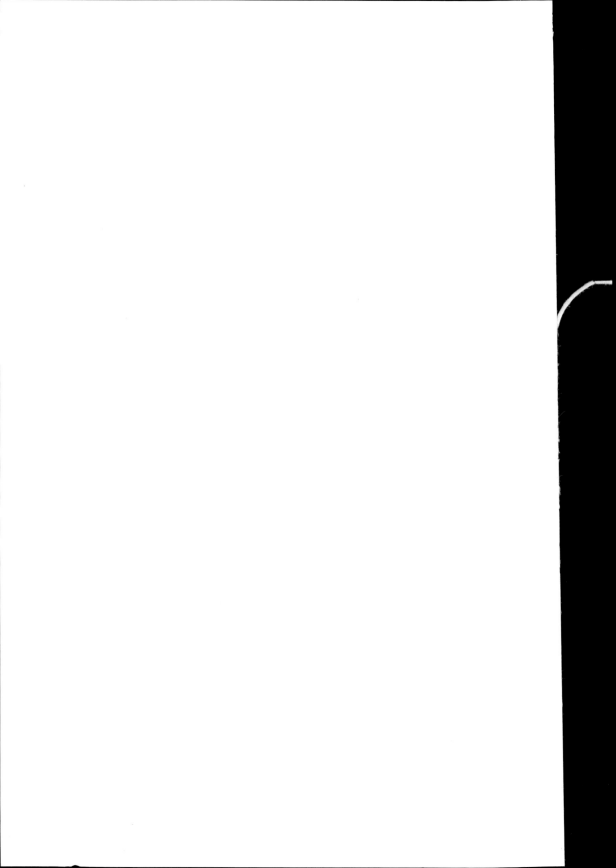